GUAYULE ET AUTRES PLANTES À CAOUTCHOUC

De la saga d'hier à l'industrie de demain ?

Mark R. Finlay

Traduit de l'anglais (États-Unis)
par Dominic Michelin

Éditions Quæ

Ouvrage financé en partie par le projet européen EU-PEARLS

Version originale publiée en anglais (États-Unis) sous le titre *Growing American Rubber – Strategic Plants and Politics of National Security* par Rutgers University Press en 2009.

ISBN : 978-2-7592-1908-7

Sommaire

Remerciements du traducteur

Même si la traduction de ce livre relève de circonstances exceptionnelles qui ont permis la rencontre de gens passionnés et passionnants pour mener à bien ce projet, ce travail n'aurait pu être réalisé sans le concours de certaines personnes que j'aimerais nommer, au premier rang desquelles son auteur, Mark Finlay, qui m'a donné avec enthousiasme et confiance son aimable autorisation pour l'édition française, ainsi que son agent Allyson Fields pour les éditions Rutgers.

J'aimerais bien sûr adresser mes remerciements tout particuliers à Serge Palu, ingénieur-chercheur passionné, « guayulero » dans l'âme à l'instar de ses collègues du Cirad Daniel Pioch et Thierry Chapuset, aux convictions et à la persévérance communicatives, et qui n'a eu – comme moi – de cesse qu'aboutisse ce travail, une fois celui-ci déclenché et mis en place par ses principaux protagonistes, parmi lesquels je souhaite également remercier spécialement Martine Séguier-Guis, des éditions Quæ, pour son indéfectible soutien tout au long du projet.

Au-delà de nos frontières, j'aimerais adresser de vifs remerciements à Terry Coffelt et Katrina Cornish, pour leur accueil en Arizona et leur contribution à mes recherches et études de terrain sur cette plante fascinante qu'est le guayule, ainsi qu'à Julie Wright, Patrick Langille, Hans Moiibrek, Maria Jesus Pascu, Carmen Gil, Rachel Martinez, Valérie Carding-Langlois pour leur disponibilité, leur aide et leurs encouragements tout au long de cette aventure.

Je n'oublie pas non plus que ce projet a germé lors de la rédaction de mon mémoire spécialisé sur le guayule, présenté à l'université Paris VII Diderot en 2010, et je tiens à souligner le précieux appui de Robert Perret, Nicolas Froeliger, Geneviève Bordet et Claudie Juillard dans mes travaux de départ.

Enfin, et à titre plus personnel, j'aimerais remercier Lauranne et Hélène pour leur patience, leur avis éclairé et leur pression continue bienveillante, mes frères Frédéric et Jean-Marc pour leur solidarité, et mon cousin Dantino pour m'avoir accompagné sur le terrain au tout début de l'épisode montpelliérain, à un moment clef de mes recherches. Et enfin adresser une pensée à mon père, Dante, grand amateur de cultures innovantes, terrestres comme spirituelles, qui aurait tant aimé découvrir les paysages et la trame de ce livre évoluant entre histoire et botanique, *a fortiori* traduit par son fils.

Préface

Ce livre est la version française de *Growing American Rubber: Strategic Plants and the Politics of National Security*, écrit par Mark R. Finlay, professeur à l'université Amstrong Atlantic State, qui a reçu en 2009 le prix Théodore Saloutus consacrant le meilleur livre sur l'histoire de l'agriculture, délivré par l'éminente History of Science Society. Il est publié avec l'appui du Cirad, en lien avec le projet européen European-based Production and Exploitation of Alternative Rubber and Latex Sources (EU-PEARLS, projet 212817).

Si l'histoire de l'origine et du succès de l'hévéa en Asie a fait l'objet de nombreux livres scientifiques, et même de romans, on connait peu en revanche celle du caoutchouc naturel en Amérique du Nord. Cet ouvrage apporte au lecteur des données historiques, une analyse des décisions politiques marquantes des États-Unis pour sécuriser l'approvisionnement d'une matière première stratégique, le caoutchouc naturel, indispensable au secteur automobile et à la victoire des alliés lors des deux guerres mondiales. Il décrit la passion et les nombreuses recherches entreprises par les scientifiques et industriels américains, notamment Thomas Edison, Henri Ford et Harvey Firestone, pour développer sur leur sol la culture industrielle de plantes laticifères (guayule, pissenlit russe, cryptostegia, solidage, laiteron…), afin de s'affranchir de la dépendance de leur approvisionnement en caoutchouc naturel. Les Britanniques en Malaisie et les Néerlandais en Indonésie ont eu, en effet, jusqu'en 1939, la mainmise sur les plantations d'hévéa en Asie du Sud-Est et sur le commerce mondial du caoutchouc naturel.

Le conflit de la seconde guerre mondiale a apporté de grands changements. Les difficultés des sociétés privées, comme l'International Rubber Company, et des divers projets gouvernementaux, notamment l'Emergency Rubber Project, pour produire à l'échelle industrielle du caoutchouc naturel de qualité sur le sol américain, conjuguées à une énergie fossile bon marché, ont propulsé le caoutchouc synthétique sur le devant de la scène, aux dépens de la culture du guayule, du pissenlit russe et d'autres plantes à latex.

Cet ouvrage introduit la notion de développement d'une chimie du végétal ou « chimiurgie », mieux connue aujourd'hui sous le nom de chimie doublement verte et bioraffinerie, pour la production d'un caoutchouc d'origine végétale. Il met en évidence la vive concurrence entre, d'un côté, l'industrie des céréales et les producteurs de bioéthanol et, de l'autre, les compagnies pétrolières américaines. Il montre aussi le rôle joué par les politiciens pour défendre les intérêts de l'industrie face à l'effort de guerre consenti par les États-Unis et les pays alliés.

Aujourd'hui, la demande croissante en caoutchouc naturel des pays émergents, notamment de la Chine, les craintes du bioterrorisme sur les plantations d'hévéa lié au risque de propagation de la maladie sud-américaine des feuilles due à *Microcyclus ulei*, la baisse des réserves pétrolières mondiales et les cours élevés du pétrole qui influent sur le prix du caoutchouc font naître un regain d'intérêt pour le guayule et le pissenlit russe. Grâce aux progrès de la science et de la technologie accomplis depuis cinquante ans, il est désormais possible en Europe de fonder une nouvelle industrie propre sur la culture de ces plantes à caoutchouc.

Nous tenons à remercier, outre le professeur Mark R. Finlay qui a accepté que ce livre soit traduit en français et son traducteur Dominic Michelin (homonyme de circonstance), notre collègue agronome Thierry Chapuset pour la relecture du document, le projet EU-PEARLS pour son financement, le professeur Alain Grasmick, de l'université Montpellier 2 pour son soutien dès le début du projet européen, ainsi que tous les chercheurs et étudiants qui y ont participé. Ces remerciements ne seraient pas complets sans une pensée pour Jean-Baptiste Serier, notre prédécesseur, chercheur à l'Institut de recherches sur le caoutchouc, puis au Cirad, qui nous a initiés à l'intérêt du guayule.

Si, comme le dit la sagesse bretonne, « le soldat qui ne se reconnaît pas vaincu a toujours raison », gageons que ce livre, destiné à la communauté scientifique francophone comme à tous les passionnés d'histoire et de botanique, suscitera de nombreuses vocations chez les chercheurs et les agriculteurs de demain et qu'ainsi le guayule et le pissenlit russe connaîtront le succès qu'ils méritent !

Serge Palu, Daniel Pioch
Chercheurs au Cirad

Avant-propos

La traduction est un travail de longue haleine, exigeant une approche rigou-reuse, à la fois délicate et détachée, afin de parvenir à capter et à retrans-crire ces différences et ces nuances, souvent invisibles à la première lecture mais *in fine* essentielles à la bonne compréhension, généralement inconsciente, d'un texte. Ce livre en est un exemple criant. Écrit d'une plume d'une extrême fluidité et d'une qualité continue, il regorge d'événements, d'anecdotes, d'in-nombrables péripéties et autres authentiques pépites historiques, ainsi que de nombreuses références culturelles, scientifiques, sociales, géographiques et politiques.

Par essence, un traducteur parcourt de nombreux domaines, explore le temps et l'espace, rentre dans la peau de ses personnages et de ses sujets, s'égare parfois sur des chemins inconnus, avant de revenir à sa réalité textuelle l'esprit rempli d'images et de mots, et d'en faire le tri, entre notes, photo-graphies et souvenirs, à l'instar d'un retour de voyage. Pour avoir abordé et parcouru avec passion et intérêt ces différents domaines spécialisés que sont la botanique, l'agronomie, l'économie, la technologie et les sciences de la vie qui constituent le décor et la trame de ce livre relatant l'histoire du caoutchouc naturel, je vous invite à en découvrir l'étonnante saga.

Coïncidence ou hasard ? La découverte de cet ouvrage est liée à un extra-ordinaire concours de circonstances, et sa traduction concrétise une aventure déjà formidable en soi. Née d'un reportage télévisé dont j'attrapai incidemment la toute fin au vol, il en découlera une cascade de rencontres plus exception-nelles les unes que les autres, la rédaction d'un mémoire spécialisé, une confé-rence avec l'auteur, l'entrée dans un univers de passionnés, la participation puis la contribution à un projet européen d'envergure, un fabuleux voyage en Arizona, de grands moments de recherche et de réflexion sur certains termes, sur l'expression ou la formulation idoine comme sur la juste référence cultu-relle ou historique à transposer pour en arriver à rendre au mieux cette histoire où foisonnent acteurs végétaux et personnages historiques dans un décor et une ambiance parfois dignes des plus grandes épopées du Far West.

Car si les plantes dites « laticifères » ou « à caoutchouc » en sont le fil conducteur, les personnages, célèbres pour la plupart, en incarnent, outre l'action et le spectacle, la substantifique moelle : politiciens éminents, experts agronomes alors inconnus, gouverneurs visionnaires, inventeurs extravagants, capitalistes assoiffés, promoteurs opportunistes, journalistes incisifs, stratèges militaires aux aguets, quakers pacifistes et citoyens ordinaires concernés, tous conscients du rôle capital échu au caoutchouc d'origine végétale depuis sa découverte, devenu indispensable – bien que souvent invisible – à notre quotidien, et au futur toujours plus prometteur.

En retraçant tout un pan parfois méconnu de l'histoire économique, scientifique et politique de la production et de l'étude du caoutchouc naturel depuis la fin du XIXe siècle jusqu'à nos jours, les tentatives et les expérimentations menées, la stratégie employée et les recherches effectuées sur diverses plantes à latex, et plus particulièrement sur le guayule, cet ouvrage s'attache notamment aux temps forts propices à ces recherches et à l'application d'une agriculture spécialisée et éthique avant l'heure, adaptée à la demande et aux conditions socio-économiques du moment, à replacer aujourd'hui dans un contexte technologique éminemment favorable.

Les produits issus de l'agriculture utilisés comme matière première pour la production industrielle ou même pour la sécurité nationale ont prouvé dans l'histoire qu'ils étaient indispensables et illustrent l'importance des relations complexes ayant existé depuis toujours entre les plantes et le pouvoir, comme le prouve l'histoire des manipulations végétales de la part de l'homme bien avant l'apparition des biotechnologies et des ressources renouvelables au début du XXIe siècle.

Aussi, en conclusion, je ne serais aucunement étonné, pour reprendre en exergue une phrase de Mark Finlay qui me paraît fort bien illustrer cette perspective, que « les sciences de la biologie produisent le même impact sur la création de nouvelles industries au XXIe siècle que les sciences physiques et chimiques l'ont fait au XXe siècle. »

Dominic Michelin
Traducteur

Introduction

Le même jour où le *New York Times* relatait en page 6 le massacre de sept cent mille juifs polonais par les nazis, la une du journal titrait, au-dessus de la pliure de la première page, sur une toute autre actualité : « Lehman arrête le tennis ; ses chaussures rejoignent la pyramide d'articles en caoutchouc. ». Dans leur engagement personnel à répondre à la crise du caoutchouc américain, le gouverneur de New York, Herbert Lehman, et sa famille avaient fait don de leurs chaussures de tennis ainsi que d'autres articles domestiques en caoutchouc dans le cadre de la campagne nationale de récupération de caoutchouc. Comme le montre la concomitance de ces articles, aucune question nationale n'aura généré plus d'attention ou causé plus d'inquiétude auprès du grand public au début de l'année 1942 que le spectre de la pénurie de caoutchouc. Pendant des décennies, la plupart des Américains furent tout autant préoccupés de la dépendance extérieure à l'égard du caoutchouc que nous le sommes aujourd'hui vis-à-vis du pétrole. La gravité de cette situation se fit particulièrement sentir en 1942. Aucun véritable plan de production et de répartition équitable du caoutchouc dans le pays n'avait été prévu par les responsables gouvernementaux. Indispensable à la préparation de la guerre, aux opérations militaires, et essentiel au mode de vie de tout un chacun, le caoutchouc représentait l'importation agricole la plus précieuse. Les États-Unis consommaient environ 60 % du caoutchouc mondial, quelque 600 000 tonnes chaque année, alors qu'ils n'en produisaient pour ainsi dire pas. Peu ou prou, 97 % de l'approvisionnement du pays provenait des territoires du Sud-Est asiatique tombés entre les mains du Japon après l'attaque de Pearl Harbor. Sans trop y croire, les responsables gouvernementaux avaient vaguement anticipé cette éventualité, prévoyant des stocks de caoutchouc à peine suffisants pour passer l'année. Les perspectives pour 1943 s'avéraient bien pires. Pour tenter d'y faire face, les responsables lancèrent des campagnes de récupération de caoutchouc usagé et déclenchèrent différentes opérations visant à se procurer du caoutchouc par tous les moyens : expansion accélérée des plantations sud-américaines, augmentation ambitieuse de la production de caoutchouc synthétique, nouvelles tentatives de cultiver du caoutchouc sur le territoire des États-Unis. Pour certains Américains, l'idée de cultiver à l'intérieur des frontières des plantes productrices de caoutchouc telles que le guayule, le cryptostegia, le solidage et le kok-saghyz (connu aussi sous le nom de pissenlit russe) pour servir les intérêts nationaux n'avait rien d'inédit. Le bilan de trente années laborieuses avait révélé qu'une nation industrielle, aussi puissante soit-elle, ne pouvait tolérer aucun point faible dans la chaîne de ses matériaux stratégiques. Il devint particulièrement clair que la dépendance nationale au caoutchouc importé entraînait une vulnérabilité militaire et économique fondamentale.

La révolution mexicaine de 1911 avait montré que les soubresauts politiques locaux pouvaient rapidement perturber le flux d'importation. Le premier conflit mondial avait instauré le caoutchouc comme produit stratégique et vital en temps de guerre, et les pénuries avaient contribué à la défaite des Empires centraux. Dans les années 1920, la colère américaine provoquée par les politiques de Winston Churchill et des autres dirigeants britanniques sur le caoutchouc avait démontré que les tensions à propos des matières premières pouvaient perturber l'économie, même en temps de paix.

Ce marasme déclencha les expérimentations de culture de plantes productrices de caoutchouc en Californie, en Arizona, en Floride et ailleurs, projets qui attisèrent l'intérêt du pays tout entier quand Thomas Edison, Henry Ford, Harvey Firestone et d'autres vantèrent l'importance cruciale de cultiver des plantes à caoutchouc pour le développement économique et la préparation militaire du pays. La technologie du caoutchouc de synthèse n'étant pas encore éprouvée, la recherche se focalisa sur les espèces végétales qui pouvaient représenter une source naturelle et fiable de caoutchouc. Bien que de nombreux diplomates et experts en préparation militaire aient adressé des recommandations explicites aux Américains afin de développer les cultures de plantes laticifères sur leur territoire, rares furent ceux qui prirent ces funestes présages en compte.

La question du caoutchouc accapara de nouveau l'opinion publique après l'attaque sur Pearl Harbor. La plus grande partie du Pacifique étant passée sous contrôle japonais, les défauts d'approvisionnement dus à la guerre mirent en exergue les manques et les imprévoyances du passé. Même en temps de guerre, de nombreux citoyens américains montèrent au créneau pour critiquer leurs dirigeants sur la « pagaille du caoutchouc » (*rubber mess*) et leur incompétence à se préparer à l'urgence. La passion s'empara de la recherche sur les cultures de plantes à caoutchouc, et en mars 1942 le gouvernement fédéral finança l'Emergency Rubber Project (ERP, plan national d'urgence du caoutchouc). Entreprise semblable au projet Manhattan[1] dans sa dimension, son envergure et son degré d'intervention, l'ERP mobilisa plus d'un millier de scientifiques, d'ingénieurs et de techniciens qui, malgré l'urgence, s'impliquèrent totalement dans la recherche sur le guayule et les autres plantes à caoutchouc pouvant être cultivées dans le pays. D'innombrables politiciens, scientifiques et citoyens ordinaires participèrent aussi activement au projet. Au fil du temps, l'ERP révéla certaines lacunes, et le sujet des cultures de plantes productrices de caoutchouc vint se mêler aux débats politiques et aux polémiques scientifiques qui gagnaient en intensité. En fin de compte, pas une seule des cultures proposées, ni même le caoutchouc de synthèse obtenu à partir de céréales, ni encore la soi-disant panacée, à savoir le caoutchouc de synthèse dérivé du pétrole, ne s'avéra être une solution viable à long terme pour régler ce dilemme. À ce jour, les États-Unis s'appuient toujours sur une combinaison potentiellement risquée de caoutchouc naturel importé et de caoutchouc synthétique dérivé de produits pétroliers importés. Pour y remédier, une minorité persévérante continue ses efforts de développement des cultures laticifères américaines.

Brève histoire du caoutchouc

Bien qu'omniprésent dans notre vie actuelle, le caoutchouc semble devenu quasiment invisible. Mais qu'est-ce que le caoutchouc ? D'un point de vue chimique, c'est un polymère hydrocarboné naturellement présent dans le latex de milliers d'espèces végétales. Le latex remplit diverses fonctions évolutives dans la plante : stocker les réserves, protéger des blessures et des maladies, ou encore dissuader les animaux de s'y attaquer. Le latex naturel se présente sous des centaines de formes différentes, le plus souvent d'aspect mou et collant, et commercialement inutilisable en l'état. Avant que Charles Goodyear, et d'autres, ne conçoivent et améliorent le processus de vulcanisation dans les années 1830 et au-delà, le caoutchouc ne connut aucune véritable application industrielle. En jouant sur la combinaison de chaleur, de soufre et d'autres composants, le caoutchouc ainsi vulcanisé gagne en élasticité, en durée de vie, en résistance chimique et autres propriétés recherchées. Le caoutchouc vulcanisé peut être expédié, stocké et décliné en d'innombrables produits industriels, allant des sondes médicales aux pneumatiques en passant par les boules de bowling.

Depuis le début du XXe siècle, les scientifiques sont parvenus à fabriquer du caoutchouc de bien des façons. Le caoutchouc de synthèse peut être fabriqué à partir d'un grand nombre de matières premières et en employant différents catalyseurs. En fait, le principe est de provoquer la polymérisation d'un monomère relativement peu coûteux, à savoir le butadiène dérivé du pétrole, et d'obtenir l'élasticité – ainsi que d'autres propriétés – du caoutchouc naturel. Certains types de caoutchouc synthétique reviennent moins cher à produire que le caoutchouc naturel, et celui dérivé du pétrole alimente aujourd'hui 60 % du marché. Pourtant, seul le caoutchouc naturel possède des propriétés indispensables aux pneumatiques d'avion, aux flancs des pneus automobiles, aux gants en latex, aux préservatifs et à bien d'autres applications. En toute logique, le caoutchouc de synthèse dérivé du pétrole et le caoutchouc naturel produit sous les tropiques sont demeurés des sources complémentaires d'approvisionnement depuis la seconde guerre mondiale. Alors que l'industrialisation et le déplacement automobile ne cessent de gagner du terrain sur la planète, la demande mondiale en caoutchouc, synthétique comme naturel, n'a jamais été aussi importante.

La source principale de caoutchouc naturel est *Hevea brasiliensis*, un arbre originaire du bassin du haut Amazone. À l'état sauvage, dans leur habitat naturel qu'est la jungle, les plants d'hévéa sont dispersés, et la commercialisation du produit implique un travail et un coût énormes. En l'espèce, la plante semble effectivement inadaptée à l'économie industrielle moderne. À la fin du XIXe siècle, botanistes et industriels en Grande-Bretagne réalisent que l'hévéa peut être bien plus lucratif dès lors qu'il est cultivé soigneusement. Le remplacement de la main-d'œuvre amazonienne, onéreuse et éparse, par un système centralisé et peu coûteux devient alors une priorité. La mise en place d'un programme de plantation n'est toutefois pas sans écueil, car les arbres ne peuvent prospérer que sous un climat tropical proche de l'équateur. Les tentatives de cultiver la plante ne serait-ce que quelques degrés plus au nord ou au sud s'avèrent vaines. De plus, les arbres cultivés trop près les uns des autres courent le risque d'être touchés par un champignon *(Microcyclus)*, phénomène inexistant parmi les sujets sauvages éparpillés dans leur habitat naturel. Par ailleurs, la récolte de l'hévéa s'appuie toujours sur des méthodes préindustrielles ; aujourd'hui encore, les ramasseurs de caoutchouc en Asie du Sud-Est incisent à la main l'écorce pour provoquer la coulée du latex blanc. Les ouvriers répètent ce geste sur les centaines d'arbres dont ils s'occupent, récoltant dans de petits récipients la substance laiteuse, ensuite reversée dans de grands réservoirs. Une fois l'écorce cicatrisée, chaque arbre peut à nouveau être incisé seulement quelques jours après, ce qui représente environ 120 incisions à l'année. Pendant ce temps, les ouvriers agricoles s'empressent d'ajouter de l'ammoniac et d'autres produits chimiques au latex brut, qui entame alors son long périple à travers une succession de traitements, stockages et usinages pour livrer le produit fini au monde industriel.

Alors que la demande en caoutchouc s'intensifie au milieu du XIXe siècle, le Brésil ouvre le bassin de l'Amazone aux négociants étrangers, qui amèneront maladies, exactions et violences guerrières aux nombreux peuples indigènes. Pourtant le caoutchouc génère aussi une immense richesse. Le port de Manaus sur l'Amazone devient l'une des villes les plus prospères au monde, et il se dit des barons de l'industrie du caoutchouc qu'ils sont assez riches pour laver leurs chevaux au champagne français et envoyer leur linge à laver en Europe. Toutefois, la mainmise brésilienne sur 90 % de l'industrie du caoutchouc ne tient qu'à un fil. Le capitalisme du caoutchouc continue sa pénétration en profondeur de la forêt amazonienne, et la raréfaction des nouveaux arbres, la construction d'infrastructures de transport et la gestion de la main-d'œuvre rendent la récolte du caoutchouc brésilien plus coûteuse que jamais. La capacité des barons brésiliens du caoutchouc à exploiter leur monopole pour manipuler les prix du marché oblige les industriels et les hommes d'État occidentaux à se tourner d'urgence vers d'autres sources d'approvisionnement.

Dans l'intervalle, les industries de l'automobile, du cycle et de l'électricité multiplièrent par six la demande en caoutchouc entre 1890 et 1910. Les investisseurs américains créèrent sans tarder plusieurs corporations s'engageant à développer les plantations d'une autre espèce, *Castilloa elastica*, dans le sud du Mexique, l'Amérique centrale et le Venezuela. Léopold II, le roi des Belges, s'engagea dans des travaux de recherche particulièrement acharnés sur *Landolphia,* liane originaire du Congo belge. De leur côté, les Britanniques vantèrent les mérites du funtumia sur la Côte-de-l'Or, au sud du Nigeria et dans d'autres colonies, tandis que le maniçoba *(Manihot glaziovii)* devenait l'espèce favorite de l'Afrique orientale britannique. D'autres gouvernements coloniaux ainsi que des corporations professionnelles envoyèrent également des équipes de botanistes à Madagascar, en Angola, à Rio Muni, en Inde, en Afrique du Sud et autres sites exotiques en quête d'espèces pouvant offrir des alternatives.

Tous ces projets firent long feu. La plupart des opérations menées dans le Sud du Mexique souffrirent de corruption, de banditisme, de maladie et de pénuries de main-d'œuvre, puis furent abandonnées quand il s'avéra que le castilloa ne pouvait rivaliser avec l'hévéa. À Madagascar, en Inde et partout ailleurs, l'exploitation acharnée des espèces produisant du caoutchouc à l'état sauvage entraîna une désertification des paysages et une quasi-extinction des plantes concernées. En Angola, le commerce du caoutchouc fut lié au transfert d'esclaves vers les plantations de cacao ouvertes par les frères Cadbury, hommes d'affaires anglais fondateurs d'un empire du chocolat. Dans les journaux, on pouvait lire que les barons du caoutchouc du Congo belge n'hésitaient pas à fouetter ou emprisonner les ouvriers qui n'atteignaient pas leur quota de production, voire à leur couper une main. De la même façon, dans la région de Putumayo à l'est du Pérou, les terribles méthodes utilisées par les marchands de caoutchouc pour obliger les ouvriers liés par contrat et les criminels à s'échiner dans l'environnement reculé de la jungle provoquaient des scandales, sans parler des viols, crimes, privations de nourriture et autres abus à l'encontre des populations indigènes, qui étaient monnaie courante.

En fin de compte, la concomitance des pressions économiques, des contraintes morales et de la prospection botanique fit basculer l'industrie du caoutchouc de la recherche du caoutchouc sauvage à la mise en place de plantations de caoutchouc dans le Sud-Est asiatique. En 1876, à partir d'une situation classique d'« impérialisme botanique », le planteur britannique Henry Wickham trompa les douaniers brésiliens et dissimula suffisamment de graines d'hévéa pour finalement arracher le négoce du caoutchouc au Brésil qui en avait le monopole. Vingt-deux de ces graines parvinrent dans la colonie britannique des États malais fédérés en 1877. Sur place, les botanistes se lancèrent dans un effort laborieux et systématique de transformation de la plante sauvage en une culture digne de ce nom. Après avoir élaboré des méthodes probantes de multiplication des plants, de récolte sur les sujets adultes, de défrichage de parcelles de jungle, les colons britanniques disposaient dès 1897 de plants de caoutchouc. En 1907, les clones de ces vingt-deux graines originelles, par chance épargnées par la maladie des feuilles destructrice, étaient à l'origine d'une dizaine de millions d'arbres dans les plantations de Malaisie, de Ceylan et des autres possessions britanniques. L'administration coloniale néerlandaise suivit la tendance et installa des plantations sur l'île de Sumatra dès 1906.

Ces changements intervinrent au moment opportun pour le monde industriel, car l'ère de l'automobile déclencha un besoin soudain et durable de la demande en caoutchouc. Comme l'évoqua un témoin de cette époque, « aucune autre découverte dans le cours de l'évolution humaine n'a, semble-t-il, changé le monde aussi rapidement que l'utilisation intensive du caoutchouc ». Immenses plantations, méthodes agricoles productives, contrôle réglementé d'une main-d'œuvre bon marché (composée essentiellement d'ouvriers sous contrat de servitude originaires d'Inde, de Java et de Chine) et environnement sain permirent à ces plantations de produire efficacement et rentablement du caoutchouc d'hévéa de la plus haute qualité. Le caoutchouc des plantations des Indes orientales offrait tellement d'avantages en termes de coût de main-d'œuvre et d'économies d'échelle qu'il inonda rapidement les marchés mondiaux et fit dégringoler les prix du caoutchouc. En quelques années à peine, les arbres génétiquement identiques et joliment alignés des plantations indo-orientales produisirent la quasi-totalité du caoutchouc du monde industriel. Le caoutchouc sauvage récolté dans les jungles d'Amérique latine ne pouvait rivaliser et le rôle majeur du Brésil en tant que producteur de caoutchouc prit fin à jamais. Dans son ensemble, l'industrie du caoutchouc émergea comme un modèle de négoce hypercentralisé, extrêmement normalisé et abondamment financé, à un moment de l'histoire où des industriels comme Henry Ford créaient une demande insatiable pour ce produit.

Il demeurait pourtant une faille dans ce capitalisme industriel triomphant. Le nouveau monopole britannique et néerlandais eut comme conséquence pour les pays qui consommaient mais ne produisaient pas de caoutchouc, à l'instar des États-Unis, de les fragiliser énormément. Les économies industrielles restaient tributaires des contextes locaux des colonies, de la qualité du marché et des relations diplomatiques entre les métropoles et leurs dépendances coloniales, et de la capacité des experts à améliorer en permanence leur maîtrise de l'agriculture tropicale. Par ailleurs, les lignes de ravitaillement entre les producteurs tropicaux et les consommateurs occidentaux s'étendaient sur des milliers de kilomètres et se révélaient fragiles en cas de conflit. Les rebellions locales, les crises diplomatiques, les intempéries et la manipulation délibérée des marchés constituaient d'autres facteurs de volatilité de cette denrée vitale. Et si la plupart des Américains n'avaient aucune idée de l'impact potentiel d'une telle vulnérabilité, certains d'entre eux s'impliquèrent totalement dans la recherche d'une source intérieure fiable de caoutchouc.

Plantes et pouvoir dans l'histoire des États-Unis

Le caoutchouc permet d'observer le rapport étroit entre la guerre et la préparation militaire au travers du spectre scientifique, technologique, agricole et environnemental. Les guerres vont bien au-delà des combats idéologiques, des campagnes militaires, des manœuvres politiques et de la mobilisation de la population civile sur le territoire. Derrière les justifications politiques ou idéologiques qui encadrent la plupart des conflits militaires, les questions de fond liées à la guerre constituent souvent des préoccupations matérialistes telles que la capacité industrielle, les richesses minérales et la productivité agricole. Concomitamment, le succès sur le champ de bataille dépend souvent de l'accès sans retenue aux ressources stratégiques. Les guerres modernes ont toujours eu un impact terrible sur les différents contextes dans le monde entier, non seulement parce qu'elles détruisent le lieu du champ de bataille, mais également ment parce qu'elles imposent une exploitation intensive des biens essentiels. En fait, les experts de la préparation militaire et autres stratèges ont rapidement compris que les guerres ne peuvent se gagner sans les ressources naturelles et la mobilisation massive des moyens administratifs, scientifiques, technologiques et agricoles nécessaires à leur exploitation.

L'émergence des États-Unis en tant que puissance industrielle au début du XXe siècle plaça la question des ressources stratégiques au premier plan. Le mirage de la frontière perpétuelle et de l'accès illimité aux ressources naturelles avait déjà commencé à s'estomper alors que les experts techniques et scientifiques alertaient sur les nouvelles notions de limite et de vulnérabilité. De la même façon, il était généralement entendu que des experts impartiaux développeraient de nouvelles stratégies pour exploiter les ressources indigènes au moyen de méthodes innovantes efficaces. Parmi les rares produits essentiels que les États-Unis ne pouvaient produire eux-mêmes, le caoutchouc s'imposa pendant la première guerre mondiale : la demande grimpait, les réserves se tarissaient, sans parler des forces ennemies qui contrôlaient les lignes de ravitaillement. Dès la pression mise sur les prix et les stocks de caoutchouc par les autorités britanniques au début des années 1920, d'illustres Américains comme Thomas Edison, Henry Ford ou encore Harvey Firestone réagirent en concentrant systématiquement leurs efforts sur la mise en place de cultures alternatives de plantes à latex, ne serait-ce que pour assurer les arrières en temps de guerre. La question de la production intérieure de caoutchouc demeura irrésolue jusqu'à la veille de la seconde guerre mondiale, et de nombreux responsables américains devaient encore se résoudre à reconnaître la fragile dépendance des États-Unis à l'égard d'autres nations sur les matières premières stratégiques.

La recherche d'une plante productrice de caoutchouc poussant sur le sol américain met en exergue le rapport entre la guerre et les discussions élargies sur la façon de faire coïncider l'activité scientifique et la géopolitique. Le savoir-faire scientifique, technique et agricole que détenaient les nations occidentales leur permit d'exploiter les ressources naturelles du monde pour des applications industrielles et militaires. Progressivement, les scientifiques commencèrent à rationaliser leurs efforts *via* le leitmotiv de la sécurité nationale. C'est certainement au cours de la seconde guerre mondiale que science et politique eurent les meilleurs rapports. Alors que des dizaines de milliers de scientifiques travaillaient sur des projets de défense nationale, d'autres s'impliquèrent dans des projets politiques, et tous ou presque acquirent un crédit considérable pour leur contribution à la victoire militaire. Le cas des physiciens et leur investissement dans le projet Manhattan est certainement le plus connu. Pourtant des centaines de botanistes, de chimistes et d'experts en agronomie se mobilisèrent aussi pour implanter une culture du caoutchouc sur le sol américain.

Tout le travail fourni pour mettre en place une culture de plantes laticifères illustre encore un peu plus la portée de l'intervention de l'État dans la recherche scientifique, technique et agricole. Avant Pearl Harbor, la plupart des études sur cette culture dans le pays représentaient des projets isolés et à petit budget, qui échouèrent lamentablement. Le gros du travail de Thomas Edison, par exemple, fut mené à petite échelle et dans des laboratoires aménagés à la va-vite depuis sa résidence d'hiver. Malgré le support financier de ses amis millionnaires, il lui manquait les ressources nécessaires à l'introduction systématique d'une nouveauté dans l'agriculture américaine. De la même façon, les responsables gouvernementaux s'opposèrent sans discontinuer pendant trente ans aux efforts fournis par l'IRC (International Rubber Company) de faire du guayule une nouvelle source agricole stratégique pour les États-Unis. Malgré la menace d'une pénurie de caoutchouc, la plupart des décideurs conclurent que les réserves de caoutchouc devraient suivre les fluctuations du marché.

La situation changea pendant la seconde guerre mondiale, quand la taille et l'urgence du projet sur le caoutchouc dépassèrent les traditionnelles frontières géographiques, économiques, scientifiques et étatiques. L'instauration de l'Emergency Rubber Project (ERP) par le gouvernement en 1942 donna le signal d'un passage radical du privé vers le public pour la recherche dédiée au caoutchouc : les responsables accordèrent un renflouement inédit à l'IRC, une société américaine sans avenir économique. Mais dès lors qu'un bien de consommation essentiel était soudain devenu un impératif militaire, il s'avéra que le pays devait acquérir le savoir-faire et les ressources génétiques reconnus de l'IRC. Le gouvernement, *via* l'ERP, mobilisa les terres, la main-d'œuvre et le capital sur une échelle inédite afin de développer les productions agricoles pour l'effort de guerre national. La relocalisation forcée des Américains de souche japonaise depuis la côte californienne et la mobilisation accélérée des femmes, des enfants, des manœuvres originaires du Mexique et des prisonniers de guerre pour travailler dans les champs de plantes à caoutchouc constituèrent un remodelage radical de l'économie et de la démographie californiennes. L'ERP montre aussi combien la pression gouvernementale, parfois coercitive et invasive, incita des propriétaires terriens à expérimenter des cultures laticifères non encore testées, alors même que la demande pour les denrées agricoles demeurait élevée. Dans une ramification du projet s'étendant jusqu'à Haïti, les responsables condamnèrent des parcelles sélectionnées et leurrèrent des agriculteurs au départ indépendants en les faisant travailler sur des projets de caoutchouc financés par les États-Unis. Pour faire court, l'histoire du caoutchouc cultivé sur le territoire souligne les liens onéreux entre légitimité scientifique et pouvoir gouvernemental dans le contexte de la guerre.

Le caoutchouc met en lumière l'importance du savoir-faire agricole et botanique en géopolitique. Bien que dévalorisées la plupart du temps, les tentatives de contrôle des plantes à valeur stratégique sont au cœur de la puissance impériale depuis les prémices de la domination occidentale. Les plantes ont été le point de mire des rapports entre science et pouvoir, mais il n'existe aucune trajectoire inévitable indiquant quelles plantes seront cultivées dans quelles régions. Ces décisions sont le résultat de nombreuses expérimentations scientifiques complexes et de négociations politiques prêtant à controverse. Ainsi botanistes et agriculteurs experts en espèces stratégiques et précieuses furent des acteurs indispensables sur les questions d'intrigue politique, de rivalités économiques et de pouvoir géopolitique. Les institutions occidentales au service de la mission impériale, comme les Kew Gardens britanniques, visaient à «rationnaliser la nature» et systématiquement retirer les plantes précieuses comme le caoutchouc de leur environnement d'origine, remplaçant ainsi la connaissance indigène par la compréhension scientifique des propriétés botaniques. Les experts en agriculture ont en fait rarement tenu la place de participants neutres dans le transfert de connaissances utiles; au contraire, les gouvernements nationaux ont utilisé ce genre de spécialistes comme outils de l'empire et du pouvoir.

Les plantes et les produits agricoles se trouvaient aussi au cœur de la puissance et de la richesse occidentale. Le coton, le sucre, le bois de construction, le lin, le chanvre, l'indigo, la garance, le blé et d'autres plantes s'avéraient aussi indispensables à l'industrialisation des pays occidentaux que le charbon et le fer. Du fait qu'il fallut attendre le XXe siècle pour voir arriver les substituts synthétiques à ces nombreux produits naturels, les pénuries agricoles étaient susceptibles de ruiner l'économie industrielle et les opérations militaires. L'investissement dans la recherche agricole était étroitement lié à l'industrialisation et à la préparation militaire.

Le désir de disposer de lucratives cultures originaires des climats tropicaux fournit aux gouvernements occidentaux une motivation supplémentaire pour passer du pillage des plantes dans la nature au contrôle scientifique de plantations. Alors que la seconde guerre mondiale éclate, les engrais synthétiques à base d'azote, les pesticides chimiques, les semences hybrides, les moteurs à combustion interne et les systèmes de mécanisation continue amènent la plupart des agriculteurs américains à s'intéresser de près aux développements de la science et de l'ingénierie. En fait, l'attribution de pneumatiques et d'autres produits en caoutchouc qui leur est réservée pendant la seconde guerre mondiale illustre nettement la prééminence de l'agriculture dans l'écheveau complexe de l'industrie, la science et la géopolitique.

Aux États-Unis, les préoccupations agricoles sont depuis longtemps liées à l'expansion et au pouvoir, ainsi qu'à l'ambition de parvenir à ce que feu Philip Pauly appelait «l'interdépendance horticole». En 1898, la même année où le pays acquit de nouveaux territoires sous les tropiques à l'issue de la «formidable petite guerre» avec l'Espagne, le département de l'Agriculture des États-Unis mit en place une «cellule d'introduction de semences et de plants» visant à instaurer un contrôle national sur les ressources végétales dans le monde présentant un intérêt économique et stratégique. En 1899, le président William Kinley, qui en tant que membre du Congrès représentait la ville d'Akron dans l'Ohio, centre de l'industrie du caoutchouc américaine, revendiqua la culture de plantes à caoutchouc dans les nouveaux territoires américains. En s'appuyant initialement sur un réseau de passionnés de botanique en poste dans des bureaux consulaires, le gouvernement recruta des botanistes et des agriculteurs professionnels («bio-prospecteurs») chargés d'identifier, de prélever, d'étudier et d'expédier systématiquement aux États-Unis ces ressources botaniques en provenance de l'étranger. En contribuant à l'effort national d'indépendance écologique américaine, les botanistes furent les grands artisans de cette grande mission du tournant du XXe siècle.

Malgré tout, le caoutchouc présentait un problème. Les naturalistes explorateurs qui avaient introduit aux États-Unis le soja, les agrumes, les avocats, les dattes, les variétés robustes de blé et d'innombrables autres plantes de rente progressaient peu avec l'hévéa et les autres plantes à latex. En fait, durant ces mêmes décennies, la culture des plantes à caoutchouc se concentra progressivement dans les territoires éloignés et politiquement vulnérables de l'Asie du Sud-Est. Les dirigeants d'autres pays comme l'Allemagne nazie et l'Union soviétique intégrèrent également le rôle crucial que les botanistes pouvaient jouer dans le contrôle de ces ressources capables de créer de nouvelles identités nationales et utiles dans la préparation à la guerre. Le caoutchouc devint aussi une préoccupation centrale pour ces nations, qui lancèrent leurs propres recherches sur les cultures alternatives et obtinrent au final de meilleurs résultats. De son côté, le gouvernement américain n'affecta pas d'experts en agriculture et en botanique à la recherche d'une culture de caoutchouc sur son sol avant mars 1942. S'appuyant tout bonnement sur les succès passés, la plupart des responsables en place misaient sur le fait que les scientifiques et techniciens agricoles résoudraient la crise grâce aux cultures de caoutchouc renouvelables mises en place sur le territoire. Malgré tous ces efforts, le succès ne fut pas tout à fait au rendez-vous.

Le combat pour la culture de plantes laticifères aux États-Unis ponctue une phase de transition dans l'histoire de la science et de la technologie américaines, une nouvelle ère au cours de laquelle s'ouvrit une voie inédite. De nouvelles solutions, empruntées à l'étranger ou créées artificiellement, fournirent des alternatives capables de régler les problèmes politiques et économiques liés à la traditionnelle dépendance aux ressources naturelles intérieures. Avant que survienne la crise de la seconde guerre mondiale, la recherche d'alternatives au caoutchouc importé ne pouvait – pour des raisons éminemment pratiques – se concevoir que d'un point de vue agricole. Le caoutchouc de synthèse demeurant une improbable possibilité, les débats résonnaient du juste choix des cultures et des zones de plantation, et des conditions géopolitiques les mieux adaptées au développement de ces nouvelles sources de caoutchouc. Dans ce contexte, un noyau de militants ne manquant pas de voix fit son apparition dans les années 1930 : les « chimiurgistes »[2], groupe fondamentalement protectionniste prônant l'utilisation industrielle des produits agricoles. À l'instar de ceux qui promeuvent aujourd'hui les matières premières renouvelables et biodérivées tels que l'éthanol, les chimiurgistes affirmaient que le développement de nouvelles cultures et l'utilisation industrielle des produits agricoles excédentaires réduiraient la dépendance aux importations. Ils ne parvinrent toutefois pas à convaincre suffisamment l'opinion que les sources naturelles, intérieures et fiables des matières premières agricoles devaient devenir un enjeu incontournable de la stratégie américaine.

La législation relative à la propriété intellectuelle et aux brevets vint également contrecarrer les efforts de développement des ressources tirées des plantes. Du fait que la nature impose aux espèces rares et précieuses un changement d'identité génétique à chaque génération, contrôler les progrès dans le monde végétal se révéla bien différent des manipulations minérales. Les sélectionneurs purent créer des variétés par croisement, prospection et sélection de graines, avec l'espoir de vendre le résultat de leurs réalisations aux agriculteurs et aux jardiniers. Or, les êtres vivants ayant la capacité naturelle de se reproduire, les acheteurs n'avaient que peu d'intérêt à répéter leur achat ; en fait, le client pouvait même devenir le concurrent de l'innovateur, et ce juste une génération plus tard. Les tribunaux avaient acté que la loi sur les brevets ne pouvait s'étendre au monde biologique, et il n'est donc pas surprenant que ceux qui cherchaient à manipuler les cultures laticifères aux États-Unis se soient retrouvés au centre des débats sur la propriété intellectuelle, demeurés pertinents à ce jour.

De nombreux obstacles vinrent entraver le développement des sources de caoutchouc naturel. Dans certains cas, la résistance venait des plants eux-mêmes, plusieurs spécimens présentant des problèmes d'acclimatation plus complexes que ce qui était prévu par leurs ambassadeurs. Dans d'autres cas, les experts en agriculture réalisèrent des prouesses d'un point de vue botanique et scientifique, mais les circonstances politiques empêchèrent leur implantation définitive sur le territoire américain. Malgré les millions de dollars officiellement investis et les milliers de travailleurs engagés pour le développement de ces cultures, les moyens financiers et humains alloués à la recherche et à la production du caoutchouc de synthèse furent bien supérieurs. Et si les projets de culture de ces plantes sur le sol américain subirent un fléchissement, c'est aussi parce que, dans le monde d'après-guerre, le caoutchouc de synthèse s'adaptait mieux à l'environnement politique et culturel émergeant aux États-Unis. Contrairement aux chimiurgistes, de nombreux Américains avaient commencé à accepter l'idée que les produits synthétiques et non renouvelables surpassaient les produits d'origine végétale.

Le caoutchouc dérivé des produits pétroliers apparut durant la seconde guerre mondiale comme une solution à la crise, et pas simplement parce qu'il offrait certains avantages économiques ou technologiques face aux autres solutions. Les produits de synthèse, semblait-il, libéraient les consommateurs de la variabilité et de l'instabilité de la nature, alors que la chimie organique appliquée promettait en apparence l'accès universel aux ressources naturelles. Certains avancèrent que les contraintes traditionnelles de la nature et de la géographie disparaîtraient dans un nouvel ordre international, car la puissance d'un pays ne serait plus liée aux ressources naturelles se trouvant accidentellement dans son sous-sol. Une nouvelle rhétorique s'imposa, soulignant le rôle des laboratoires américains en général, et du caoutchouc de synthèse en particulier, clef de la victoire américaine dans la seconde guerre mondiale. Chimistes, ingénieurs et stratèges gouvernementaux affirmèrent tous que l'investissement dédié au caoutchouc de synthèse et à l'industrie pétrolière aiderait à résoudre la crise de la guerre. Au moment où le nylon remplaçait la soie, le DDT les pesticides naturels, et que le plastique était omniprésent, l'idée que l'agriculture puisse pourvoir aux besoins en ressources de la nation n'était plus d'actualité.

Le combat en faveur des cultures laticifères s'étiola aussi en raison du nouveau positionnement des États-Unis à l'échelle internationale. Loin des considérations nationalistes qui avaient motivé les ambassadeurs de ces nouvelles cultures, la seconde guerre mondiale conforta l'engagement progressif de la nation dans l'internationalisme scientifique de l'après-guerre. Émergea un nouveau consensus qui prévoyait un ordre international dans lequel quelques ressources végétales seraient importées tandis que d'autres seraient remplacées par des substituts de synthèse. Pour ces « internationalistes de l'agriculture », la solution résidait dans la généralisation d'accords commerciaux à double sens pour les denrées que d'autres pays pouvaient acheter aux États-Unis avec l'argent des ventes de caoutchouc, de pétrole et autres ressources de valeur.

Dans le cas du caoutchouc, les deux aspects s'en trouvèrent renforcés. Alors que la guerre touchait à sa fin, les autorités fédérales, se pensant visionnaires, ordonnèrent la destruction à l'échelon national de millions de plantes à latex bien développées, qui n'avaient plus leur place dans la société à venir. Avec le contrôle absolu de la production mondiale de caoutchouc synthétique en 1945, les États-Unis auraient pu choisir d'exercer le monopole de cette technologie. Au lieu de cela, le gouvernement s'empressa de fermer ou de vendre nombre d'usines fabriquant du caoutchouc et rejeta les demandes de soutien des prix à long terme pour protéger l'industrie nationale. Le gouvernement permit aussi aux producteurs de caoutchouc d'hévéa d'Asie du Sud-Est de regagner leur hégémonie en offrant différentes formes de soutien aux responsables coloniaux britanniques et néerlandais qui étaient tributaires du revenu des exportations de caoutchouc naturel. Actuellement, environ 60 % de la production mondiale de caoutchouc est constituée de produits de synthèse dérivés du pétrole ; les 40 % restants sont le produit naturel d'*Hevea brasiliensis*, désormais concentré en Indonésie, en Thaïlande et en Malaisie. Ces deux produits reflètent l'aspect culturel du monde d'après-guerre. Le caoutchouc de synthèse dérivé du pétrole offre une source stable d'approvisionnement, indifférente aux saisons, à l'instabilité climatique et à l'incertitude du rendement des récoltes. Le retour de la dépendance au caoutchouc naturel importé coïncide avec la suprématie de la nation dans une économie globale. Tant que les réserves de pétrole restent accessibles et que les conditions environnementales et politiques en Indonésie, en Thaïlande et en Malaisie demeurent stables, la dépendance américaine devrait perdurer.

Pourtant, de telles circonstances ne peuvent être garanties, ce qui explique pourquoi la question demeure pertinente. L'intérêt des plantes produisant du caoutchouc naturel, comme le guayule, tend à croître dès lors que les prix du pétrole menacent la viabilité économique du caoutchouc de synthèse. Et dans le cas où la maladie sud-américaine des feuilles toucherait les plantations de caoutchouc du Sud-Est asiatique – éventualité hautement probable dans le climat actuel de bioterrorisme –, la recherche de sources alternatives de caoutchouc s'avérerait à nouveau d'une importance capitale. Si une véritable crise du caoutchouc devait s'instaurer, les cultures laticifères alternatives pourraient bien ressurgir, du fait que les scientifiques ont déjà réalisé l'essentiel de la recherche fondamentale quant à la génétique, la physiologie et la biochimie de la plante.

Au final, aucun des projets visant à développer une industrie du caoutchouc fondée sur la culture de plantes laticifères à l'intérieur du territoire américain n'aura démontré une viabilité commerciale. Ni le solidage, culture privilégiée par Thomas Edison, ni le guayule, ni les autres cultures alternatives, ni le caoutchouc synthétique dérivé du grain, ne se sont révélés une solution sur le long terme. Tout en essayant de comprendre les raisons de ce bilan, il est primordial d'identifier les causes, qu'elles soient politiques, culturelles ou autres, de cet échec technologique dont les conséquences influencèrent le développement de la société américaine d'après-guerre s'appuyant sur les hydrocarbures. Contrairement à l'époque actuelle, où la plupart des Américains comptent sur la chimie et le « high-tech » pour résoudre tous les problèmes sociaux et économiques du quotidien, ce fait illustre les trajectoires alternatives qui auraient dû s'imposer.

Plantes et individus

L'épisode qui suit met en scène certaines plantes et ceux qui ont cru en elles. À un moment ou à un autre, chaque plante est apparue à tour de rôle comme la panacée dans le combat en faveur de la culture de caoutchouc aux États-Unis. Chacune d'entre elles affichait des caractéristiques botaniques, écologiques et agronomiques incarnant la promesse d'une réponse évidente aux besoins des États-Unis en matière de caoutchouc. Chacune présentait également ses inconvénients politiques, culturels, botaniques et agricoles empêchant son succès. Le caoutchouc tiré des plantes cultivées sur le sol américain ne représentait pas la solution idéale, et aucune de ces plantes n'offrait un espoir raisonnable de contrecarrer le choix du caoutchouc importé ou de synthèse produit à partir du pétrole présent sur le marché. Le fait qu'aucune ne parvienne à émerger comme le substitut légitime au caoutchouc offre certains enseignements dans le contexte des moyens engagés actuellement pour trouver des alternatives biodérivées aux produits synthétiques importés.

Sur les centaines de plantes potentiellement productrices de caoutchouc ayant fait l'objet d'études scientifiques, quatre espèces méritent une attention particulière. La plus probante, le guayule *(Parthenium argentatum Gray)*, est un arbuste ligneux d'environ 60 cm de haut, aux feuilles argentées tirant sur le vert olive, aux petites fleurs blanches et au système racinaire profond et étendu. Originaire des déserts d'altitude du Nord du Mexique et d'une petite portion du Sud-Ouest du Texas, le guayule est une plante ancestrale qui se reproduit difficilement. Au début du XXe siècle, le guayule connut un essor considérable, et la cueillette intensive de plants sauvages entraîna rapidement sa quasi-extinction. Pour garder l'activité à flot, l'éminente firme dédiée au guayule, l'IRC, engagea des experts en botanique et en agronomie à qui fut confiée la mission de mettre au point de nouvelles techniques de propagation et de culture.

Tableau 1. Comparaison des plantes à latex expérimentées sur le sol américain.

Nom de la plante	% caoutchouc (moy ; max)	Rendement caoutchouc/acre (0,4 ha)	Avantages	Inconvénients
Guayule	7–16 ; 20	900–1 500 [a]	Potentiel commercial démontré Récolte et extraction mécaniques démontrées Coûts de main-d'œuvre réduits Possibilité d'être planté et conservé comme réserve vivante de caoutchouc à disposition	Récolte au bout de 4 à 5 ans Rentabilité commerciale réduite (jusqu'à présent) Qualité de caoutchouc faible (avant les améliorations de la seconde guerre mondiale)
Solidage	2–6 ; 12	200–300 [b]	Récolte à l'année Possibilité d'être cultivé aux États-Unis en l'état Possibilité d'être récolté mécaniquement Alternative au coton dans le Sud des États-Unis Potentiel en produits dérivés utiles	Germination faible ; privilégier les jeunes plans aux semences Démarrage d'urgence délicat Récolte et extraction non mécanisées Risque de substitution aux terres cultivées
Cryptostegia	2–4 ; 9	175–300 [c]	Récolte au bout de 1 à 2 ans Très facilement cultivable Abondance de graines, bons taux de germination	Travail de récolte intensif Récolte et extraction non mécanisées Procédé d'extraction complexe Espèce invasive et nuisible Sensible au gel, au type de sol et à l'humidité
Kok-saghyz	4–10 ; 23	60–200	Récolte au bout d'un an Caoutchouc d'excellente qualité Grande variété d'habitats Possibilité de récolte mécanisée	Exige un terrain fertile cultivable Coûts de récolte très élevés Sensible aux maladies

Laiteron	2–4 ; 8	125	Récolte au bout d'un an Produits dérivés utiles à d'autres secteurs Grande variété d'habitats	Récolte au bout de 3 ans pour la meilleure variété Récolte et extraction non mécanisées
Chrysothamnus	1–3 ; 7	Faible	Pousse sur des terrains marginaux inadaptés à d'autres cultures Variété d'habitats plus grande que le guayule Possibilité de réserve naturelle d'urgence à disposition	Faible rendement en caoutchouc ; qualité moyenne Difficile à récolter
Pinguay	1–4	Faible	Pousse sur des terrains marginaux inadaptés aux autres cultures	Qualité de caoutchouc très médiocre Difficile à récolter

Sources :

Blythe, Samuel G. Taming the Wild Guayule. *Saturday Evening Post*, 2 mai 1931, 28, 30, 106, 108–109.

Desert Milkweed Producer of Rubber. *New York Times*, 22 mai 1932.

Fuetsel, Irvin C., et Frederick E. Clark, 1951. Opportunities to Grow Our Own Rubber. *Crops in Peace and War - The Yearbook of Agriculture, 1950–1951*. Washington, DC, Government Printing Office, 367–374.

Hall, Harvey Monroe, et Thomas Harper Goodspeed, 1942. *A Rubber Plant Survey of Western North America*. Berkeley et Los Angeles, University of California Press.

Hall, Harvey Monroe, et Frances L. Long, 1921. *Rubber-Content of North American Plants*. Washington, DC, Carnegie Institution of Washington.

Jenkins, Dale W., 1943. Cryptostegia as an Emergency Source of Rubber. Board of Economic Warfare, *Technical Bulletin*, 3, n. p.

U.S. Grows Own Latex. *New York Times*, 7 décembre 1941.

a. Certains experts ont avancé que le rendement du guayule à l'acre (0,4 ha) n'était que de 300 livres (136 kg) dans les faits.

b. Estimations fondées sur les variétés les plus productives. Les résultats réels de Fort Myers affichaient 27 à 95 kg l'acre (soit 67,5 à 237,5 kg à l'hectare).

c. Estimations de rendement pour des plantes arrivées à maturité. Pour les plantes plus jeunes, cas plus pertinent en période d'urgence (guerre), les experts ont estimé le rendement de 45 à 68 kg l'acre (soit 112,5 à 170 kg à l'hectare).

Figure 1. Pied de guayule *(Parthenium argentatum)*, buisson originaire des régions arides du Nord du Mexique et du Sud-Ouest du Texas.

Après des décennies d'expérimentation et d'égarements, les experts de l'IRC développèrent des stratégies laborieuses et onéreuses pour faire germer dans des pépinières des graines sélectionnées, pour transplanter des plants sur des parcelles et les élever pendant des années dans un environnement semi-aride et isolé. Comme la plante prospérait sur des terrains sans aucune concurrence, elle apparaissait comme le complément idéal au développement agricole du Sud-Ouest américain.

Si le guayule pousse et effectue sa photosynthèse généralement dans des conditions climatiques chaudes ou humides, il requiert un environnement plus frais, voire sec pour produire du latex, dont la plus grande proportion se trouve dans les tiges ligneuses. Le latex se trouvant pour un tiers dans les racines, le seul moyen efficace de l'extraire est de déraciner la plante entière lors de la récolte. La plante est ensuite soumise à un processus complexe de broyage mécanisé et d'extraction chimique. Le guayule a besoin de quatre à cinq ans pour atteindre son rendement maximal en caoutchouc, et la plupart des schémas de croissance exigent que les cultures soient plantées sur de larges surfaces pouvant être récoltées sur la base d'une rotation suivant ce cycle de quatre à cinq ans. Cela s'avéra un obstacle de taille car parmi les agriculteurs – habitués aux cycles annuels des marchés, aux remboursements de prêts et au soutien des prix –, peu étaient en mesure d'attendre aussi longtemps sans un retour d'investissement minimal garanti. De plus, le caoutchouc de guayule contient par nature trop de résines, ce qui fait que le produit final n'a pas forcément l'élasticité et la résistance à l'étirement qu'a le caoutchouc d'hévéa. Malgré ces contraintes, le rendement net du caoutchouc de guayule peut être élevé et continue d'augmenter au fil de décennies de travaux scientifiques. Il demeure la plus rentable des plantes laticifères cultivées sur le sol américain. Chaque fois que les prix du caoutchouc d'hévéa ont flambé, les coûts de production du guayule ont approché ceux du caoutchouc naturel importé. Les inconditionnels du guayule sont toujours actifs aujourd'hui et la plante a tout pour se faire une place sur le marché des gants en latex non allergènes. À ce jour, le guayule est certainement la plante que les Américains connaissent le mieux d'un point de vue scientifique et technique, bien qu'elle ne soit toujours pas cultivée et commercialisée à grande échelle.

La plante grimpante *Cryptostegia grandiflora*, quant à elle, ressurgit régulièrement comme source potentielle de caoutchouc. Originaire du bassin de l'océan Indien, le cryptostegia est vénéré comme variété ornementale par les jardiniers depuis le XIXe siècle pour ses larges fleurs pourpres et ses feuilles vert clair. D'éminents Américains comme John Ford, Thomas Edison, David Fairchild, Bernard Baruch et Henry A. Wallace, ainsi que de nombreux journalistes, des représentants de l'industrie du caoutchouc et des botanistes de moindre renom furent tous convaincus, du moins provisoirement, que le cryptostegia était en passe de devenir une source de caoutchouc idéale en cas de nécessité. De fait, le cryptostegia présentait plusieurs avantages : floraison sous tous les climats ou presque, bouturage facile, graines vigoureuses, peu ou pas de parasites ennemis, et nul besoin d'engrais. Le latex blanc qui s'écoule du cambium sous l'écorce quand on la brise est pur et de très bonne qualité. Quant au rendement à l'hectare, ses adeptes revendiquaient que le cryptostegia pouvait produire plus de caoutchouc d'excellente qualité que n'importe quelle plante annuelle. Pourtant la plante impliquait de nombreuses contraintes, ne serait-ce que l'impossibilité par les ingénieurs de pouvoir fabriquer des outils mécanisés pour la récolte et l'extraction du caoutchouc. La seule méthode de récolte, semble-t-il, était de collecter le latex goutte par goutte sur chacune de ses tiges. Aujourd'hui, cette plante « exceptionnellement vigoureuse » est surtout considérée comme un fléau par certains pays, comme l'Australie et Hawaï, et son contrôle se révèle coûteux de surcroît. De plus, au regard des évolutions climatiques qui se dessinent, la nature invasive du cryptostegia ne demande qu'à s'intensifier.

Figure 2. Le président haïtien Élie Lescot devant des plants de *Cryptostegia grandiflora*, liane à latex originaire de Madagascar, en 1943. Photographie de Thomas A. Fennel. Avec l'aimable autorisation de Thomas Dudley Fennel.

Avec l'appui personnel de Thomas Edison, une variété de solidage apparut également comme une solution prometteuse pour la production de caoutchouc dans le cas d'une urgence militaire. Edison revendiqua avoir fait des recherches sur quelque 17 000 espèces de plantes du monde entier. Au final, il concentra ses recherches sur une seule, *Solidago leavenworthii*, plante assez communément répandue dans les paysages de conifères et de grands chênes de la Floride méridionale, que jouxtait sa résidence d'hiver de Fort Myers. Cette fleur sauvage, plutôt chétive, haute d'un mètre à un mètre cinquante, se caractérise par ses longues feuilles brillantes et ses fleurs d'un jaune criard, fortement parfumées. Le latex est présent dans ses feuilles. Un procédé mécanique permettait d'obtenir un volume important de caoutchouc de qualité honorable en séchant la plante, en détachant et en broyant les feuilles, et en extrayant le caoutchouc avec du benzène, de l'acétone et d'autres solvants. Edison déclara le solidage la solution pour plusieurs raisons : il était relativement facile à cultiver, il produisait de nombreuses feuilles par plant et était d'un rendement élevé (nombreux plants à l'hectare), son rendement en caoutchouc pouvait être augmenté en pratiquant une sélection massale, et il semblait possible de le propager dans une grande partie du Sud-Est. De plus, il comptait sur le fait que les ingénieurs pouvaient développer des moyens mécaniques pour semer les graines et procéder à la récolte, cette dernière pouvant intervenir au bout d'un an seulement en cas d'urgence nationale. Une fois de plus, les résultats obtenus s'avérèrent décevants. Les ingénieurs avaient du mal à concevoir une machine qui puisse prélever les feuilles, les engrais se révélèrent plus onéreux et plus complexes que prévu, et les plants ne s'acclimatèrent pas au Nord de la Floride. En dépit des efforts, modestes, d'amélioration du rendement en caoutchouc du solidage après la mort d'Edison, la plante de l'inventeur tomba assez rapidement dans l'indifférence durant la seconde guerre mondiale.

Figure 3. Bayard L. Hammond, assistant généticien de l'USDA, avec un plant de solidage *(Solidago leavenworthii)* cultivé à la station d'acclimatation des plantes de Savannah, Géorgie, 1940. National Archives.

Autre plante laticifère éminemment prometteuse : le kok-saghyz *(Taraxacum kok-saghyz)*. Originaire des régions élevées d'Asie centrale, le kok-saghyz est plus connu sous le nom de pissenlit russe et ressemble tout à fait à celui de nos jardins. Comme d'autres pissenlits, ses feuilles sont disposées au sommet du système radiculaire, d'où jaillissent des tiges graciles d'une vingtaine de centimètres se terminant par des fleurs jaunes. Le latex se trouve dans la racine, en particulier dans les tissus externes du phloème qui desquament chaque année. À la fin des années 1930, les scientifiques soviétiques avaient développé un processus d'extraction efficace, à base d'une meule en pierre pour broyer la racine, associé à des dispositifs de filtrage séparant le latex de la matière végétale. Impatients de vanter les succès de leur jeune nation, les dirigeants soviétiques déclarèrent que le kok-saghyz mettrait bientôt fin à leur dépendance au caoutchouc importé.

Figure 4. *Taraxacum kok-saghyz,* plante à latex communément appelée pissenlit russe, symbole de la collaboration entre les États-Unis et l'Union soviétique pendant la seconde guerre mondiale. Photographie de J. H. Stoeker, août 1942. National Archives.

Aux États-Unis, la fièvre du kok-saghyz atteignit son apogée au printemps 1942. Un fait étonnant contribua même à consolider l'alliance américano-soviétique pendant la seconde guerre mondiale : des graines de kok-saghyz furent envoyées aux États-Unis au plus fort de la crise du caoutchouc. En raison de sa résistance au froid bien plus élevée que celle de toutes les autres plantes produisant du latex, le kok-saghyz apparut particulièrement intéressant comme outil de développement économique sur le long terme dans un grand nombre d'États américains allant du Vermont jusqu'à l'Oregon. La plante présentait aussi d'autres avantages : elle tolérait différents types de sol, elle pouvait être semée et récoltée avec les machines déjà utilisées pour les betteraves à sucre et les pommes de terre en les modifiant à peine, et elle fournissait un caoutchouc d'excellente qualité. Son plus grand attrait tenait sans doute au fait qu'elle pouvait être récoltée l'année même de sa plantation, à l'inverse du guayule et de l'hévéa, qui nécessitent plusieurs années pour arriver à maturité. Comme avec les autres plantes, cependant, quelques difficultés se firent jour. Le kok-saghyz était extrêmement sensible aux maladies fongiques, ses racines volumineuses impliquaient des coûts de transport élevés, et il s'avéra que les scientifiques soviétiques avaient tout simplement exagéré son rendement en latex. Les espérances mises sur le kok-saghyz s'estompèrent bien avant la fin de la guerre.

Si les plantes fournissent la matière première de cette histoire, les acteurs, eux, en incarnent le spectacle. Politiciens éminents, experts agricoles inconnus, gouverneurs, inventeurs cinglés, capitalistes assoiffés, promoteurs immobiliers, journalistes offensifs, stratèges militaires, quakers pacifistes et citoyens ordinaires comprirent que la production de caoutchouc d'origine végétale sur le sol américain était indispensable. Défi qui attira un grand nombre de personnalités fascinantes comme William McCallum, scientifique né au Canada qui débuta ses recherches de trente ans sur le guayule en faisant entrer illégalement des graines aux États-Unis pour les sauver des révolutionnaires mexicains, Harvey Monroe Hall, botaniste de Berkeley qui arpenta la sierra Grande (High Sierra) pendant des semaines en quête de plantes qui contribueraient à la défaite du Kaiser allemand, l'inventeur chevronné Thomas Edison, qui fit de la culture du caoutchouc sur le sol américain son dernier cheval de bataille avec l'aide financière d'Henry Ford et Harvey Firestone, Barukh Jonas, philosophe turco-américano-juif qui se mit à la recherche de nouvelles sources de caoutchouc tout en s'opposant à l'automobile et autres symboles du modernisme, Dwight Eisenhower, officier de l'armée alors méconnu qui, en 1930, parvint à la conclusion que d'immenses plantations de guayule pouvaient permettre au pays de résister à une pénurie de caoutchouc en temps de guerre, Chaim Weizmann, biochimiste sioniste qui associa l'idée de sources renouvelables de caoutchouc à la cause politique qu'il défendait, Shimpe Nishimura, un de ces Américano-Japonais emprisonnés dans le camp d'internement de Manzanar, qui contribuèrent considérablement à l'amélioration des techniques de production de guayule, Hugh Anderson, humanitaire affecté par la polio qui crut longtemps que le guayule pourrait constituer la matière première des coopératives agricoles installées dans les régions désertiques du Sud-Ouest américain, et enfin Phil et Pete Ohanneson, propriétaires terriens de Californie qui, malgré la pénurie de caoutchouc pendant la guerre, défièrent ouvertement le programme gouvernemental de culture du caoutchouc pour finalement faire complètement avorter le projet. Pour ceux-là et tant d'autres, la culture de plantes laticifères sur le territoire américain a représenté bien plus que quelques simples spécimens botaniques. Tous ont démontré le rôle stratégique des plantes au cœur de la sûreté nationale.

Chapitre 1

La dépendance américaine au caoutchouc d'importation

1911-1922 : les leçons de la révolution et de la guerre

Le 30 mars 1911, un groupe de révolutionnaires fidèles à Francisco Madero attaque deux sites appartenant à l'Intercontinental Rubber Company (IRC), l'entreprise américaine qui contrôle la production de guayule du Nord du Mexique. Cette nuit-là, les rebelles dérobent et détruisent pour plus de 2 100 dollars de marchandises, de maïs et de fourrage. Dans les semaines qui suivent, les partisans de Madero reviendront piller la propriété de l'IRC pas moins de huit fois. En retour, les troupes fidèles au gouvernement mexicain de Porfirio Diaz lancent des contre-offensives qui vont à nouveau causer des dommages, évalués à plusieurs centaines de milliers de dollars. Puis en mai 1911, les révolutionnaires commandés par Emilio Madero, le frère de Francisco, attaquent la ville de Torreón, dans laquelle l'IRC possède une importante usine de traitement de caoutchouc de guayule. En ciblant les symboles de l'infiltration du Mexique par les étrangers, les troupes rebelles, appuyées par des civils acquis à leur cause, mettent à sac commerces, ranchs et usines appartenant aux étrangers. Les insurgés paralysent voies ferrées et lignes télégraphiques, volent armes, chevaux, selles, nourriture et argent, et mettent un terme à la production de caoutchouc. Quelques semaines plus tard, les troupes de Madero s'emparent de 30 tonnes de balles de guayule, d'une valeur de plus de 3 400 dollars. En quelques semaines à peine, ces groupes de rebelles faiblement armés privent les États-Unis de l'une de leurs principales sources de caoutchouc.

Plusieurs années durant, le chaos et la tension perdurèrent. Les forces loyales à Madero, Diaz, Victoriano Huerta, Venustiano Carranza, Pancho Villa et consorts luttaient pour le contrôle du Nord du Mexique. Les rebelles, en quelque cinq cents occasions, s'en prirent à des domaines appartenant à l'IRC et ses filiales. Curieusement, un responsable de la compagnie écrivit incognito en 1912 qu'il récompenserait de 500 dollars « les oreilles et le scalp » du rebelle qui avait mené des attaques répétées sur les principales propriétés de l'IRC à Cedros. Au final, l'IRC engagea des poursuites pour l'équivalent de 260 000 dollars de pertes, saccages et destructions de biens comprenant notamment des centaines de tonnes de guayule brut prêt à être traité et vendu sur le marché américain. La récolte de guayule s'arrêta, provoquant le chômage de milliers de travailleurs des secteurs agricole et industriel. L'industrie du guayule, qui avait produit 21 millions de livres (10 000 tonnes), soit 10 % de la consommation américaine de caoutchouc, se retrouva au bord du gouffre. Tous les espoirs de production d'une source renouvelable de caoutchouc cultivé en Amérique du Nord menaçaient de s'écrouler. Or, selon la légende répandue dans le petit monde du caoutchouc, le botaniste de l'IRC Robert McCallum parvint à passer en contrebande aux États-Unis depuis le Mexique des milliers de petites graines de guayule soigneusement emballées, lors de sa fuite en 1911. Ce sont ces graines qui permirent de démarrer véritablement la culture de caoutchouc sur le sol des États-Unis.

Ces événements tragiques illustrent à quel niveau économique et militaire se retrouva le pays à cause de sa dépendance au caoutchouc étranger. Placé au cœur de l'économie, de l'industrie, de la politique et des affaires militaires, le caoutchouc s'imposa comme une question cruciale pour les responsables politiques et industriels américains. Alors que l'économie américaine s'appuyait progressivement sur un secteur automobile en pleine expansion, la richesse du pays dépendait de plus en plus des produits issus de l'agriculture tropicale. Quant aux canaux d'approvisionnement toujours plus étendus séparant les producteurs tropicaux des consommateurs américains, ils demeuraient vulnérables aux pénuries causées par la guerre, la guérilla locale, les politiques tarifaires agressives et les conditions climatiques.

Avant même que n'éclate la première guerre mondiale, les responsables des grandes puissances internationales avaient reconnu le rôle du caoutchouc comme produit de première nécessité, tant militaire qu'industriel, même si le contexte de guerre imminente, de révolution et de restrictions commerciales confirmait la précarité d'accès à ses sources. Parmi les rares denrées non produites par les États-Unis, le caoutchouc tenait une place prépondérante. Dans ces circonstances, de nombreux responsables américains en appelèrent au développement d'une source de caoutchouc directement accessible et renouvelable, entraînant à leur tour botanistes, scientifiques de l'agriculture et autres experts du caoutchouc dans des questions qui touchaient au cœur de la sécurité nationale des États-Unis.

Origines de l'industrie du guayule

En pleine recherche d'une nouvelle source de caoutchouc, la plante du désert nommée guayule arrive à point nommé. À l'époque coloniale et postcoloniale, les propriétaires de ranchs dont la domination économique sur le Nord du Mexique ne cesse de s'étendre considèrent la plante comme un fléau car elle produit dans la panse du bétail qui la broute une masse caoutchouteuse.

Et au pavillon de l'État de Durango à l'exposition universelle de Philadelphie en 1876, le caoutchouc tiré du guayule occupe le devant de la scène américaine[1]. De nombreux investisseurs, parmi lesquels des chimistes italiens et allemands ayant développé des procédés chimiques d'extraction au tournant du siècle, cherchent un procédé de transformation de la plante en caoutchouc exploitable. Le guayule connaît ensuite un essor entre 1900 et 1907, si l'on en juge par la vingtaine d'usines de traitement du guayule qui fleurissent alors dans le Nord du Mexique.

L'IRC en fut la tête de pont. En 1902, Nelson W. Aldrich, sénateur de l'État de Rhode Island, et son fils Edward, patron de presse, recrutent un chimiste industriel du nom de William Appleton Lawrence, chargé de développer un procédé d'extraction adapté. Après une année d'expérimentations dans un laboratoire de fortune installé à leur domicile de Jamaica, dans l'État de New York, Lawrence et sa fille, également chimiste, annoncent qu'ils ont mis au point un procédé mécanique fondé sur le broyage grossier de la plante. Le pressoir de Lawrence fut breveté en 1903, une avancée suggérant que le guayule pourrait devenir une source de caoutchouc commercialement viable. Lawrence s'empressa d'attribuer le brevet à la nouvelle société d'Aldrich, l'IRC. En retour, la société octroya à Lawrence un salaire annuel de 5 000 dollars. Dans les années qui suivirent, l'IRC déposa plusieurs autres brevets pour le traitement et la purification du caoutchouc de guayule et n'hésita pas à attaquer en justice plusieurs entreprises qui attentaient à ses brevets. L'IRC représentait le prototype même des réseaux capitalistes américains fleurissant au tournant du siècle. Au-delà des Aldrich, les principaux investisseurs de l'IRC comprenaient les financiers de Wall Street Bernard Baruch, Thomas Fortune Ryan et Daniel et Sol Guggenheim, qui participèrent tous à l'effort financier de l'entreprise à hauteur de 925 000 dollars. Parmi les autres investisseurs se trouvaient John Regan de la Standard Oil, Paul Morton de l'Equitable Trust, Charles Sabin de la Guaranty Trust Bank, Harry Payne Whitney, Levi P. Morton, Jacob H. Schiff et C.K.G. Billings. John D. Rockefeller Jr., le beau-frère d'Edward Aldrich, versa quant à lui 25 000 dollars.

La mobilisation de ces investisseurs coïncida avec l'effondrement de l'industrie du caoutchouc d'hévéa brésilien, et juste avant que le caoutchouc de plantation ne s'impose aux Indes orientales. Ils avaient compris que l'industrie automobile naissante provoquerait l'explosion de la demande de caoutchouc, et ils entreprirent de former un consortium du caoutchouc sur le même modèle que le monopole pétrolier de Rockefeller. En 1904, Baruch se rendit au Mexique avec l'objectif de sécuriser la plus grande surface possible de l'habitat naturel de la plante. Grâce au consentement des responsables politiques mexicains, l'IRC finit par contrôler presque deux millions d'hectares au cœur du pays du guayule. Dès 1905, Baruch et ses collègues de l'IRC avaient acheté et modernisé une usine de traitement du guayule à Torreón, dans l'État de Coahuila. La société augmenta rapidement son capital, ouvrit deux nouvelles usines, installa de nouvelles technologies et des liaisons ferroviaires, et annonça qu'elle contrôlait la majeure partie des territoires et usines de guayule du Nord du

Mexique. Les investissements mexicains de l'IRC portèrent leurs fruits au-delà de toute attente. En 1909, l'usine de Torreón tournait à plein régime, employait plus d'un millier d'ouvriers et produisait plus de 360 tonnes de caoutchouc par mois. Au cours de l'exercice 1909-1910, les bénéfices nets dépassaient les 2,5 millions de dollars. En 1910, sa meilleure année, le guayule mexicain ne totalisait pas moins de 19 % de la consommation américaine de caoutchouc.

Pendant ce temps, l'IRC et d'autres entreprises cherchèrent à exploiter le guayule originaire de la région de Big Bend dans l'Ouest du Texas. En 1906, la société demande des concessions au gouvernement fédéral pour exploiter les ressources en guayule sur les terrains publics. L'IRC conclut un contrat avec au moins quatre propriétaires de l'Ouest du Texas, ce qui permit de récolter du caoutchouc américain. Ce contrat garantissait une récolte mini-male de 20 tonnes, un volume qui aurait vite décimé les ressources naturelles de caoutchouc américain. La recherche d'autres terres de plantation au Texas se poursuivit en 1907. L'éminent « Captain » William H. Stayton, chargé de promouvoir la préparation militaire américaine, et son associé L.C. Andrews parcoururent les terrains à guayule au Texas et enjoignirent l'IRC d'obtenir au plus vite des baux sur ces terrains. En 1909, la Texas Rubber Company avait déjà dépensé pas moins de 60 000 dollars pour les droits d'exploitation du guayule sur les terrains publics. Depuis ces régions reculées et inexplo-rées, 4 000 tonnes de pieds de guayule furent transportées par des cohortes de manœuvres mexicains, au moyen de charrettes et d'ânes, à destination de l'usine de Marathon, au Texas, qui tournera de 1909 à 1914. Bien que l'usine ne soit pas rentable en raison des coûts de broyage trop élevés, le rendement fut d'environ 600 tonnes de caoutchouc brut, la toute première production de caoutchouc sur le territoire américain issue de sources végétales.

Malgré la croissance impressionnante de l'industrie du guayule, deux écueils se présentèrent. Le premier étant le tarissement inéluctable des plants de guayule sauvage. Malgré le contrôle d'un domaine évalué à environ 7 500 km², un mémorandum de l'IRC de 1908 rapporta qu'il suffirait de six ou sept ans pour épuiser les réserves connues du buisson du désert. Avec la quasi-intégra-lité des actifs de la société liée au destin de cette rare denrée brute, le rappor-teur s'interrogeait légitimement « s'il ne serait pas judicieux de suspendre l'exploitation et de réfléchir à l'éventualité d'un épuisement des ressources végétales ». Un an plus tard, Baruch soumit un rapport suggérant que les réserves pourraient s'épuiser en moins de trois ans et réduire l'investissement de 40 millions de dollars de l'IRC à néant.

Intelligemment, Baruch vendit ses parts dans le guayule en 1910, alors au summum de leur valeur. Dans ce contexte, les autres investisseurs de la compagnie s'impliquèrent dans un chantier mis en place par le roi des Belges, Léopold II, qui offrait aux Américains un intérêt à participer aux plantations de caoutchouc du Congo. Or, les opérations congolaises nécessitaient la destruction des plants indigènes et ne permettaient pas d'approvisionnement en caoutchouc brut sur le long terme. Alors que les réserves de caoutchouc sauvage étaient de plus en plus difficiles à garantir, l'IRC lança les premières démarches de son chantier multi-décennal visant à faire du guayule sauvage une culture américaine à grande échelle.

La recherche sur les plantes à caoutchouc aux États-Unis : une histoire ancienne

Étant donné que la recherche agricole, financée par les deniers publics, tendait à se focaliser sur des cultures à grande échelle, il était impossible pour l'IRC de se tourner directement vers le département de l'Agriculture américain (USDA), les fermes expérimentales, ou des structures de même type consacrées à la recherche agricole financée par des fonds publics. En lieu et place, la compagnie finança et organisa sa propre recherche sur le guayule, projet qu'elle accompagna pendant presque quarante ans. Pour cela, elle s'appuya au départ sur la Carnegie Institution de Washington, qui avait mis sur pied en 1902 un laboratoire de botanique spécialisé dans la flore du désert, près de Tucson dans l'Arizona, où l'essentiel de la recherche portait sur l'étude des plantes du désert. Dans le but d'approfondir ses recherches à vocation pratique et commerciale, l'IRC débaucha du laboratoire Carnegie le jeune et prometteur botaniste Francis E. Lloyd pour poursuivre les recherches au Mexique.

Alors que la complexité de la culture du guayule apparaissait au grand jour, l'IRC prit des dispositions particulières auprès d'une douzaine d'experts en agriculture, notamment des spécialistes de la physiologie des plantes, de leur reproduction, des techniques d'irrigation, de la géographie mexicaine, de la climatologie du désert, et d'autres domaines. La recherche sur d'autres plantes à caoutchouc fut aussi menée sur le sol américain. Certains investisseurs parièrent sur le pinguay, alias la plante à caoutchouc du Colorado, un arbrisseau malingre qu'on trouve sur les plateaux arides du Sud-Ouest du Colorado et dans le Nord du Nouveau-Mexique. Selon une source, au moins une usine de caoutchouc aurait opéré dans le Sud du Colorado en 1907.

Les expériences menées par B. F. Goodrich et les autres entreprises du caoutchouc ont suggéré que le « caoutchouc du Colorado » était de meilleure qualité que le guayule. Le botaniste californien Francesco Franceschi a aussi étudié de près le guayule et le pinguay, sans en avoir toutefois tenté la commercialisation. Dans l'intervalle, Lloyd accepta en 1909 un poste à l'Alabama Polytechnic Institute d'Auburn et rapporta des graines de guayule du Mexique pour en étudier les plantations en pleine terre comme sous serre. Le résultat de ces études est un ouvrage de 200 pages sur cette plante du désert, publié par la Carnegie Institution, qui deviendra la bible du guayule[2]. Pour remplacer Lloyd, l'IRC embaucha un botaniste canadien, William B. McCallum, qui y commencera sa carrière de trente-cinq ans dédiée à l'étude du guayule. À la même période, et en regard des nombreux et difficiles combats en faveur de l'implantation sur le sol américain d'une culture laticifère, Lloyd, de façon prémonitoire semble-t-il, abandonna les études sur le guayule pour devenir consultant à l'US Rubber Company, la compagnie la plus active dans l'expansion des plantations de caoutchouc d'hévéa aux Indes orientales.

Le guayule et la révolution mexicaine

Pendant ce temps, le deuxième obstacle à l'industrie du guayule, à savoir sa vulnérabilité dans un Mexique au climat politique instable, émergeait au grand jour. De nombreuses élites locales ne supportaient plus la mainmise étrangère sur les régions du Mexique où le guayule était cultivé, et une majorité était convaincue que le gouvernement Diaz avait injustement instauré une politique d'irrigation, des droits de douane et des taxes foncières qui favorisaient les intérêts étrangers. Le département d'État révéla d'ailleurs que Diaz lui-même avait informé l'IRC qu'il pouvait «compter sur la sympathie du gouvernement et de sa bonne volonté pour faciliter ses travaux, en restant dans un cadre légal». Des édiles locaux comme le gouverneur de Coahuila, Miguel Cardenas, étaient également disposés à soutenir la cause, car ils réalisaient ainsi de rapides profits en vendant des parcelles de désert à l'IRC pendant cette période faste du guayule. De plus, la dévaluation du peso par le gouvernement en 1905 plaça les investisseurs comme l'IRC dans une bien meilleure position pour acheter des terres et pour investir dans des moyens de production.

L'industrie du guayule provoqua de profondes tensions, tant sociales qu'économiques, dans le Nord du Mexique. La demande de guayule amorça une concurrence sauvage sur un territoire qui n'intéressait jusque-là que les propriétaires de ranchs. Bandits et voleurs de sociétés rivales n'avaient aucun mal à transporter au loin les buissons dont la valeur ne cessait d'augmenter, les combats à la machette et à l'arme à feu étaient monnaie courante sur les sentiers de mulets utilisés comme voies de sortie pour les buissons arrachés au désert. De son côté, l'IRC tenta de délimiter son domaine en traçant les lignes des champs de guayule à trois kilomètres au-delà des limites de ses vastes territoires. Les sociétés étrangères perturbèrent aussi le marché du travail local. Il était de notoriété publique que l'IRC offrait les meilleurs salaires du secteur, forçant ainsi les élites locales à mettre la main à la poche pour rester concurrentielles. Les propriétaires de troupeaux, voyant passer les expéditions ânières en quête de guayule sauvage vers les profondeurs du désert du Chihuahua, où hommes et bêtes risquaient leur vie, sentirent sérieusement monter la pression. Dans le même temps, les sociétés étrangères comme l'IRC restreignirent le flux des capitaux dans l'économie locale, car leurs employés recevaient la moitié de leur salaire en bons échangeables uniquement au magasin d'entreprise de l'IRC. Les infrastructures rudimentaires prévues ne purent absorber la surpopulation créée par l'invasion d'ouvriers d'usine et de ramasseurs de guayule touchant un territoire quasiment inhabité à l'origine. Des bidonvilles apparurent dans les zones rurales (les autorités de Torreón ayant chassé les vagabonds), et rivières et ruisseaux s'emplirent de déchets porteurs de maladies comme la typhoïde et la variole, qui affectaient les nouvelles communautés.

La situation se durcit au point que le guayule devint l'un des facteurs de la révolution mexicaine. Les détracteurs de l'IRC et des autres intérêts américains trouvèrent un écho chez Francisco Madero. Fils de bonne famille et grand propriétaire du Nord du Mexique, Madero et les siens avaient de bonnes raisons d'en vouloir à l'IRC. Les Madero étaient des acteurs influents de l'industrie du guayule : Francisco en tant que secrétaire et son père, Don Evaristo, en tant que président et patriarche du principal concurrent de l'IRC, la SA Compania Explotadora Coahuilense. « Je ne crains pas [l'IRC] », déclara Madero, alors qu'il s'illustrait comme le héros de ceux qui attendaient que quelqu'un se dresse contre l'infiltration étrangère au Mexique. Capitalisant sur ses propres ventes de guayule aux marchés occidentaux, Francisco Madero lance sa carrière politique avec comme objectif de bousculer le statu quo instauré par Diaz. Alors que la révolution mexicaine s'étend, un nouveau chapitre de la production intérieure de caoutchouc s'ouvre aux États-Unis.

Les rebelles s'en prirent directement aux deux biens les plus précieux de l'IRC : son domaine de Cedros et son usine de Torreón. Ils s'emparèrent des marchandises, du maïs, des armes, des chariots, des meubles, des médicaments, du bétail, des mules, des chèvres, des chevaux et du matériel provenant de l'IRC et de ses dépendances. Les révolutionnaires et leurs partisans pillèrent les magasins de Torreón appartenant aux étrangers et y massacrèrent plus de deux cents Chinois lors d'une journée d'émeutes de mai 1911. Le consul américain en poste à Torreón, G.C. Carothers, travailla étroitement avec les responsables de l'IRC et fit de la protection de ses domaines une priorité absolue, tout en mettant en garde les investisseurs américains sur les risques subsistant au Mexique. Dans un message codé adressé à ses supérieurs à Mexico et à Washington, Carothers insista sur l'instabilité de la situation. « Empêchez par tous les moyens une intervention qui condamnerait tous les Américains présents sur place », prévint-il, « Ceci constitue un cas d'école pour les Américains ». Fort de cet avis, le gouvernement américain abandonna une industrie caoutchoutière installée à seulement quelques centaines de kilomètres au-delà de sa frontière méridionale. Les États-Unis allaient devoir chercher ailleurs leur caoutchouc.

Le plus grave danger que portait la révolution mexicaine était la disparition des semences et des plants de l'IRC, qui constituaient la base génétique de tout projet de domestication du guayule sauvage. En 1911, lors des premières attaques des rebelles, plusieurs variétés prometteuses étaient cultivées en serre et sur un lot de parcelles irriguées d'environ cinq hectares près de Cedros. Tout cet investissement fut en grande partie anéanti dans le chaos de la révolution par les troupeaux de bétail livrés à eux-mêmes. En 1913 comme en 1914, le Ranch Cedros se trouva « entièrement à la merci des bandits et des rebelles en maraude », et l'usine de Torreón ferma ses portes entre juin 1913 et octobre 1914. Les rebelles brûlèrent sans discontinuer les balles de guayule, en tout des centaines de tonnes. On raconte même que des rebelles embarquèrent sur un train à Cedros, où ils violèrent femmes et filles devant leurs maris et pères, et mirent le feu aux wagons pour les abandonner là. Ils passèrent en fraude du guayule *via* El Paso et d'autres villes et le vendirent au marché noir en échange d'armes et d'argent liquide dont ils avaient besoin pour financer leur révolution. Les autorités gouvernementales mexicaines montrèrent leur indifférence ou leur incompétence à fournir une protection appropriée contre les pillards. L'IRC offrait de bons salaires, des armes et des chevaux à ses employés afin de protéger ses intérêts. Cette stratégie fut également réduite à néant, si l'on en juge par ceux qui se retrouvèrent nus après que les rebelles eurent envahi Cedros et dérobé vêtements et argent aux ouvriers.

Le caoutchouc, une denrée militaire stratégique

Ces événements, couplés à la hausse des prix, apportèrent un signal clair sur la vulnérabilité du monde industriel et la dépendance aux réserves de caoutchouc importé. William Perkin Jr, fils du découvreur de la mauvéine, la première teinture synthétique véritable, était particulièrement décidé à défier les chimistes allemands dans la recherche de caoutchouc de synthèse. En grande partie grâce à la recherche en biochimie de son collègue Chaim Weizmann, le dirigeant sioniste et futur président d'Israël, Perkin annonce en 1912 que son équipe a mis au point un caoutchouc de synthèse dérivé de l'alcool qui pourrait être fabriqué à partir de ressources végétales renouvelables. Lors de la même réunion, le chimiste allemand Carl Duisberg révéla son propre procédé, mis en valeur par la présentation de deux pneus en caoutchouc synthétique tiré de dérivés du charbon non renouvelables. En fait, les contours du champ de bataille autour du futur de l'industrie du caoutchouc avaient été tracés des années avant le début de la première guerre mondiale.

Or, le caoutchouc de synthèse était encore bien loin d'être viable commercialement. Les sources potentielles de caoutchouc naturel au Congo, au Pérou, au Brésil et au Mexique s'avérant progressivement toutes inexploitables sur le long terme, les consommateurs américains durent se résoudre à dépendre des plantations de caoutchouc d'Asie du Sud-Est sous la coupe des Britanniques et des Néerlandais. Tant que ces pays et leurs dépendances coloniales demeuraient en bons termes avec les États-Unis, la question de l'instabilité des réserves de caoutchouc semblait s'estomper. D'ailleurs, comme le déclara Thomas Edison en septembre 1913, les plantations de caoutchouc tropicales garantissaient des prix bas, l'abondance des stocks et une industrie automobile florissante. À une époque de paix dans le monde, les consommateurs de caoutchouc américain n'avaient pas de raison de s'inquiéter. Pourtant, l'indéniable réalité le montrait : le marché américain du caoutchouc demeurait dans une situation précaire, pour être devenu totalement dépendant ou presque des réserves situées de l'autre côté de la planète.

La situation changea en août 1914, lorsque les puissances européennes entrèrent dans une guerre mondiale qui allait durer plus de quatre ans. Quoi qu'il ait été dit sur la non-implication des États-Unis au début de la guerre, l'économie américaine était si indissociablement liée aux autres pays que les responsables des milieux d'affaires et industriels ne pouvaient ignorer la guerre et ses conséquences. En premier lieu, seulement 10 % des marchandises américaines vendues à l'étranger transitaient sur des navires enregistrés aux États-Unis. Comme l'Allemagne et la Grande-Bretagne reconvertissaient leurs navires en vaisseaux de guerre, le commerce maritime américain marqua sensiblement le pas. Ce qui eut des conséquences sur l'industrie du caoutchouc américaine car les difficultés de transit des marchandises vers les États-Unis entraînèrent un amoncèlement du caoutchouc sur les quais de Singapour. De plus, la guerre moderne s'avéra un cauchemar logistique en exigeant des matériaux toujours plus stratégiques. Avant que les officiers puissent signaler toute attaque depuis les tranchées, des volumes sans précédent de matières premières avaient été collectés dans le monde entier, transformés en produits finis, livrés sur les champs de bataille et stockés pour être prêts à servir. La guerre mit également en évidence l'intérêt militaire du caoutchouc : masques à gaz, joints, matériel de transfusion sanguine et poches à plasma, isolant pour les lignes télégraphiques, et bien sûr les pneus pour les automobiles, camions et ambulances. Toutes ces utilisations impliquaient d'importer du caoutchouc en quantités inédites. À la fin de la guerre, le caoutchouc était passé du rang de produit mercantile exotique à un besoin militaire permanent. Les problématiques de stock de caoutchouc, de préparation militaire et l'importance de produire des matières premières renouvelables en interne se rejoignaient.

Thomas Edison et la préparation à la guerre

Le déclenchement des hostilités plongea Thomas Edison au cœur du débat sur la dépendance du pays aux biens d'importation. Bien avant qu'il ne débute ses recherches intensives sur un approvisionnement en caoutchouc adapté produit dans le pays, il était déjà l'un des détracteurs les plus influents et les plus virulents sur la question de la dépendance américaine aux produits chimiques allemands. Quand la guerre éclata, l'Allemagne avait la mainmise sur la production mondiale des produits chimiques industriels. Les usines allemandes produisaient environ 90 % des teintures textiles américaines et excellaient presqu'autant dans les secteurs de la pharmacie, des engrais et dans d'autres branches de l'industrie chimique. Alors même que la puissance des entreprises chimiques allemandes avait été une question primordiale dans les discussions préparatoires à la guerre, les tentatives de remettre en cause cette hégémonie étaient au cœur d'un conflit surnommé au final « la guerre des chimistes ».

Moins de trois semaines après la déclaration de guerre de l'Allemagne à la Grande-Bretagne, Thomas Edison insista sur l'urgence pour les entreprises américaines d'accéder à un stock de phénol (appelé aussi acide carbolique), ce composé chimique nécessaire à la fabrication des disques de phonographe. Sa compagnie était de loin l'entreprise américaine qui consommait le plus de phénol, et le blocus naval britannique à l'encontre de l'Allemagne conjugué à la décision britannique de limiter l'exportation de produits chimiques stratégiques entraîna un sérieux ralentissement de son activité. Il fit pression, en vain, sur le membre du Congrès Edward W. Townsend, du New Jersey, pour obliger la Grande-Bretagne à lâcher un peu de son stock de phénol aux États-Unis. La réaction de Townsend fut de se demander simplement « pourquoi ce pays ne [produisait] pas ces mêmes matériaux, ne serait-ce que pour protéger les fabricants qui en [avaient] besoin ».

Fidèle à ses habitudes, Thomas Edison déclara : « Cette guerre doit nous apprendre à ne dépendre que de nous-mêmes… et de pourvoir à nos propres besoins ». Il alla même plus loin en appliquant son propre conseil selon lequel « les professionnels concernés [devaient] agir, au lieu de discourir », et il décida de fabriquer lui-même son phénol. Appliquant sa méthode habituelle fondée sur les expérimentations et les erreurs, Edison recruta quarante personnes pour travailler en continu selon une technique inédite dont il espérait qu'elle produirait du phénol à grande échelle. Les premiers résultats s'avérèrent encourageants. Dès la fin de la première semaine de travail, l'usine chimique de Silver Lake, dans le New Jersey, dut être agrandie. La nouvelle manufacture fut opérationnelle fin septembre, et la compagnie d'Edison en construisit bientôt une deuxième pour répondre à la demande soudaine de phénol fabriqué aux États-Unis. En dépit de ces progrès, la question n'était pas réglée pour autant. Le procédé d'Edison reposait sur le benzol, et comme les réserves de ce composé chimique importé se tarissaient aussi, l'inventeur tenta un nouveau coup en récupérant le benzol des gaz de goudron de houille rejetés dans les fours à coke de Pennsylvanie et d'Alabama.

Edison se mit également à produire sa propre aniline, autre composant essentiel des disques de phonographe, brusquement privée de ses fournisseurs allemands. Voilà comment, dès le début de 1915, Edison avait contourné la domination allemande et produit ses propres composants chimiques à partir de sources intra-territoriales. Tout aussi important, les investisseurs qui avaient adhéré à la vision d'Edison reçurent d'impressionnants dividendes. Avant même la fin de la guerre, Edison avait produit une telle quantité de phénol que les stocks du pays débordaient et les prix s'effondraient. Intelligemment, Edison quitta ensuite le domaine de la chimie organique et céda ses intérêts à des entreprises plus spécialisées, tout en faisant un joli profit. En fait, il a été prouvé que l'assistant d'Edison avait utilisé le prestige de l'inventeur sur la question de la préparation à la guerre pour contribuer à renforcer les liens de la compagnie Edison avec la marine et ainsi augmenter ses profits grâce aux ventes. Quoi qu'il en soit, aux yeux des citoyens, cet épisode démontra qu'Edison possédait les compétences, l'expérience et la volonté nécessaires pour endiguer les pénuries liées à la guerre.

Les succès d'Edison le rendirent rapidement incontournable en matière de préparation à la guerre. En mai 1915, le *New York Times* publia une remarquable interview d'Edison dans laquelle l'inventeur demandait aux Américains de trouver des moyens simples et peu coûteux de produire les technologies nécessaires à la guerre moderne. Il y évoquait sa foi en l'ingéniosité et l'inventivité américaines en proposant que le pays mette sur pied « un grand laboratoire de recherche » où scientifiques et ingénieurs qualifiés pourraient développer l'armement et les autres technologies nécessaires à l'entrée en guerre éventuelle des États-Unis. Cinq semaines plus tard, le secrétaire à la Marine des États-Unis, Josephus Daniels, proposa à Edison de prendre les rênes d'un tel projet et le nomma à la mi-juillet 1915 à la tête d'un organisme expressément constitué pour cette mission, le Conseil consultatif de la Marine.

La nouvelle entité ne tarda pas à étendre son mandat au-delà de la Marine et donna naissance à d'autres organismes chargés de traiter les grandes questions liées au savoir-faire industriel du pays en matière de guerre moderne. Ainsi que l'évoqua Howard Coffin, membre du Conseil consultatif de la Marine et figure éminente de l'industrie automobile, « la guerre du XXe siècle [imposait] que le sang versé à la bataille et la sueur versée à l'usine, à la mine ou aux champs ne [fissent] plus qu'un ». En 1915 et 1916, Edison, Coffin et quelques autres ingénieurs américains de renom clamèrent haut et fort l'importance de la préparation industrielle.

Les chefs de file au sein du mouvement organisèrent des campagnes destinées à sensibiliser au mieux l'opinion publique sur l'enjeu et firent l'inventaire des ressources et des compétences industrielles du pays. Ces experts voyaient dans les revers militaires de la France et de la Grande-Bretagne la preuve que la guerre moderne nécessitait une plus grande coordination entre gouvernants et industriels. Ils craignaient en outre que l'Allemagne n'ait été meilleure que les États-Unis dans l'intégration de la recherche scientifique et technologique à ses objectifs nationaux. En gros, l'Allemagne émergeait comme une puissance économique, politique et militaire rationalisée et efficace. Selon les mots d'un historien, « la vision de la société allemande imprégnait les esprits des groupes de préparation américains ».

L'avance allemande dans le secteur de la chimie et des matières premières industrielles était suivie de près. Ainsi, Charles Holmes Herty, alors à la tête de l'American Chemical Society (Société américaine de chimie), mit en garde le président Woodrow Wilson et les autres dirigeants américains sur la dépendance problématique du pays aux composants chimiques importés. La National Academy of Sciences (Académie nationale des sciences), ressuscitée au printemps 1916, prit en charge le projet de sécurisation et de stockage des nitrates en provenance du Chili et d'ailleurs. Elle assigna également le chimiste de l'université de Colombia, Marston Bogert, aux recherches sur les nombreuses questions de pénurie de produits chimiques stratégiques. Le rapport de Bogert soulignait avec précision les insuffisances de la préparation chimique et industrielle américaine, et rappelait, cas après cas, l'énorme avance de l'Allemagne. Il apportait aussi une réponse à la dépendance américaine au caoutchouc d'importation, en insistant sur le fait, non avéré mais inquiétant, que les chimistes allemands étaient à deux doigts de maîtriser le procédé de fabrication du caoutchouc de synthèse.

Les conséquences du blocus naval

D'autre part, l'efficacité industrielle et le savoir-faire chimique allemands, qui faisaient l'admiration des ingénieurs américains, firent l'objet d'une surveillance particulière alors que les conséquences du blocus naval britannique sur l'Allemagne éclataient au grand jour. Lancé en août 1914, le blocus avait durement éprouvé l'économie allemande dès l'automne de la même année. Au printemps suivant, le blocus avait effectivement paralysé le commerce maritime, et l'économie allemande dans son ensemble marquait le pas. L'austérité imposée par le gouvernement et les programmes de plafonnement des prix ne suffisaient pas à contrôler l'économie. Plus grave, l'activité du marché noir et les manifestations de rue indiquaient que le soutien à la guerre était en déclin. L'«hiver des navets» de 1916-1917 entraîna de graves privations, déclenchant des émeutes de la faim et des protestations populaires qui contribuèrent à la chute du gouvernement allemand. Au final, on estime à sept cent mille Allemands, essentiellement des civils, le nombre de morts par malnutrition durant la première guerre mondiale. L'étendue des souffrances montre la nécessité absolue pour les gouvernements suivants d'obtenir et de distribuer les ressources indispensables pour mener une guerre moderne.

Le blocus ruina également l'industrie allemande du caoutchouc. Les stocks des manufacturiers allemands avaient réduit comme peau de chagrin, les ouvriers qualifiés avaient été mobilisés et les réseaux de transports publics se trouvaient au point mort. Le prix du caoutchouc brut, rarement supérieur à un dollar la livre aux États-Unis, atteignit presque vingt dollars en Allemagne. En avril 1915, les autorités allemandes «interdirent impérativement» la vente de produits en caoutchouc et lancèrent une campagne de récupération de déchets de caoutchouc. En mai, le gouvernement prussien bannit toute circulation automobile d'ordre privé. De façon encore plus inquiétante, la pénurie de caoutchouc freinait directement l'effort de guerre. En l'absence de pneus, les véhicules militaires devenaient inutiles, les hôpitaux militaires devaient se passer de gants et de tubes de drainage, et les lignes télégraphiques et téléphoniques insuffisamment isolées provoquaient des perturbations qui endeuillaient un peu plus les champs de bataille.

Les chimistes et industriels allemands se démenèrent pour trouver une solution à la pénurie de caoutchouc. Malgré les produits de substitution, ou «ersatz», ingénieusement mis au point par les Allemands pour répondre aux privations de la guerre, le caoutchouc demeurait un matériau difficilement remplaçable. Si la recherche sur le caoutchouc de synthèse s'accéléra, les travaux de Carl Duisberg et d'autres chimistes n'aboutirent pas à la création d'un substitut approprié. En quatre années de guerre, l'Allemagne produisit seulement 2 500 tonnes de caoutchouc de méthyl, un substitut dur, semblable à du cuir, inutilisable pour des pneus. Les Allemands accomplirent également des efforts désespérés dans le but de trouver du caoutchouc naturel dans des plantes poussant sous climat tempéré. Certaines de ces tentatives remontent aux années 1880, lorsque Georg Kassner, de Breslau, rédigea un rapport évocateur sur le laiteron des champs, *Sonchus oleraceus*, comme culture laticifère renouvelable. Selon Kassner, le laiteron des champs présentait un intérêt industriel, agricole et politique pour le pays. La recherche s'accéléra pendant la première guerre mondiale, lorsqu'un scientifique autrichien déclara en 1916 qu'il avait découvert qu'une laitue sauvage, *Lactuca viminea*, contenait une quantité de latex supérieure à toute autre source végétale, y compris l'hévéa et le guayule. La plante poussait à l'état sauvage dans les vallées du Danube et de l'Elbe, et pouvait vraisemblablement être cultivée. Certains critiques moquèrent les plans allemands de production de « légumes à latex », mais l'éditeur de *Gummi-Zeitung* défendit le projet, qui en valait la peine, dit-il, parce que « nos ennemis espèrent nous affamer avec le caoutchouc comme ils le font avec les céréales ». Au final, la laitue sauvage et les autres plantes potentiellement productrices de caoutchouc n'apportèrent rien de plus à l'économie de guerre allemande.

Caoutchouc et économie de guerre américaine

Bien longtemps avant que les États-Unis ne décident de s'allier aux Britanniques lors de la première guerre mondiale, le caoutchouc avait sérieusement mis à l'épreuve la neutralité américaine. En septembre 1914, la Grande-Bretagne avait placé le caoutchouc et plusieurs autres marchandises stratégiques sur une liste d'articles de contrebande. Deux mois plus tard, elle coupait l'accès américain aux réserves de caoutchouc d'Asie du Sud-Est, une décision qui mettait au chômage 250 000 ouvriers américains. De telles mesures forcèrent les responsables américains à choisir entre maintenir l'accès aux produits en provenance de Grande-Bretagne, de ses colonies et de ses alliés, et risquer le tout en continuant les échanges avec les Empires centraux. Les responsables américains acceptèrent à contrecœur les demandes britanniques et consentirent à ne pas exporter de caoutchouc de contrebande vers l'Allemagne ou vers les pays neutres susceptibles de commercer avec les Empires centraux. Selon un journaliste, cette expérience « plaça les États-Unis dans une situation humiliante », qui confirmait leur dépendance aux matières premières importées.

Entre-temps, les mesures de guerre britanniques obligèrent aussi les Américains à rechercher des méthodes alternatives pour garantir l'accès au caoutchouc. Certains n'étaient pas disposés à abandonner le buisson mexicain, qui se vendait maintenant environ trois fois son prix d'avant-guerre. En 1915, un jeune Texan nommé Isaac Newton Buckner, un ex-dirigeant de l'usine de l'IRC de Torreón, entra discrètement dans une ville où les révolutionnaires s'étaient emparés de l'équivalent de douze wagons de guayule. Buckner pénétra tranquillement dans le palais du gouverneur de l'État sans invitation, une stratégie délibérée pour se faire arrêter et obtenir une audience auprès de lui. Il parvint à le convaincre de lui vendre les balles de guayule à moitié prix, soudoya les responsables et employés du chemin de fer avec force pots-de-vin et téquila et put ainsi passer clandestinement le chargement de l'autre côté de la frontière. Il répéta l'opération plusieurs fois depuis le Mexique en 1917 et 1918, fournissant ainsi un petit stock de guayule mexicain aux compagnies de caoutchouc d'Akron.

Parmi les principaux efforts entrepris, Edgar Davis, de l'US Rubber Company, mena l'assaut sur les marchés du caoutchouc des Indes orientales.

Avant même que la guerre n'éclate, Davis remit en question la relation de confiance des Américains à l'égard de leurs fournisseurs britanniques et néerlandais. Dès 1913, il avait acquis de vastes terrains plantés de caoutchouc dans les Indes orientales néerlandaises, se positionnant parmi les meilleurs au monde. Début 1915, Davis dépêcha son adjoint David Figart à Sumatra pour accroître l'activité des plantations de caoutchouc et fit équipe avec un groupe de financiers de Wall Street comprenant Baruch, pour soutenir ces initiatives. En 1916, la Goodyear Tire and Rubber Company fit l'acquisition de 8 000 hectares à Sumatra pour y établir des plantations de caoutchouc, et Harvey Firestone commença sa longue campagne de «culture du caoutchouc sous la bannière américaine si possible». Alors président du Rubber Club of America, Firestone fit pression sur William Howard Taft, ex-président des États-Unis et ex-gouverneur des Philippines, pour qu'il assouplisse la réglementation de ce territoire interdisant toute société de contrôler plus de 1 250 hectares. D'autres financiers travaillèrent en lien avec l'American International Corporation, empire industriel aux mains des Rockefeller, Morgan, Guggenheim et consorts, concentrant les investissements américains vers les pays sous-développés. Toutes ces initiatives démontrèrent que les Américains étaient pour la plupart conscients de l'importance stratégique du caoutchouc et prêts à remettre en cause la domination britannique dans les colonies africaines et asiatiques.

Malgré ces avertissements, les tenants et aboutissants économiques complexes qui feraient basculer les États-Unis dans le conflit demeuraient flous dans l'opinion américaine. Les deux candidats à la présidence de 1916, le président Wilson et son rival républicain Charles Evans Hugues, s'étaient engagés à maintenir le pays en dehors de la guerre et minimisaient les avertissements des experts de la préparation militaire. En août, le Congrès créa une nouvelle entité, le Council of National Defense (CND, Conseil de la Défense nationale), subdivisé en comités chargés d'étudier la dépendance américaine aux produits stratégiques comme le manganèse et le caoutchouc. Ce groupe n'organisa pas de réunion officielle avant mars 1917 et son influence fut minime. Selon un participant, les membres de l'état-major n'étaient «même pas familiarisés avec des termes comme 'affectation', 'priorité' ou encore 'production quantifiée'».

La politique en matière de caoutchouc revint au premier plan dès la reprise de la campagne allemande de guerre sous-marine le 1er février 1917. L'imminence de l'entrée en guerre des États-Unis, l'interaction entre la question de la préparation à la guerre et la problématique liée au caoutchouc s'imposa tout logiquement. Certains Américains prédisaient que le caoutchouc serait le premier produit à en subir les effets négatifs. Baruch joua un rôle clef, tout d'abord en tant que chef de la commission consultative du CND, et ensuite comme responsable du War Industries Board (Comité des industries militaires), groupements qui contribuèrent à l'économie de guerre. En mars 1917, Baruch rédigea un rapport qui instaura le caoutchouc comme l'une des matières premières essentielles «que le gouvernement [devrait] maintenir en quantité suffisante».

Après la déclaration de guerre des États-Unis à l'Allemagne le 6 avril 1917, plusieurs agences gouvernementales de guerre se mobilisèrent pour garantir la pérennité des ressources de caoutchouc. À la mi-avril, Baruch demanda aux dirigeants de l'industrie du caoutchouc d'adhérer à sa vision de la gouvernance concernant la mise en sécurité et la répartition des réserves de caoutchouc. Le même mois, le Rubber Committee, comité du caoutchouc du CND, rappela que les fabricants nationaux n'avaient pas plus de trente jours de réserve à disposition. Étant donné la « gravité de l'état du trafic », les responsables gouvernementaux commencèrent à restreindre la consommation de caoutchouc jusqu'à ce que le flot d'approvisionnement en provenance de l'Asie du Sud-Est reprenne. Les fonctionnaires renouvelèrent leur engagement à ce qu'«aucun caoutchouc» ne parvienne aux Empires centraux. En décembre 1917, le caoutchouc devint l'un des premiers produits à être «homologué», ce qui permit au War Trade Board d'en réguler le flot. Les importateurs devaient demander l'aval à la Rubber Association of America (ex-Rubber Club of America) pour toute cargaison et s'assurer qu'aucun volume de caoutchouc ne parviendrait, directement ou indirectement, à un pays en guerre avec les États-Unis. Le résultat de ces négociations commerciales fut que les États-Unis réduisirent leur dépendance aux routes maritimes atlantiques pour les ressources de caoutchouc et augmentèrent l'importance stratégique des réseaux commerciaux du Pacifique. Ce changement de cap s'avéra bénéfique pendant la première guerre mondiale mais problématique pendant la seconde guerre mondiale.

La question du caoutchouc mit au jour les tensions latentes entre les industriels et les politiciens en place. En 1918, les grands caoutchoutiers créèrent un Comité de service de guerre, en réponse à la demande croissante de ce produit et des difficultés causées par les restrictions gouvernementales sur sa production. Les chefs d'industrie acceptèrent le fait que la production de certains objets en caoutchouc, comme les jetons de poker, les bonnets de bain ou encore les écouteurs téléphoniques puisse être restreinte en période de guerre. Pour autant, leur rapport contenait un grand nombre de produits classés comme «essentiels» à la guerre, tels que des fournitures chirurgicales, des bouillottes, des masques à gaz, des courroies de transmission, et même de l'équipement sportif car celui-ci «contribuait largement à la condition physique et à la santé de la nation». La guerre provoqua d'ailleurs une augmentation de la demande de produits en caoutchouc, notamment les pneus de camion, les matériaux isolants et les articles chirurgicaux. L'industrie ne cherchait donc rien moins qu'un accès facilité au caoutchouc des plantations. Les industriels du caoutchouc soulignèrent le fait qu'une surproduction de caoutchouc était possible dans les plantations d'Asie du Sud-Est, que les navires américains pouvaient être réquisitionnés pour en transporter la cargaison à travers le Pacifique et que les États-Unis risquaient de perdre leur part de marché au profit d'autres pays producteurs de caoutchouc si celui-ci n'était pas considéré une priorité absolue. Les responsables industriels préparèrent également les termes de l'armistice final et avancèrent que la paix d'après-guerre devait garantir que les États-Unis auraient accès au caoutchouc sous contrôle britannique et néerlandais dans «des conditions aussi favorables que les fabricants de n'importe quel pays».

L'un des chefs de file du domaine contesta cet accord fondé sur les pratiques habituelles du milieu. Anticipant les responsabilités qu'il assumerait dans les années 1920 en faveur d'une culture de caoutchouc nationale, Harvey Firestone fit valoir que ses collègues mésestimaient la gravité de la dépendance de la nation au caoutchouc importé. S'il refusa de devenir le « tsar » de la politique de guerre axée sur le caoutchouc, il n'hésita pas à offrir (juste avant de partir en randonnée camping avec ses amis Thomas Edison et Henry Ford) toutes ses compétences pour permettre au gouvernement d'imposer ses restrictions sur le caoutchouc. Cette politique s'appliqua dès lors que les responsables gouvernementaux prirent conscience des possibles pénuries de caoutchouc. Concluant que l'industrie du caoutchouc n'avait pas « montré un véritable esprit de sacrifice », les décideurs politiques commencèrent à parler « de sacrifices pour tous et de sérieuses difficultés pour certains ». Sous prétexte que le pays ne pouvait libérer de l'espace sur ses navires, le Comité du commerce de guerre autorisa les producteurs de caoutchouc américains à importer une petite part du caoutchouc consommé en 1917. Le manque d'espace à bord devint une crise nationale, et les stratèges industriels avertirent que l'expédition de soldats et de matériel en Europe limitait l'importation de matières premières des industries américaines, indispensable pour maintenir la dynamique de l'économie de guerre américaine.

Face au flux tendu des stocks de caoutchouc, George Peek, commissaire aux produits finis du War Industries Board (Comité des industries de guerre), déclara qu'il était « manifeste que quelque chose de radical » devait être fait « sans tarder ». Peek demanda aux fabricants de caoutchouc de réduire de moitié la production de pneus et de chambres à air par rapport à 1917, de travailler d'arrache-pied pour empêcher les autres industries de s'accaparer les ressources en caoutchouc et d'encourager le maintien et le recyclage des stocks existants. D'autres se mobilisèrent pour mettre en sécurité au plus vite tout caoutchouc disponible au Brésil, que ce soit sur les quais ou dans la nature. Entre-temps, la division « Priorities » du War Industries Board (qui répartissait les priorités de la guerre) diffusa une directive en septembre 1918 limitant la production de certains produits en caoutchouc non essentiels et menaça de priver les fabricants de l'accès à la main-d'œuvre, au carburant et au transport en cas de violation avérée. Même si l'épisode ne fut pas d'une extrême gravité, il permit de donner une première indication aux industriels du caoutchouc de ce qu'une pénurie pouvait signifier.

La recherche d'une culture de caoutchouc américain pendant la première guerre mondiale

Les pénuries et les restrictions en temps de guerre stimulèrent les recherches d'une source de caoutchouc disponible sur le territoire. Déjà ruinée par la surproduction, la révolution mexicaine et l'émergence de l'industrie du caoutchouc des plantations du Sud-Est asiatique, l'IRC dut clairement changer de cap. En 1915, la compagnie nomma un nouveau président, combatif à souhait, pour diriger le conseil, George H. Carnahan. Natif de l'Ohio, il s'était spécialisé en chimie et en géologie avant d'expérimenter l'industrie minière dans le Colorado, en Équateur et au Mexique. Alors directeur d'une mine de cuivre au Mexique, il s'était familiarisé avec le guayule et avait commencé à travailler pour une filiale de l'IRC de Torreón en 1914. Jusqu'à sa mort en 1941, juste avant que la seconde guerre mondiale ne révèle le guayule au grand public, Carnahan en était un fervent partisan et le plus efficace porte-parole de son industrie.

La patte de Carnahan sur la politique de l'IRC se fit vite sentir. Tout d'abord, il défendit avec virulence les intérêts de la compagnie au Mexique et s'éleva contre les tentatives du gouvernement d'imposer des taxes aux sociétés étrangères. Dans un document, il suggéra que les «pots-de-vin libéraux» – une formulation qui fut effacée et remplacée par «mesures non officielles» – puissent être utilisés pour influencer les responsables politiques mexicains. Il fit aussi régulièrement pression sur Chandler P. Anderson, un avocat étroitement lié au Département d'État, afin de protéger au mieux les intérêts américains au Mexique, jusqu'à y intégrer le renversement éventuel de Venustiano Carranza. Carnahan assura ses arrières en créant une filiale qui contrôlait 10 000 hectares sur l'île de Sumatra pour des plantations d'hévéa.

Cultiver du caoutchouc sur le territoire des États-Unis, où de modestes tentatives avaient été amorcées, faisait partie intégrante de la stratégie. Après avoir fui le Mexique en 1911 avec sa boîte de graines, le botaniste de l'IRC, William McCallum, entama une série d'expérimentations sporadiques mais récurrentes, afin de mettre en place une industrie renouvelable du caoutchouc aux États-Unis. En 1912, McCallum démarra l'aventure à Valley Center, situé près de San Diego, en Californie, et y obtint un an plus tard plus d'un million de plants de guayule à partir des graines passées en fraude depuis le Mexique. Les responsables de l'IRC durent cependant bientôt admettre que leur site sud-californien n'avait pas les ressources en eau nécessaires à la culture du guayule sur le long terme. En janvier 1916, Carnahan, McCallum et un autre responsable de l'IRC entrèrent sans s'être annoncés dans les bureaux de Tucson de G.E.P. Smith, un ancien collègue de McCallum à l'université d'Arizona, pour recueillir son avis sur une possibilité de site. En quelques jours, le petit comité s'était décidé : le domaine de Pima County dans l'Arizona, situé à une vingtaine de kilomètres de Tucson, deviendrait le centre d'une nouvelle industrie du caoutchouc aux États-Unis. Smith s'empressa de mener des études, qui confirmèrent les ressources en eau du site, et adressa par télégramme en date du 30 juin un éloquent rapport circonstancié au siège de l'IRC à New York. Carnahan obtint en retour l'aval de son comité directeur pour acheter les 5 000 hectares du lot en question, situé dans l'Arizona.

Forts de leur expérience mexicaine, Carnahan et ses collègues revinrent sur le site arizonien le 4 juillet 1916, armés de pistolets. Heureusement, le Sud de l'Arizona était alors bien plus paisible que le Nord du Mexique, et les dirigeants de l'IRC ne tardèrent pas à réaliser que la stabilité politique des

États-Unis offrait un énorme atout pour l'exploitation d'une culture laticifère durable. Bien que voyant dans ce projet un lien direct avec la guerre, ils envisagèrent surtout le potentiel à long terme d'une culture produisant du caoutchouc sur le sol américain : ils prévoyaient ainsi une production du domaine de 1 500 tonnes de caoutchouc et un bénéfice de 500 000 dollars par an. Utilisant un vieux wagon prêté comme bureau, les dirigeants se mirent au travail sur-le-champ. L'IRC recruta sans tarder l'ancien shérif du comté pour encadrer une équipe d'une centaine de Mexicano-Américains et d'Indiens yaquis vivant pour la plupart dans des tentes et des baraques de tôle ondulée. Se nourrissant simplement de mesquite, ils construisaient des réservoirs à eau, fabriquaient des briques en adobe et installaient des tuyaux d'irrigation.

Plus important encore, l'IRC entreprit la création d'une pépinière dans laquelle McCallum appliquait son « traitement secret » aux précieuses graines de guayule destinées à maintenir la viabilité de la base génétique de l'industrie américaine du caoutchouc. Les ouvriers construisirent même un village pionnier nommé « Continental » qui pouvait se targuer d'avoir une école, un laboratoire de recherche, une coopérative et des logements rudimentaires hébergeant 350 employés. L'IRC convint même, avec des experts en irrigation, des physiologistes, des chimistes du sol et autres spécialistes de l'université et de la Station expérimentale agricole de l'Arizona, de s'attacher leurs services de consultants. En quelques mois, l'IRC avait transformé une portion du désert en un domaine spécialisé dans la recherche agricole, doublé d'une communauté de planteurs de caoutchouc américain.

Malgré tous les efforts de l'IRC pour dissimuler ses activités à la presse et au grand public, le projet arizonien fit naître l'espérance que la dépendance américaine au caoutchouc importé puisse être résolue. Henry C. Pearson, l'éminent rédacteur du journal économique *India Rubber World*, envisagea que le projet puisse aboutir à la culture du guayule sur plus de deux millions d'hectares, soit la superficie de l'Alaska et du Nouveau-Mexique réunis. Nullement rebuté par le climat aride et les sols pauvres de l'Ouest américain, Pearson suggéra que les principes de la « sylviculture moderne » pourraient créer une « formidable nouvelle industrie américaine qui serait la source de richesse en temps de paix et de protection en cas de guerre ». Les possibilités étaient « presque illimitées », clamait Pearson, et il prédisait que le guayule « pourrait facilement devenir l'une de nos plus grandes industries agricoles ». Le magazine grand public *Literary Digest* fit également état de l'opération arizonienne, précisant même dans son éditorial que celle-ci se tenait en « territoire américain sous un climat idéal pour les hommes blancs ».

En novembre 1917, la compagnie détenait plus de cinq millions de plants de guayule dans la pépinière de Continental. Mieux encore, les tests de McCallum sur la récolte des parcelles cultivées de Valley Center en Californie en 1917 dévoilèrent des pourcentages en latex « étonnamment élevés ». Ses tentatives d'amélioration génétique semblaient probantes. McCallum écrivit qu'il avait « toutes les raisons de croire » que les plants d'Arizona, qui avaient démarré encore plus vigoureusement, pouvaient dépasser ces résultats encourageants.

En revanche, l'enthousiasme de McCallum fut refroidi par les difficultés de la compagnie à garantir une main-d'œuvre fiable et disciplinée, et aussi par l'indifférence apparente des résidents devant les égouts à ciel ouvert qui parsemaient la communauté. De toute façon, l'IRC n'avait *a priori* aucune chance de développer l'industrie du guayule car les contrôles imposés par la guerre avaient suspendu la production d'acétone, nécessaire au traitement de la résine de guayule.

D'autres efforts hasardeux et timides furent entrepris çà et là pour mettre au point du caoutchouc de synthèse ou trouver d'autres sources de caoutchouc naturel dans le pays. Ainsi, en décembre 1915, le Californien John E. Raker, membre du Congrès, y présenta un projet de loi prévoyant l'étude de la sauge et du sarcobatus comme sources potentielles de caoutchouc, mais le projet ne fut pas retenu car le département de l'Agriculture américain, l'USDA, n'y apporta aucun soutien. En 1916, un groupe d'investisseurs occidentaux mit en avant l'ocotillo *(Fouquieria splendens)* et le cactus saguaro *(Cereus giganteus)* comme autres espèces à étudier. Le National Research Council (NRC, Conseil national de la recherche) créa un Comité des matières premières botaniques chargé d'étudier des milliers d'espèces de «plantes économiques» qui pourraient avoir une valeur en tant que matière première pour l'industrie américaine. Le Comité de chimie du NRC, accompagné d'un sous-comité consacré aux produits du caoutchouc, dirigé par David Spence, de la Norwalk Tire and Rubber Company, lança également des recherches sur le guayule et d'autres plantes poussant sur le sol américain. La Carnegie Institution de Washington développa ses recherches dans ce domaine en 1917 et 1918 avec une étude portant sur trente espèces potentiellement productrices de caoutchouc, parmi lesquelles quatre offraient un espoir de production commerciale.

Harvey Monroe Hall
et les plantes à caoutchouc californiennes

Entre-temps, en mars 1917, quelques semaines avant l'entrée en guerre officielle des États-Unis, l'université de Californie avait mis son personnel à disposition pour participer aux recherches de sources potentielles de caoutchouc. En mai, deux organismes d'urgence, le Comité sur la recherche scientifique du Conseil californien à la Défense et le Comité botanique de la Conférence de recherche de la côte Pacifique, plaçaient déjà la recherche sur les cultures productrices de caoutchouc parmi leurs priorités. Dans la crainte d'un blocus ennemi, ou un possible «changement d'alignement de nos alliés dans la présente ou prochaine guerre», il fut déclaré officiellement «inapproprié de prendre le moindre risque». Ainsi ces groupes financèrent un projet qui envoya le botaniste de l'université de Californie, Harvey Monroe Hall, au beau milieu des montagnes et déserts du Sud de la Californie et du Nevada pour y trouver une plante laticifère américaine.

Hall ne tarda pas à déclarer la bigelovie puante (*Chrysothamnus nauseosus*, aussi appelé «herbe à lapins») particulièrement prometteuse. Répandue dans les contreforts et les plaines de l'Ouest des États-Unis, cette plante sauvage se distingue par une densité impressionnante de fleurs d'un jaune brillant qui éclosent tout au long de l'année ou presque. Ses tiges et ses feuilles contiennent du latex, et le caoutchouc en est extrait en cumulant broyage mécanique et solvants chimiques. Pendant presque une année, l'expérience de terrain de Hall consista, selon ses propres mots, «à côtoyer les Indiens, les guides et les chiens et parcourir les collines en quête de l'insaisissable caoutchouc». Hall se dédia corps et âme à cette mission, persuadé que les botanistes comme lui auraient une influence décisive sur le conflit mondial. «Ce travail représente quelque chose de formidable pour moi» se vantait-il «car ça me rappelle que je fais quelque chose contre ce p... de Kaiser».

«Que les résultats de mon travail soient utilisés un jour ou non», expliqua Hall à sa femme, «au moins je l'ai fait en m'opposant fondamentalement aux conceptions allemandes». En sillonnant la Californie et le Nevada, il étudie l'insecte qui apparaît vital à la pollinisation du chrysothamnus, apprend de la part des «squaws paiutes» les astuces permettant d'en extraire le caout-chouc, recueille des échantillons de plantes laticifères lors des tempêtes de neige dans la High Sierra et des tempêtes de sable dans le désert du Sud de la Californie, et s'échine à démêler des questions de taxonomie qui entourent les différents types, variétés et espèces de *Chrysothamnus*. Admettant que sa quête obsessionnelle de plantes à caoutchouc s'apparente à une «hallucination absurde», Hall est de plus en plus convaincu que le chrysothamnus pourrait bel et bien résoudre la pénurie nationale. «Les possibilités que laissent entre-voir la recherche sont pour ainsi dire sans limites», confie-t-il avec certitude. Il découvre «une mer de plantes à Owens Valley», et il écume les territoires de l'Ouest du Nevada adaptés aux usines produisant du caoutchouc issu de plantes à latex poussant sur le sol américain.

Hall se rendit également dans le Sud de l'Arizona pour rencontrer McCallum, le botaniste de l'IRC. L'expérience de McCallum acheva de convaincre Hall que, grâce à une sélection et une culture rigoureuse, le chryso-thamnus pourrait facilement devenir dans l'urgence une source de caout-chouc appropriée, voire une source économiquement viable en temps de paix. «Malgré son taux de caoutchouc peu élevé», précisait-il, «le chrysothamnus présente certains atouts d'une telle importance à mon sens qu'il mettra un jour le guayule totalement hors course comme culture». La recherche d'une culture laticifère nationale continua lors de l'été 1918, tandis que Hall rejoignait les étoiles montantes de l'écologie américaine, Frederic et Edith Clements, dans un périple de trois mois dans les montagnes et les déserts de six États de l'Ouest américain, expérience mémorable tant pour le travail de Hall au cours d'une expédition émaillée d'innombrables pneus crevés, de radiateurs explosés et de carburateurs fendus que pour la partie botanique. Cependant, la présence envahissante du chrysothamnus laissait Hall perplexe. Malgré le faible rende-ment et la piètre qualité de son caoutchouc, Hall demeurait enthousiaste car les

États de l'Ouest dévoilèrent une quantité de chrysothamnus « bien supérieure à ce que nous avions supposé au départ ».

Au grand dam de Hall, toutefois, les responsables politiques à Washington demeuraient sceptiques sur le fait qu'une culture de plante à caoutchouc sur le sol américain puisse répondre aux besoins militaires du pays. Les plantations des Indes orientales produisant toujours plus, le directeur des projets botaniques pour le NRC confia que seule « une plante extraordinairement vigoureuse » pourrait influer sur la dépendance américaine au caoutchouc d'hévéa. Une fois l'armistice signé, les adeptes d'un désengagement rapide de l'économie de guerre américaine s'imposèrent, et le commerce avec les Indes orientales redémarra rapidement. Dans la foulée, le Conseil californien de Défense retira la subvention des fonds de recherche de Hall en décembre 1918, un mois après la date de l'armistice. Priant le Conseil de revoir sa position, Hall ne rentra pas chez lui à Noël cette année-là et continua sa recherche de plantes à caoutchouc dans les hautes plaines froides et ventées de l'Ouest du Nevada.

Bien qu'ignorés à cette époque, les travaux de Hall apportèrent de véritables enseignements aux décideurs politiques s'intéressant au caoutchouc. Hall y demandait instamment de prendre en compte les futures pénuries de caoutchouc et d'oublier celle qui venait de se produire. Dans un rapport d'activité de 1919, il exprimait son soulagement du « retrait de la menace des sous-marins » qui avait écarté toute crainte immédiate d'une pénurie de caoutchouc, mais mettait en garde sur le risque potentiel pour le futur. Au final, Hall déclara que son travail sur le chrysothamnus pouvait rendre « le pays pratiquement indépendant de toutes les nations étrangères en ignorant la partie dépense et récolte ». Hall et son collègue de Berkeley, Thomas Goodspeed, publièrent un rapport en 1919 qui aboutit à cette conclusion claire : « Il est éminemment souhaitable qu'une partie du caoutchouc consommé aux États-Unis soit produit à l'intérieur de nos frontières. Il constitue la seule denrée de la guerre moderne que nous ne sommes pas encore en mesure de produire ». Dans un autre rapport, Goodspeed affirma que leur mission était un succès, car Hall et lui avaient véritablement découvert une réserve de caoutchouc à disposition en cas d'urgence poussant sur le territoire américain. Goodspeed en tira la conclusion qu'on pouvait « maintenant affirmer avec certitude qu'un volume conséquent de caoutchouc [était] disponible aux États-Unis », et que le pays pouvait être « pratiquement indépendant de toutes les autres nations ». Selon Goodspeed, la découverte de *Chrysothamnus* « devrait lever toute crainte parmi les Américains » d'une pénurie potentielle de caoutchouc.

Fin de non-recevoir

Même si les déclarations de Goodspeed étaient quelque peu excessives, les responsables américains continuaient d'ignorer les avertissements sur la dépendance du pays au caoutchouc importé. Globalement, la recherche d'une culture nationale de caoutchouc ne progressa que très peu durant la première guerre mondiale. Aux États-Unis, les pénuries de caoutchouc dues à la guerre furent minimes et brèves, et ne constituèrent qu'une vague ébauche d'une crise potentielle du caoutchouc. D'après Grosvenor Clarkson, chef du Conseil de Défense nationale, « le caoutchouc fut l'un des épouvantails économiques de la guerre » car la conjoncture militaire représentait une aubaine pour l'industrie du caoutchouc américaine. Devant l'incapacité de l'Allemagne et de la Russie à se procurer du caoutchouc aux Indes orientales, et avec l'expansion des plantations de caoutchouc tournant à plein régime dans cette même région, les producteurs britanniques et néerlandais eurent à faire face à un problème atypique lié à la guerre, celui de l'excédent et des prix bas. Si la guerre freina les expéditions de caoutchouc à destination des ports de la côte est, les routes maritimes laissées libres dans le Pacifique permirent d'augmenter les importations à destination des ports du Pacifique.

De fait, l'industrie du caoutchouc américaine usa de toute son influence pour réduire les importations en provenance d'Extrême-Orient, car le sur-approvisionnement limitait les prix et la rentabilité à une époque où les autres industries tournaient à pleine vitesse. La demande en caoutchouc explosa pendant la guerre. Aux États-Unis, la consommation de caoutchouc passa d'environ 60 000 tonnes en 1914 à environ 240 000 tonnes en 1919. Dans le reste du monde, la consommation annuelle passa d'environ 60 000 tonnes à environ 120 000 tonnes sur la même période. Akron et Singapour prirent leur envol économique pendant la guerre. Au final, les prix bas des matières premières conjugués à la demande planétaire de produits finis illustrèrent l'âge d'or que constitua la première guerre mondiale pour l'industrie du caoutchouc américaine.

Sans qu'il y eût une crise immédiate du caoutchouc, la révolution mexicaine et la première guerre mondiale livrèrent d'importants enseignements sur la dépendance du pays aux marchandises de valeur importées, audibles à ceux qui le souhaitaient. Le chaos mexicain démontra que l'accès américain aux matières premières essentielles était vulnérable, car même des groupes révolutionnaires légèrement armés pouvaient étouffer une industrie entière et provoquer la faillite d'une compagnie soutenue par quelques-uns des hommes les plus riches de Wall Street. Avec le contrôle étranger des ressources comme l'une des causes principales de la révolution, les dirigeants américains prirent la précaution de minimiser leur intervention dans la révolution mexicaine. Les blocus navals de la première guerre mondiale, d'un réalisme inquiétant, démontrèrent que l'Allemagne s'était trompée en tablant sur une guerre brève ou sur sa capacité à produire des ersatz au moindre écueil. Les pénuries de matières premières et de produits agricoles terrassèrent le géant industriel qu'était l'Allemagne. Même les États-Unis, dont les routes maritimes furent peu affectées par cette menace, réalisèrent que la demande croissante d'espace de chargement consacré à la guerre pouvait sérieusement entraver l'importation de matières premières industrielles. La première guerre mondiale fut un tournant dans d'autres domaines également. En tant que guerre totale, le conflit révéla que la victoire passait désormais par la maîtrise de l'économie industrielle, la mobilisation du secteur civil et la capacité de se préparer au pire. La guerre démontra de plus que les responsables économiques des pays industrialisés commençaient à parler un nouveau langage qui englobait les termes «préparation à la guerre», «matériaux stratégiques» et «substituts de synthèse».

Selon les propres mots du président de la Société américaine de chimie durant la guerre, Charles Herty, il était temps de parler d'«indépendance nationale». Comme tout un chacun, Thomas Edison intégra ce concept et émergea de la guerre avec une réputation publique grandie, à l'image de quelqu'un qui avait compris l'importance de se préparer pour la prochaine guerre. De plus, sa réussite dans la production d'une source nationale de benzol et autres produits chimiques auparavant importés lui valut de s'enrichir, un autre enseignement important pour ceux qui cherchaient à anticiper les futures pénuries de matières premières. La guerre révéla également un tournant dans l'histoire de la science américaine, donnant aux scientifiques une stature d'«experts» capables de se mobiliser pour résoudre les problèmes économiques et militaires du pays.

Des groupements comme la Société américaine de chimie avancèrent l'argument que soutenir la science était une question de Défense nationale. Dans d'innombrables cas, les scientifiques distribuèrent des produits de substitution et de synthèse pour faire face aux pénuries de matières premières. Malgré tous leurs succès, les chimistes furent pris de court sur une question importante : le caoutchouc de synthèse demeurait hors d'atteinte. Contrairement à la mobilisation massive des scientifiques à l'échelon national durant la seconde guerre mondiale, les efforts entrepris pendant la première guerre mondiale furent bien moindres, en portée comme en ampleur. Le sol demeura ainsi le premier endroit où chercher une solution au caoutchouc produit en interne, alors que l'économie industrielle mondiale devenait de plus en plus dépendante des produits agricoles de l'Asie tropicale.

La révolution et la guerre contribuèrent également à l'avancée des recherches sur une culture laticifère américaine. Pour George Carnahan et les investisseurs de l'industrie du guayule, le chaos mexicain et la demande exponentielle de produits en caoutchouc déclenchèrent les travaux de trente ans de l'IRC visant à faire du guayule une culture qui prospèrerait sur le sol américain. Après avoir sauvé des graines en pleine révolution mexicaine en 1911 et avoir ensuite investi dans des pépinières en Californie et en Arizona, l'IRC détenait le contrôle du stock génétique qui allait enflammer les débats à propos de la politique nationale de caoutchouc sur les trente ans à venir. Plusieurs autres scientifiques et institutions profitèrent des circonstances de la guerre pour justifier les recherches sur d'autres cultures à caoutchouc potentielles, comme l'ocotillo, le sarcobatus et le laiteron.

Les responsables industriels du caoutchouc admirent aussi les risques que couraient leurs affaires. Alors que la consommation de caoutchouc augmentait aux États-Unis, il en allait de même pour sa vulnérabilité aux droits d'exportation, au contrôle des prix et aux manœuvres politiques. L'économie du temps de la paix reprenant ses droits, les stocks de caoutchouc florissaient à nouveau, les usines de pneus et d'automobiles prospéraient et une fausse impression de sécurité était de retour. Quand les planteurs de caoutchouc britanniques et néerlandais défièrent les producteurs américains en 1922, l'épisode suivant de la recherche américaine d'une nouvelle culture nationale de caoutchouc commença.

La culture des plantes à caoutchouc dans une période de nationalisme et d'internationalisme

En novembre 1922, huit jours après que les producteurs de caoutchouc britanniques eurent annoncé un nouveau plan pour limiter les exportations de caoutchouc et en faire monter le prix, un responsable du département de la Guerre américain expédia une note de service à ses collègues qui décrivait l'action des Britanniques comme «l'un des plus violents conflits économiques» auquel le pays était confronté. Le projet des producteurs de caoutchouc britanniques, alias le plan Stevenson, se révéla l'un des enjeux majeurs de la politique commerciale et étrangère américaine des années 1920. Ce plan fut aussi à l'origine du nouvel élan dans la recherche sur les cultures de plantes laticifères sur le territoire. En effet, l'épisode démontra que les tensions économiques pouvaient avoir des conséquences sur les marchés américains du caoutchouc équivalentes à un conflit militaire. Alors même que la première guerre mondiale venait de prouver que les États-Unis étaient passés à deux doigts du désastre économique en raison de leur dépendance aux produits chimiques et autres produits d'importation venant d'Allemagne et d'ailleurs, le plan Stevenson révéla que même les pays partenaires des États-Unis étaient en mesure d'affaiblir les stocks de caoutchouc américain, et par là même mettre en péril toute l'économie de la consommation.

La guerre laissa en outre de nombreux Américains convaincus que leur pays pouvait se sortir de n'importe quelle difficulté économique, y compris une pénurie de caoutchouc d'importation. Alors que le plan Stevenson affirmait son importance au début des années 1920, le nouveau cri de ralliement «l'Amérique doit cultiver son propre caoutchouc» reçut un écho largement favorable parmi la population. Certains experts agricoles, botanistes et chimistes s'investirent pour répondre à cet enjeu d'une portée géopolitique cruciale. Au cœur des années 1920, en plein essor économique, le combat fut aussi mené par des responsables industriels comme Thomas Edison, Henry Ford et Harvey Firestone, des hommes dont l'influence dans les affaires publiques dépassait largement le cadre de leurs intérêts professionnels. D'autres groupes d'intérêt de Wall Street, comprenant ceux qui souhaitaient ressusciter l'IRC et l'industrie du guayule, virent aussi dans les années 1920 l'opportunité de développer la culture de plantes à caoutchouc sur le sol américain. Ainsi, pour George Carnahan, le projet du guayule dans l'Arizona devait devenir « l'expérience agricole américaine la plus importante jamais réalisée aux États-Unis ». Au final, toutefois, les responsables gouvernementaux rejetèrent les propositions de l'IRC d'investir dans le guayule en tant que nouvelle culture américaine et ressource stratégique, et la communauté scientifique ne s'engagea aucunement en ce sens pour résoudre la question. Malgré tous les efforts déployés dans la préparation entourant le plan Stevenson, la décennie s'acheva sur un pays toujours vulnérable en cas de crise du caoutchouc en temps de guerre.

Préoccupations militaires et géopolitiques

Dans l'amertume et l'instabilité de la fin de la guerre, les internationalistes firent pression sur le président Wilson à Paris en soutenant que l'accès du monde industriel aux matières premières était indispensable à la stabilité économique et politique. Des dirigeants américains comme Bernard Baruch, William C. Redfield et Herbert Hoover militaient en faveur d'un libre-échange accru, avançant que l'accès aux marchés étrangers améliorerait le niveau de vie dans le monde entier et augmenterait ainsi la demande de produits américains. Ces dirigeants préconisaient que le caoutchouc devienne un enjeu de la Conférence de paix de Paris de 1919 et que les Américains y insistent sur le fait que leurs entreprises puissent disposer du caoutchouc britannique et néerlandais sans restriction. Et la venue à Paris de certains membres influents pour appuyer les demandes américaines d'accéder aux matières premières du Mexique remit la question du caoutchouc mexicain sur le tapis de l'après-guerre. Durant les mandats présidentiels de Harding et Coolidge, un noyau important de planificateurs économiques, dirigé par le secrétaire au commerce Herbert Hoover, vit l'opportunité d'adapter l'expérience de la mobilisation en temps de guerre au monde d'après-guerre. Tout au long de la décennie, un large éventail d'institutions académiques, de groupes de réflexion de Washington et d'organisations internationales étudièrent le lien entre matières premières et conflits militaires.

D'après Brooks Emeny, universitaire devenu expert en ce domaine, les enseignements de la première guerre mondiale étaient clairs : la victoire militaire ne dépendait plus de la superficie du pays, de sa population, de ses richesses ou de la taille de son armée, mais « surtout de sa capacité d'industrialisation ». Comme l'industrialisation était, selon lui, liée à la répartition inégale des matières premières, la sécurité d'un pays dépendait de son degré d'autonomie vis-à-vis d'elles et de leur accès.

Les militaires américains mesurèrent aussi l'impact de la première guerre mondiale et entreprirent de favoriser l'accès aux matières premières essentielles. La loi de 1920 sur la Défense nationale attribua au secrétaire-adjoint de la Guerre la responsabilité de planifier la prochaine guerre. Pendant l'entre-deux-guerres, l'Office of the Assistant Secretary of War (OASW, Bureau du secrétaire-adjoint à la Guerre) devint le centre des discussions gouvernementales portant sur la menace des pénuries de caoutchouc. Les réformateurs créèrent aussi le Comité des munitions de l'armée et de la marine en 1922, une organisation destinée à réduire la concurrence entre les deux branches militaires du matériel de guerre. Une autre annexe, l'Army Industrial War College (Collège militaire de l'industrie), fondée en 1924, forma des centaines d'officiers américains, dont certains notables comme Dwight Eisenhower et Douglas MacArthur, à identifier les innombrables liens entre l'économie industrielle et la Défense nationale.

Selon les mots d'un historien, ces réformes annoncèrent un transfert des stratégies d'approvisionnement, ou «comment utiliser l'économie dans son ensemble pour favoriser la sécurité nationale». En outre, l'OASW créa un certain nombre de comités de produits, dont un pour le caoutchouc, afin de garantir de la part des officiers de l'armée un suivi permanent de la menace pesant sur l'accès aux matières premières pour les Américains. Pour ces officiers, cette nouvelle infrastructure était destinée à empêcher une répétition de la «bataille de Washington», formulation utilisée par un participant pour décrire la course effrénée aux ressources qui survint dans la période précédant la guerre au printemps 1917.

À l'instar du secteur privé, à un moment où le prix du caoutchouc était bas, les administrations publiques encouragèrent peu la recherche sur les cultures laticifères nationales. Pourtant, à l'automne 1921, des responsables du Bureau des normes du secrétariat au Commerce et de l'OASW remirent des rapports dans lesquels ils présentaient le guayule comme la meilleure source de caoutchouc en période d'urgence. Les experts conclurent que le caoutchouc synthétique n'avait pas fait ses preuves et demeurait onéreux, alors que le guayule était originaire du territoire américain et déjà viable commercialement. En février 1922, le général H. L. Rogers, intendant militaire, déclara sans détour que les responsables politiques se devaient de prendre en compte la «position stratégique actuellement précaire et dangereuse du pays». Le caoutchouc étant «indispensable» dans l'industrie de guerre moderne et les perspectives de caoutchouc de synthèse «très incertaines», Rogers demanda que soit immédiatement lancée une campagne pour bloquer des fonds supplémentaires pour la recherche agricole. À une époque où nombre d'Américains voyaient dans les actions de préparation à la guerre une opportunité de contrats nationaux pour les grandes entreprises, Rogers rappela que la vigilance à l'égard du caoutchouc présentait un intérêt suprême pour l'administration publique. Anticipant les événements de la seconde guerre mondiale, il évoqua l'éventuelle nécessité pour ses pairs de prouver qu'ils n'avaient pas négligé leurs obligations de sécuriser les matières premières stratégiques et par là même de protéger le pays. William A. Taylor, chef du Bureau des industries végétales de l'USDA, intervint et fit remarquer : «depuis plusieurs années, nous savons combien la situation du caoutchouc peut devenir extrême pour le pays à très court terme».

Malgré ces efforts sporadiques, les tentatives de sensibiliser le Congrès et l'opinion publique à ce sujet firent long feu et les fonds alloués aux recherches sur les cultures laticifères demeurèrent dérisoires.

Les chimistes et « l'indépendance nationale »

Les cas d'étude du caoutchouc et de l'industrie chimique américaine montrent que disposer de matières premières en nombre était aussi important que produire armes, véhicules, outils et autres équipements utilisés dans l'économie de « guerre totale ». À l'instar de l'industrie du caoutchouc, l'industrie chimique américaine parvint à se maintenir à flot grâce à une demande en forte hausse lors de la dernière guerre, augmentant ainsi le capital de confiance envers les compétences illimitées des experts techniques et industriels américains. Selon l'ancien président de la Société américaine de chimie, Charles Holmes Herty, la guerre avait dévoilé la vulnérabilité du « symbole de la superchimie teutonne ». S'exprimant au « banquet de la victoire » de l'Association américaine du caoutchouc en 1919, le secrétaire au Commerce William C. Redfield fit l'éloge de l'industrie du caoutchouc, incarnation à ses yeux des valeurs américaines de partage et de puissance industrielle, à l'opposé des valeurs allemandes primant l'égoïsme et pervertissant la science.

Malgré toutes ces déclarations, le spectre du contrôle étranger inquiétait toujours autant les deux industries : l'Allemagne semblait sur le point de réaffirmer sa domination sur l'industrie chimique américaine, et l'industrie du caoutchouc demeurait sous la coupe des planteurs britanniques et néerlandais. Pour Herty, les Américains devaient s'engager sur une doctrine d'« indépendance nationale » pour se préparer au prochain conflit. De plus, à une époque où les hydrocarbures de pétrole devenaient la matière première dominante pour les produits chimiques synthétiques comme pour le caoutchouc de synthèse, les chimistes estimèrent que les dérivés carbonés issus de l'agriculture américaine fourniraient les matières premières pour l'indépendance chimique. Les trajectoires de ces deux matériaux se croisèrent rapidement : la demande renouvelée et insatiable des produits chimiques importés incita fortement les chimistes à développer une alternative synthétique au caoutchouc naturel.

Les chimistes américains exprimèrent clairement le message d'indépendance à destination d'un public plus large. Herty et d'autres chimistes sortirent de la guerre déterminés à éduquer le public sur la chimie américaine. Grâce aux revenus émanant de la saisie des brevets chimiques allemands, ils obtinrent rapidement les fonds pour diffuser leur message. Edward E. Slosson, un chimiste devenu journaliste scientifique, lança cette campagne avec une série d'articles publiés durant la guerre. Il élargit son travail dans un texte de 1919, *Creative Chemistry* (chimie créative). Dans l'introduction, Julius Stieglitz, autre chef de file de la Société américaine de chimie et professeur à l'université de Chicago, exposait avec passion son souhait qu'aux États-Unis « l'opinion publique se réveille ». « L'intérêt national, disait-il, exige [...] que nos concitoyens soient informés de la façon dont la chimie affecte notre pays tout entier ».

La guerre mit au jour une autre qualité chez les chimistes de haut niveau : ils contribuèrent à maintenir l'Allemagne dans la guerre malgré le blocus des Alliés grâce à leur travail sur les substituts du coton, de la laine et d'autres produits de base. Stieglitz fut reconnaissant à la guerre d'avoir forcé les Américains à prendre davantage conscience de leurs sources de matières premières, mais il craignait qu'un tel élan ne soit stoppé si le Congrès et d'autres chefs de file ne s'engageaient pas à aider l'industrie chimique américaine. Aux yeux de Stieglitz, il était certain qu'une « nation concurrente dénuée de scrupules » pourrait facilement exploiter les faiblesses de l'industrie chimique américaine si une sensation illusoire de sécurité s'installait à nouveau.

Slosson étaya cet argument essentiel avec un chapitre consacré à l'industrie du caoutchouc. Il demandait aux chimistes et aux experts agricoles à la fois de résoudre un problème qui avait échappé aux responsables gouvernementaux et aux philanthropes depuis des décennies et de réduire la dépendance américaine au caoutchouc importé provenant de sources lointaines. Slosson rappelait aussi que les actions britanniques avaient prouvé par deux fois que les Américains étaient toujours vulnérables aux pressions extérieures : d'abord pendant la guerre, quand la Grande-Bretagne bloqua temporairement l'accès américain au caoutchouc des Indes orientales, ensuite après la guerre, quand elle adopta des règlementations qui limitèrent l'investissement étranger dans les plantations de caoutchouc de Malaisie.

Pour Slosson, il était impératif pour les Américains d'élargir la recherche dans trois directions possibles : produire du caoutchouc dans les possessions tropicales américaines et alliées (comme les Philippines et Haïti, ou les Guyanes récemment acquises), étendre les recherches sur le guayule et les autres plantes à caoutchouc pouvant être cultivées aux États-Unis, et fabriquer du caoutchouc de synthèse. Malgré son échec dans les années 1920 et 1930, cette triple stratégie réapparut dans les priorités du pays en 1942, en pleine crise du caoutchouc.

En août 1921, Slosson se pencha sur une autre question liée à l'histoire du caoutchouc. Il proposa une série de douze articles « scientifiques » dans des journaux et des magazines, soulignant les problèmes potentiels causés par le conflit politique dans le Pacifique, notamment les batailles commerciales mettant en jeu le caoutchouc. De fait, dans la période difficile suivant la première guerre mondiale, les États-Unis réduisirent leur dépendance aux réseaux commerciaux du Pacifique, ce qui eut comme résultat d'accroître l'importance stratégique de ces mêmes réseaux. En 1922, la presse populaire regorgeait de livres et d'articles traitant du « problème du Pacifique », euphémisme pour l'assurance apparente du Japon en matière de politique économique et démographique. De nombreux écrivains ont expliqué que le Japon subissait des pressions économiques et démographiques pour étendre son territoire et que ce n'était qu'une question de temps avant que les intérêts américains n'en soient affectés. Alors que les tensions montaient sur les questions économiques et navales, quelques stratèges militaires envisagèrent la possibilité d'un conflit militaire entre les États-Unis et la Grande-Bretagne.

Dès 1922, la crise avait atteint un tel niveau que le président Warren Harding convoqua une conférence internationale sur le désarmement à Washington, réunion qui généra au final des tensions en fixant des limites dans la course aux armements navals dans le Pacifique. Peu de temps après la conférence, l'ex-secrétaire-adjoint à la Marine, Franklin D. Roosevelt, exprima son soulagement quant au changement de cap du Japon, affirmant avec assurance qu'on pouvait faire confiance à ce pays pour ne pas menacer les intérêts américains.

Quoi qu'il en soit, pour la plupart des Américains, le caoutchouc était tout sauf une crise dans les années suivant la première guerre mondiale. Comme l'avaient justement prédit certains dirigeants pendant la guerre, la fin du conflit ouvrit simplement les vannes à une production jusque-là jugulée, qui grimpa en flèche dans le monde entier pendant que les plantations des Indes orientales, à l'efficacité croissante, généraient surproduction et prix bas. N'étant plus des produits de luxe dans l'économie de la consommation, les articles en caoutchouc étaient devenus des produits de première nécessité indispensables aux fournitures médicales, aux articles vestimentaires, à l'équipement téléphonique et télégraphique, et bien sûr à l'industrie automobile en plein essor. Dans ce contexte, l'inquiétude des approvisionnements futurs se dissipa, et seuls quelques Américains poursuivirent les recherches sur une culture laticifère nationale.

Les cultures laticifères nationales
du début des années 1920

Exception notable, le botaniste Harvey Hall de l'université de Californie, même après la crise de la période de guerre, continuait à recevoir des fonds de la Carnegie Institution de Washington et gardait foi en la recherche visant à développer la culture d'une plante laticifère sur le sol des États-Unis, commercialisable à grande échelle. Il proposa également au magnat du caoutchouc Harvey Firestone d'apporter une « dimension d'ordre pratique » à ses avancées scientifiques. Conscient que la recherche ne pouvait être mobilisée sans l'appui du secteur public, Harvey Hall expliqua que quelqu'un doté d'une « vision à long terme et d'un élan patriotique très fort » était indispensable pour prendre l'initiative sur les cultures à l'intérieur du pays. Harvey Firestone s'avéra être le bon choix.

Dans le même temps, Hall s'était laissé « absorber » par l'étude d'une nouvelle plante en vogue : le laiteron du désert, *Asclepias subulata*. Natif de la Basse-Californie, du Mexique, du Sud de la Californie et du Sud de l'Arizona, le laiteron du désert est en général dépourvu de feuilles et se caractérise par des tiges épaisses gris vert contenant du latex. La proportion de caoutchouc de la plante peut monter jusqu'à 8 %, un peu moins que le guayule sauvage. Hall était convaincu que la culture agronomique sélective améliorerait les rendements dans le futur. Il écrivit ainsi avec conviction à sa femme : «j'aimerais que tu puisses apprécier l'importance stupéfiante de mon travail. J'y prends beaucoup de plaisir et je vais probablement bouleverser le monde quand les résultats sortiront». En 1921, Hall et son collègue Frances L. Long publièrent *Rubber-content of North American Plants (La teneur en caoutchouc des plantes d'Amérique du Nord),* une étude exhaustive allant au-delà des précédents rapports sur le chrysothamnus. De plus, les produits dérivés du laiteron fournissaient une matière première intéressante dans la fabrication du papier. Mieux encore, et contrairement au guayule et au chrysothamnus, il semblait possible de récolter le laiteron sans le déraciner, faisant de cette plante une base potentielle pour une industrie du caoutchouc durable sur le territoire.

Hall vint présenter ses résultats à New York et effectua une grande tournée comprenant des conférences à la Carnegie Institution et au New York Botanical Garden, ainsi que des visites aux bureaux d'*India Rubber World*[1] et aux laboratoires d'experts en guayule tels que David Spence dans le Connecticut et Francis Lloyd à Montréal. Hall était particulièrement heureux de participer à une visite avec des responsables de l'United States Rubber Company. «On ne peut savoir où cela finira», écrivit-il à sa femme. «Il est agréable de faire des affaires avec des gens qui ont beaucoup d'argent. Ils dépensent environ 300 000 dollars à l'année sur ce qu'ils appellent la recherche».

Les années d'après-guerre constituèrent également un point d'orgue pour une autre plante laticifère potentiellement cultivable aux États-Unis, l'ocotillo. Parmi les plantes les plus caractéristiques des déserts du Sud-Ouest américain, l'ocotillo peut atteindre une taille de six mètres, avec de longues branches ligneuses et filiformes qui ont un aspect gris et sec une bonne partie de l'année. Pourtant, la moindre pluie génère chez cet arbuste des centaines de minuscules feuilles et fleurs brillantes, qui disparaissent sitôt le retour de la sécheresse. Sous d'épaisses couches d'écorce, la plante contient une résine fascinante, à l'origine de nombreuses tentatives de lui trouver un débouché commercial pendant et après la guerre. Les premiers résultats furent assez décevants, mais dès 1920, l'Ocotillo Products Company de Salome, dans l'Arizona, déclara qu'elle avait développé des méthodes d'extraction de substances composant le revêtement de grenades explosives et de bateaux, et servant à la fabrication des disques de phonographe.

L'entreprise revendiqua également la fabrication de deux pneus de caoutchouc d'ocotillo ayant survécu dans un environnement de «vipères, lézards, monstres de Gila, scorpions, tarentules, mouches piqueuses et scarabées venimeux» et à des températures qui «atteignaient souvent» les 55 °C. Pour s'exprimer en des termes aussi éloquents, il est fort probable que son ambassadeur en ait exagéré les perspectives de production : une centaine de tonnes par jour pour l'usine, un taux de caoutchouc «brut de première catégorie» de 5 % pour la plante et une quantité d'ocotillo disponible aux alentours pour faire fonctionner l'usine pendant cinquante ans. Au final, les experts en botanique comme Hall prouvèrent que les résines de l'ocotillo ne possédaient pas les qualités du caoutchouc authentique. Malgré les efforts pour s'attirer le soutien d'Henry Ford dans le projet, l'usine d'ocotillo n'avait toujours pas ouvert en 1923. Une autre culture laticifère potentielle venait de passer aux oubliettes.

Caoutchouc et spéculation foncière en Floride

Bien avant qu'Edison ne se lance dans ses recherches, d'autres Américains avaient identifié la Floride comme possible foyer d'une culture laticifère nationale. Dès les années 1890, Henry Nehrling et plusieurs autres botanistes de cet État avaient été fascinés par le genre *Ficus* comprenant deux espèces endémiques de Floride et plusieurs autres qui y avaient été acclimatées avec succès. Une espèce en particulier, *Ficus elastica,* était déjà une source de caoutchouc commercialisée sous les tropiques et promettait un potentiel équivalent en Floride. Le déclin de l'industrie du caoutchouc au Brésil aux alentours de 1910 aiguisa d'autant l'intérêt pour le caoutchouc de Floride. John Gifford, un promoteur bien connu du développement dans les Everglades, présenta ses propositions en faveur de la recherche sur les cultures de plantes à caoutchouc. Dans un article publié en 1911 dans *Everglade Magazine*, il jurait n'avoir « aucun doute » sur l'acclimatation prospère du guayule dans la moiteur du comté de Dade[2].

Il débordait encore plus d'enthousiasme pour *Cryptostegia grandiflora* et *Cryptostegia madagascariensis*, deux plantes grimpantes que le botaniste Charles Dolley, né aux États-Unis, avait étudiées de près au Mexique, alors qu'il travaillait pour l'IRC, et au Nassau Botanical Garden des Bahamas. Le cryptostegia avait naturellement adopté le Sud de la Floride en tant que plante ornementale, et Dolley se targuait d'avoir été sur le point, juste avant la première guerre mondiale, de produire un caoutchouc commercialisable. Pour étayer ses propos, Gifford replaçait son argument dans le contexte du combat contre la « formidable corruption » régnant dans l'industrie du caoutchouc. Le célèbre botaniste explorateur David Fairchild s'enthousiasma également pour le cryptostegia, notant en 1913 qu'il semblait « parfaitement acclimaté et devrait même trouver sa place dans les Everglades ». Fairchild décrivit le potentiel commercial du caoutchouc de la Floride méridionale et rédigea régulièrement des rapports sur l'avancée des cultures expérimentales de plantes grimpantes installées près de Coral Gables.

À partir de 1918, le magnat de l'immobilier et du transport ferroviaire James E. Ingraham se lança dans une étude approfondie des possibilités de cultures laticifères dans le comté de Dade. Il rapporta notamment qu'un propriétaire terrien alors décédé avait déposé un testament en 1897 demandant aux futurs occupants de ses terres d'y planter des arbres à caoutchouc *(Ficus elastica)*. Après avoir survécu à quelques gelées, les arbres avaient prospéré lors des vingt dernières années, attestant *a priori* de leur viabilité commerciale. Ingraham intensifia ses efforts pour développer une industrie du caoutchouc en Floride à la fin de l'année 1923, période doublement caractérisée par la spéculation foncière touchant la Floride et les conséquences du plan Stevenson. Avec d'autres ambassadeurs du caoutchouc, il insista sur le fait que l'indépendance vis-à-vis des fournisseurs étrangers était une question cruciale, particulièrement en cas de guerre. « C'est une ressource trop importante pour la négliger », affirmait-il, signifiant par là que c'était un acte patriotique de la part des résidents de Floride de donner leur chance aux arbres à caoutchouc. Les associés d'Ingraham dans l'immobilier prédisaient que le caoutchouc dans le comté de Dade serait un « succès retentissant ».

Certains habitants de Fort Myers, villégiature hivernale d'Edison et de Ford, s'impliquèrent aussi dans le développement d'une industrie nationale du caoutchouc. Ainsi, en 1920, le *Fort Myers News-Press* rapporta que des plantations de caoutchouc existaient depuis longtemps en Floride. L'auteur, anonyme, y listait pas moins d'une vingtaine d'espèces, dont deux espèces endémiques de ficus et de cryptostegia. Cet article mettait également en avant l'incontournable aspect chimiurgique, en vertu duquel les déchets organiques alimenteraient les fermes du futur. Il exprimait également la préoccupation inquiétante que les revenus tirés de l'industrie du caoutchouc aillent aux plus fortunés et aux « indigènes à la peau sombre » plutôt qu'aux fermiers du Sud. D'autres citoyens de Floride sautèrent sur l'occasion. Les promoteurs ignorèrent ouvertement les avertissements sur les nombreux obstacles qu'une industrie du caoutchouc rencontrerait en Floride. Ainsi, le *Miami Herald* publia plusieurs articles sur le sujet en 1923 et 1924, qui disaient que le caoutchouc pouvait être « cultivé ici, aussi efficacement, aussi rapidement et aussi librement » que partout ailleurs. « Nous ne pouvons pas nous permettre de dépendre du caoutchouc importé », rapporta *Manufacturers Record*, un journal d'affaires influent du Sud, « même de nos propres îles comme les Philippines, si nous avons la moindre possibilité de produire notre propre caoutchouc ».

Selon un article publié dans le *Florida Grower*, la Floride pouvait produire suffisamment de caoutchouc pour rendre les États-Unis totalement autonomes, et Miami deviendrait bientôt le plus grand port du caoutchouc. Le sénateur Duncan Fletcher usa de son influence en faveur des projets de recherche sur le caoutchouc à l'échelle de l'État, les chambres de commerce présentèrent leurs villes comme productrices de caoutchouc à bas prix et les spéculateurs du Nord parièrent un million de dollars qu'ils pourraient obtenir du caoutchouc à partir du sous-bois de cèdres et de pins des Everglades. Au final, en 1925, année du pic de l'essor immobilier, le caoutchouc tenait un rôle proche du devant de la scène.

Émergence du plan Stevenson

Au même moment ou presque, l'industrie du caoutchouc des Indes orientales subissait des changements. Depuis 1915, les plantations de caoutchouc des colonies britanniques s'agrandissaient de 7 % chaque année, tandis que la production augmentait de 22 %. Résultat, les prix du caoutchouc brut d'après-guerre n'atteignirent que rarement 40 cents la livre, tombant jusqu'à 12,5 cents la livre en août 1922. Bien en dessous du coût de production, de tels prix auguraient bien mal de la santé de l'industrie sur le long terme. Encore plus préoccupant, les responsables britanniques craignaient que les capitalistes américains viennent à débarquer pour acheter les plantations de caoutchouc des Indes orientales à des « prix de faillite », réduisant ainsi la toute-puissance économique de la Grande-Bretagne sur une denrée cruciale et menaçant l'ensemble de l'Empire britannique. Entre-temps, les prix fluctuants du caoutchouc et les bouleversements affectant les producteurs générèrent des niveaux irréguliers de production et d'autres risques pour les acheteurs de caoutchouc et les fabricants de pneumatiques aux États-Unis. À un moment où la demande pour les produits en caoutchouc, les pneus en particulier, continuait à monter, la plupart des manufacturiers américains attendaient désespérément une plus grande stabilité des marchés.

Dans ce contexte, les producteurs britanniques de caoutchouc cherchaient un second souffle. Bien que les producteurs britanniques aient été accusés plus tard, par Firestone, Hoover et d'autres Américains, de tarification abusive et de manipulation du marché, leurs actions peuvent aisément se comprendre. En octobre 1921, la Rubber Growers' Association, association des cultivateurs de caoutchouc, persuada Winston Churchill, alors secrétaire d'État aux colonies, de constituer un comité pour étudier la situation du caoutchouc. Son président, Sir James Stevenson, cadre à la distillerie John Walker & Sons et conseiller personnel de Churchill, donna son nom au comité.

En 1922, le comité avait plusieurs plans prévus, allant de simples réductions dans la production jusqu'à une proposition plus révolutionnaire de remplacer dans son intégralité « le vieux système concurrentiel » par un parlement du caoutchouc internationaliste. Le plan qui s'imposa liait les exportations légales à des prix fixés. Les exportations seraient bridées jusqu'à ce que les prix des marchés rebondissent. Pendant des mois, les négociateurs britanniques, bien conscients que les consommateurs américains pourraient acheter à d'autres fournisseurs à moindre coût, essayèrent de persuader le gouvernement néerlandais de soutenir ce programme de restriction. Les Pays-Bas refusèrent de participer, reconnaissant qu'ils ne pouvaient contrôler les petits propriétaires terriens du cru refusant de se plier aux quotas de production imposés par l'Europe. Par ailleurs, les planteurs détenaient déjà une part de marché florissante grâce à la productivité relativement élevée de leurs plantations et la grande qualité de leur caoutchouc.

Au cœur de ces débats, l'évolution de la situation aux États-Unis conduisit le comité Stevenson à agir sans l'appui des Pays-Bas. Comme on pouvait s'y attendre, peu de consommateurs de caoutchouc se souciaient des difficultés extrêmes dans lesquelles se trouvaient les planteurs coloniaux britanniques et néerlandais, qui n'avaient pas hésité à demander la libéralisation des prix du marché quand les stocks étaient tendus. Dans l'intervalle, la tension monta d'un cran quand les responsables politiques américains enjoignirent la Grande-Bretagne de payer ses dettes de la première guerre mondiale. Certains représentants du gouvernement britannique prirent très mal l'opposition et l'indifférence des Américains devant les sacrifices qu'ils avaient consentis pendant la guerre. Churchill était notamment convaincu que les Américains n'achetaient pas le caoutchouc à son prix.

Les États-Unis consommant 71 % du caoutchouc brut mondial et les colonies britanniques en produisant 75 %, des prix plus élevés auraient comme conséquences un transfert régulier du capital vers la Grande-Bretagne et un abaissement corrélatif de la dette de guerre britannique. Les rapports rédigés par les experts industriels prévoyaient que la demande américaine pour le caoutchouc continuerait d'augmenter, même sans l'appui des Pays-Bas. C'est ainsi que le 13 octobre 1922, en toute fin de séance de la dernière réunion de cabinet, avant la chute du gouvernement du Premier ministre Lloyd George, la Grande-Bretagne adopta le plan Stevenson.

Ce plan, qui entra en vigueur le 1er novembre 1922, fixait un cadre des plus simples : élever et stabiliser les prix en jumelant les exportations au prix du caoutchouc. Pour faire court, il prévoyait que les exportations de caoutchouc britanniques diminueraient dès lors que le prix standard du caoutchouc brut passerait sous les 24 cents la livre. De même, les exportations augmenteraient si le prix dépassait 36 cents. Ceux qui ébauchèrent le plan n'avaient pas prévu que les prix grimperaient à l'excès, mais ils n'entrevirent pas combien la demande américaine s'envolerait tout au long des « années folles ». Les prix continuèrent de grimper et ne tardèrent pas à crever le plafond des 36 cents.

Herbert Hoover, Harvey Firestone : la riposte américaine

Le plan Stevenson provoqua les foudres du secrétaire au Commerce, Herbert Hoover, sans doute le stratège politique le plus influent des gouvernements Harding et Coolidge. Hoover était fermement convaincu que les secteurs public et privé pouvaient travailler ensemble pour créer un État moderne plus fort et plus efficace. Hoover soutenait notamment que les associations professionnelles, groupes de réflexion et experts scientifiques devaient fournir les données et le savoir-faire, et contribuer ainsi à une plus grande harmonie des activités du secteur. Plutôt que de réguler, les experts gouvernementaux guideraient et assisteraient l'industrie privée dans une gestion professionnelle des ressources naturelles des États-Unis. Une telle efficacité aiderait les entreprises à réduire leurs coûts, à baisser les prix de vente et à accroître la consommation et la prospérité pour tous. Le programme d'Hoover touchait jusqu'aux affaires étrangères, en partant du principe que les valeurs américaines étaient supérieures et l'influence internationale de l'Amérique vouée à rayonner.

Les matériaux stratégiques comme le caoutchouc permirent à Herbert Hoover de mettre en application ses convictions. Quelques semaines après la nomination de Hoover, A. L. Viles, directeur général de la Rubber Association of America (RAA, Association américaine du caoutchouc), mit à l'entière disposition du nouveau secrétaire au Commerce les services de son association.

Insistant sur le rôle clef que celle-ci joua pendant la première guerre mondiale, Viles en appela à ce qu'une encore «plus grande coopération» s'instaure entre le gouvernement et l'industrie du caoutchouc. Hélas, le plan Stevenson réduisit en lambeaux les espoirs de la RAA. Le groupe se réunit en octobre 1922, juste avant que le plan n'entre en vigueur, et posa les jalons d'une coopération continue avec les fournisseurs britanniques. Bien que ses membres ne soient pas disposés à payer un prix trop élevé pour le caoutchouc brut, ils convinrent pour la plupart que la stabilité des prix et la production envisagée constituaient un compromis intéressant.

Hoover remit pourtant en cause cette stratégie. Dans le même temps, la RAA se déchirait sur la question. Harvey Firestone, à la tête de la quatrième entreprise du pays, se démarquait de la plupart des autres producteurs. En effet, à l'inverse de ses concurrents qui possédaient ou avaient un accès aux plantations sur le territoire néerlandais, sa société dépendait plus des fournisseurs britanniques. En outre, et à l'instar de son ami Henry Ford, Firestone était persuadé que de nombreux groupes d'intérêt du secteur automobile quitteraient la RAA pour le soutenir.

Ainsi, lors d'une réunion avec ses actionnaires en date du 14 décembre, Firestone annonça la stratégie qui allait bientôt devenir le slogan de la compagnie : «L'Amérique doit cultiver son propre caoutchouc». Dans son esprit, les réserves américaines de caoutchouc provenaient des Philippines, d'Amérique latine et de l'expansion des installations détenues par les Américains telles que les plantations d'Edgar Davis à Sumatra. Peu de temps après, Firestone se rendit à Washington pour peser sur la décision du président Harding, du secrétaire d'État Hoover et des membres du Congrès de contrer le plan Stevenson et d'œuvrer à l'indépendance du caoutchouc américain. Firestone insista à plusieurs reprises sur le fait que les États-Unis n'avaient que le choix ou presque de faire cavalier seul pour tenter de s'affranchir du contrôle britannique.

Contrairement à la majorité des membres de la RAA, Hoover partageait assez l'avis de Firestone. Lors des réunions de cabinet, il conseilla d'investir dans les sources de caoutchouc de l'hémisphère ouest pour disposer de réserves et d'une assurance en cas d'urgence militaire. Le secrétaire à la Guerre, John W. Weeks, et d'autres membres du cabinet estimèrent que la priorité était de miser sur les possessions américaines aux Philippines, notamment pour éviter une guerre dans le Pacifique. Le sénateur de l'Illinois Medill McCormick proposa une législation visant à encourager l'investissement dans les plantations d'Amérique du Sud et d'Amérique centrale pour obtenir le contrôle d'«une réserve nationale» de caoutchouc. Avec Firestone dans les coulisses, Hoover accepta d'appuyer le projet. Entre-temps, le secrétaire au Commerce rencontra une délégation de représentants de la British Rubber Growers' Association (Association britannique des producteurs de caoutchouc) pour une ultime et vaine tentative de les persuader d'assouplir les restrictions du plan Stevenson.

Hoover accueillit favorablement la proposition de législation de McCormick, décret garantissant que 500 000 dollars seraient consacrés à des enquêtes détaillées sur les sources potentielles de caoutchouc nécessaires au pays. Hoover et Firestone soutinrent le décret au Congrès. Le premier le fit avec éloquence, en insistant sur le lien entre plantes et ressources stratégiques, et affirmant qu'«une forme de Défense nationale [devait] être mise en place» face à de tels programmes de contrôle des prix. La situation se corsa lorsque Firestone organisa une réunion à Washington pour promouvoir sa vision protectionniste du caoutchouc et apporter son soutien au décret de McCormick. Bien que la RAA ait adressé à ses membres des télégrammes pour les dissuader purement et simplement d'y assister, deux cents représentants de l'industrie, de l'agriculture et du gouvernement participèrent à l'événement organisé par Firestone, où il qualifia le projet britannique de «pervers par principe et économiquement inadapté».

Lors de son discours à la conférence de Firestone, McCormick rappela que l'investissement aux Philippines ne suffirait pas. Les Américains «doivent cultiver [du caoutchouc] dans des pays avec qui nos relations seront stables, quelles que soient la teneur et l'ampleur d'une guerre dans le futur». Au cours de la conférence, le secrétaire à l'Agriculture Henry C. Wallace annonça clairement que les États-Unis auraient bientôt leur propre culture de plantes à caoutchouc, alors même que la culture des betteraves à sucre à l'intérieur des frontières du pays avait récemment mis à mal le monopole des producteurs de canne à sucre sous les tropiques. «Notre souhait le plus cher, affirma Wallace, est de mettre en place une industrie du caoutchouc sur notre propre sol, gérée selon les méthodes américaines».

Ces arguments firent mouche. Dès le début du mois de mars 1923, le président Harding, ami et partenaire de randonnée de Ford, d'Edison et de Firestone, signa l'adoption législative du décret «rapport sur le caoutchouc» de McCormick, qui accordait 400 000 dollars au département du Commerce pour mener à bien une étude complète sur les sources potentielles de caoutchouc dans le monde entier, ainsi que 100 000 dollars au département de l'Agriculture pour la recherche sur les possibilités de culture de plantes à caoutchouc sur le territoire américain ou à proximité.

En recrutant des botanistes et d'autres scientifiques pour examiner les potentialités de production du caoutchouc à l'échelle planétaire, le décret témoignait du nouveau degré de l'engagement américain dans la quête de ressources biologiques. Les tensions perdurèrent toutefois, lorsque Firestone annonça sa démission de la RAA, groupement dont il avait été autrefois le président. Dans l'intervalle, Churchill déclara que les Américains devraient se réjouir de la stabilité des prix qu'induisait le plan Stevenson.

Hoover continua de mobiliser l'engagement du gouvernement dans les sphères économique, politique et scientifique de cette denrée agricole stratégique. En mars 1923, il écrivit à l'ex-secrétaire au Commerce William C. Redfield, alors au poste influent de représentant des intérêts commerciaux néerlandais, félicitant les Pays-Bas pour leur neutralité vis-à-vis du plan Stevenson. Il n'en avertit pas moins Redfield que les États-Unis étaient en passe de développer leur propre industrie du caoutchouc dans «de nouveaux emplacements proches». Quatre jours après, il contactait Wallace afin de coordonner les résultats des récentes études sur le caoutchouc.

Hoover tint également une réunion privée réunissant les plus grands producteurs de caoutchouc à New York le 20 mai 1924. À l'évidence, le but de la réunion était d'annoncer les résultats de la première des études sur le caoutchouc, mais le véritable objectif de Hoover était de faire passer la RAA dans le camp de Firestone. Ce dernier fit part de ses préoccupations quant à la dépendance américaine au caoutchouc étranger, et Hoover déclara que le pays subirait «indubitablement» des pénuries dès 1928 à moins que des actions plus directes soient entreprises. Pourtant, comme l'observa un historien, la réunion s'avéra une expérience «navrante» pour Hoover et Firestone. Ce dernier excepté, aucun des principaux producteurs de caoutchouc américains ne souhaitait défier les planteurs britanniques et néerlandais. Alors que certains suggéraient que les Américains investissent dans leurs propres plantations des colonies britanniques et néerlandaises, William O'Neil, président de la General Tire and Rubber Company, répliqua qu'il ne voyait «aucune raison pour que les Britanniques et les Néerlandais cessent de s'occuper de notre caoutchouc».

Edison, Ford, Firestone et le caoutchouc en Floride

Tandis que le décret McCormick affectait des fonds à la recherche agricole sur les cultures laticifères nationales, Edison, Ford et Firestone entreprirent à leur tour leurs propres recherches sur la culture de plantes à caoutchouc. Alertés par sa campagne «L'Amérique doit cultiver son propre caoutchouc», de nombreux promoteurs immobiliers et de scientifiques amateurs approchèrent Firestone avec la promesse d'une abondance de caoutchouc dans le Sud de la Floride. Un cas évoque le promoteur G. M. Duncan, qui adressa trois courriers virulents réclamant en urgence un investissement immédiat dans des terrains près de Cape Sable, *a priori* adaptés aux arbres à caoutchouc. Pour en être sûr, Duncan augmenta aussi le prix du terrain concerné. Un autre cas rapporte l'histoire d'un courtier en pétrole de Louisiane qui suggéra que Firestone investisse dans un programme de plantation de plusieurs espèces tests sur des parcelles en bordure du golfe du Mexique, allant du Sud de la Floride jusqu'à la frontière mexicaine, toutes vastes d'un demi-hectare environ et espacées les unes des autres d'une quarantaine de kilomètres. Les investisseurs achèteraient de grandes portions de terre dans les zones près des parcelles les plus prometteuses.

Même s'il rejeta toutes ces propositions, Firestone les prenait néanmoins au sérieux. Pour être plus précis, il commença aussi à jouer un rôle plus direct dans la recherche sur les plantes laticifères cultivables sur le territoire américain. Il utilisa ses contacts pour aider à l'importation de plantes à caoutchouc rares en provenance des Indes orientales afin qu'elles soient étudiées par les scientifiques de l'USDA et il rapporta du laboratoire attenant de l'USDA des centaines de spécimens de plantes laticifères à faire pousser et à expérimenter dans sa résidence d'hiver de Miami Beach. Son équipe étudia les types de sol, les régimes de fertilisation, les règlementations de mise en quarantaine des plantes, les coûts et les effectifs nécessaires ainsi que d'autres aspects qui devaient déterminer la potentialité du succès d'une industrie du latex sur le territoire. Un tant soit peu encouragé, Firestone suggéra en 1925 que la Floride puisse « devenir un lieu de culture du caoutchouc » et contribue à « sortir l'Amérique des griffes du monopole étranger d'une denrée vitale et indispensable ».

Le réseau de concessionnaires automobiles, vendeurs de voitures et scientifiques de l'industrie déjà établi par Henry Ford facilita sa recherche d'une culture laticifère sur le territoire américain. En avril 1923, le chimiste William H. Smith travaillant pour Ford donna instructions au responsable opérationnel de l'entreprise à Los Angeles de demander au célèbre botaniste Luther Burbank où en étaient les dernières avancées de la recherche sur le caoutchouc. Malgré le peu d'optimisme manifesté par Burbank, celui-ci mentionna néanmoins les opérations de l'IRC au sud de Tucson dans l'Arizona. Le concessionnaire Ford à Tucson tâcha d'en savoir plus, mais comme d'autres l'avaient déjà éprouvé, l'IRC gardait secrètes ses opérations en l'absence d'un brevet la protégeant et était intéressée par le succès commercial du guayule. L'IRC refusa même de partager les résultats avec les scientifiques de l'Arizona Agricultural Experiment Station, station agricole expérimentale de l'Arizona.

Toutefois, sans révéler le but de sa requête, le concessionnaire de Tucson parvint à obtenir quelques échantillons de guayule qu'il envoya ensuite au laboratoire de Ford à Dearborn, dans le Michigan. Entre-temps, un concessionnaire Ford de San Francisco contacta le botaniste californien Harvey Monroe Hall. En août 1923, Smith fit embaucher chez le concessionnaire Ford de Gila Bend une équipe d'immigrés mexicains pour quadriller les collines à 80 kilomètres à la ronde depuis Gila Bend à la recherche de plants de laiteron *(Asclepias subulata)*. Ces explorateurs revinrent avec plus de 500 tonnes de plantes mais avertirent que, « en voie d'extinction », elles n'étaient pas une source fiable de caoutchouc américain. L'équipe de Ford demanda par ailleurs à son représentant à Copenhague de contribuer à la recherche en étudiant les avancées des botanistes allemands en matière de recherches sur le caoutchouc agricole. En fait, les actions de Ford et de Firestone illustrent leur volonté d'utiliser leur influence à l'international pour améliorer les ressources agricoles des États-Unis.

Entre-temps et par la force des choses, Edison s'était tourné vers la recherche sur les plantes laticifères cultivables sur le sol américain. Il s'était déjà procuré la compilation des travaux effectués pendant la guerre par Harvey Monroe Hall, *The Rubber-content of North American Plants (La teneur en caoutchouc des plantes d'Amérique du Nord)*, qu'il avait lue en long, en large et en travers. Il en avait logiquement souligné les passages – en six occasions – qui décrivaient la récolte mécanisée des plantes à caoutchouc. En janvier 1923, Firestone envoya à Edison un exemplaire d'un livre qu'il avait contribué à publier, *Rubber: Its History and Development (Le caoutchouc : histoire et développement)*. Dans la semaine qui suivit, Edison lui répondit qu'il n'avait « absolument pas perdu [son] temps en lisant ce livre ». La même année, Edison et Ford avaient mené des recherches en laboratoire sur le laiteron commun, *Asclepias syriaca.* Dès juillet, Edison écrivait un courrier au secrétaire de Ford, Ernest Diebold, lui annonçant que les résultats concernant le laiteron étaient mitigés. «Nous pouvons effectuer deux récoltes à l'année», écrivait-il, tout en observant qu'il serait «difficile de mettre au point un procédé commercialement viable pour extraire le latex». Smith, un scientifique de l'équipe de Ford, déclara que le laiteron cultivé dans une serre de Dearborn pouvait produire un rendement de 4,2 %, plus que les 1 à 2 % que Hall et Long avaient prévus dans leur étude de 1921.

Edison montra également un immense intérêt pour le guayule. Un proche ami d'Edison et de Ford, le capitaine J. Fred Menge, agent ferroviaire et opérateur de bateaux à vapeur à Fort Myers, se rendit à New York pour rencontrer des responsables de l'IRC afin d'évaluer le potentiel du guayule dans le Sud de la Floride. Après le retour de Menge, le *News-Press* rapporta qu'il y avait «de grandes chances» que le comté de Lee devienne un centre de production du guayule et que des «millions de dollars en sortiraient». Dans une lettre à Ford, Edison prédisait que le rendement à l'hectare pourrait atteindre 300 kilos. «Je pense qu'il ne devrait pas y avoir de problème pour semer et récolter avec des machines, ajouta-t-il, mais tu te rendras compte par toi-même». À l'intention de Firestone, il griffonna une note disant : «la chance me sourit avec le laiteron et le guyule *[sic]*». L'été 1923 vit Edison quelque peu découragé par rapport au guayule. Il demanda à Firestone, Carnahan et aux responsables de l'USDA de lui envoyer des graines de guayule, qu'il comptait planter dans le New Jersey et en Floride, ainsi que des balles de guayule récolté, aux fins de l'étudier en laboratoire. Tant que l'IRC avait la mainmise sur le germoplasme, les recherches sur cette plante demeuraient de toute façon délicates.

Edison, Ford et Firestone nouèrent aussi des relations avec les chercheurs institutionnels travaillant sur les cultures laticifères américaines. À la fin 1923, les fonds alloués grâce au décret McCormick permirent à l'USDA d'élargir ses recherches à Chapman Field, près de Miami. La recherche sur le caoutchouc devint une priorité absolue, et les explorateurs botaniques fournirent hévéa, arbre du diable *(Ficus alstonia),* prunier sauvage *(Carissa macrocarpa)*, frangipanier *(Plumeria* sp.*)* et autres espèces tropicales potentiellement productrices de caoutchouc pour tenter de les acclimater dans le Sud de la Floride. En décembre de cette même année, Edison put, par l'intermédiaire d'Alfred Keys, de Chapman Field, se faire envoyer des graines de *Cryptostegia madagascariensis* à Fort Myers, à temps pour une plantation de printemps. Entre-temps, les émissaires d'Edison au Liberia et à Singapour vinrent visiter Fort Myers pour s'entretenir avec Edison sur les méthodes de culture de l'hévéa et de nombreuses autres plantes à caoutchouc, et continuer à alimenter son stock de graines d'espèces asiatiques et africaines. Edison y vit aussi la preuve de l'intérêt national accordé à son projet, confirmée par les rapports sur sa réunion avec Firestone, publiés dans les journaux, qui incitèrent plusieurs lecteurs à fournir à l'inventeur la façon de procéder.

Dans le même temps, Ford poursuivait ses propres recherches. Lors de l'été 1924, il envoya un représentant, W. L. R. Blakely, interroger botanistes et spécialistes de cultures dans toute la Floride. Tous reconnurent que le crypto-stegia pouvait prospérer dans la partie méridionale de l'État. Ford obtint aussi un échantillon de la plante par l'explorateur botanique David Fairchild, qui suggéra que les «pouvoirs remarquables d'organisation» de la société Ford étaient exactement ce qu'il fallait pour mener les expériences nécessaires, développer l'équipement et surtout recycler les déchets. «Je suis certain que vous continuerez ce travail de production commerciale de caoutchouc selon la méthode Ford», conclut Fairchild. C'est ainsi qu'Edison, Ford, Firestone et l'USDA formèrent un réseau collaboratif qui déplaça l'attention de la promotion du caoutchouc de Floride, intégrée aux programmes de vente de terrains, vers une recherche plus systémique d'une culture laticifère américaine.

Le projet cryptostegia de Ford dans le comté d'Hendry

La nouvelle selon laquelle Henry Ford, l'un des Américains les plus admirés de son temps, investissait dans le caoutchouc dans le Sud de la Floride en amplifia l'intérêt. En mai 1924, Ford acheta le domaine de Goodno, propriété de 4 000 hectares située à environ 50 kilomètres à l'est de Fort Myers dans le comté d'Hendry, et suffisamment isolée pour pouvoir y tester des cultures lati-cifères potentielles. Les médias montèrent le projet en épingle, certains prédi-sant même que l'exploitation de caoutchouc dans le Sud de la Floride était imminente. Craignant apparemment la médiatisation ainsi qu'une augmenta-tion concomitante des prix du terrain (et peut-être aussi conscients que la loi sur la propriété intellectuelle ne protégeait pas les avancées de la recherche sur les plantes), les associés de Ford déclarèrent que rien ne disait dans le rapport que leur patron avait acheté des terres pour des recherches sur le caoutchouc.

C'est pourtant cet été-là que Ford débuta ses travaux sur le caoutchouc, et dès la fin juin ses employés avaient transformé un coin de sa propriété de Goodno en une petite installation équipée pour la recherche sur le caout-chouc. Au milieu d'orangeraies, cocoteraies, plantations d'ananas, de mangue, d'avocat et autres cultures tropicales, douze parcelles furent plantées de 1 300 plants d'espèces variées de *Cryptostegia*, *Euphorbia*, *Ficus*, *Clitandra*, *Jatropa* et *Landolphia*. Les débuts furent encourageants, et Blakeley avait bon espoir de collecter suffisamment de plants de cryptostegia pour arriver au-delà de l'hiver avec 15 000 plants. D'autres suggérèrent que des plants de cryptostegia soient greffés sur l'écorce des *Ficus elastica*.

Alfred Keys, l'expert en caoutchouc de Chapman Field, visita le site en août et apporta plusieurs options de fertilisation possible et de programme d'irrigation. Durant ces jours optimistes, l'équipe de Ford était persuadée que le cryptostegia pouvait produire deux récoltes annuelles susceptibles d'être mécanisées puis stockées dans d'énormes récipients de solvant pour en

Figure 5. Culture de plantes laticifères près de Goodno, à Fort Thompson, dans le comté d'Hendry, Floride, 1925. Avec l'aimable autorisation du département de l'Intérieur des États-Unis, Service des parcs nationaux, Site historique national d'Edison.

extraire le latex. Edison suivit aussi de près les travaux de Ford dans le comté d'Hendry. Hélas, une crue dévastatrice en novembre noya les cultures expérimentales sous un mètre cinquante d'eau. Toutes les plantes y succombèrent, à l'exception de 69 spécimens de *Cryptostegia grandiflora.*

Malgré l'échec de Goodno, le secrétaire de Ford, Liebold, rencontra le gouverneur de Floride John W. Martin au début de l'année 1925 pour obtenir des fonds pour l'aider à assécher son domaine et d'autres terres potentiellement intéressantes pour la culture de plantes à caoutchouc. Keys encouragea les hommes de Ford à ne pas se démotiver et à bâtir une « grande plantation » de cryptostegia au printemps. Accompagné du grand spécialiste scientifique du caoutchouc pour Firestone, il revint visiter les installations en mars 1925. « Les plants de caoutchouc n'avaient jamais été aussi beaux », selon le rapport d'octobre 1925 émis par l'agent de Ford.

Les rumeurs sur les « plantations de caoutchouc » de Ford continuaient de courir, et les promoteurs qui vendaient des terrains adjacents à des prix exagérés devinrent une véritable épine dans le pied pour l'équipe expérimentée de Ford. Presqu'au même moment, Ford acheta 48 km² de terrains près de Savannah, en Géorgie, faisant fi des rumeurs disant qu'il envisageait d'y faire pousser d'autres plantes laticifères. Les travaux du comté d'Hendry attiraient aussi l'attention du monde entier. À une époque qui augurait des tensions de la guerre froide, les responsables de Ford accueillirent une délégation de scientifiques soviétiques parcourant l'hémisphère ouest à la recherche de plantes à caoutchouc acclimatables au Sud de la Russie.

Tout au long de l'année 1926, les employés de Ford dans le comté d'Hendry travaillèrent de concert avec chercheurs de l'USDA, agents à Madagascar et pépiniéristes de Floride afin d'avoir en permanence une réserve de matière végétale à étudier. Pourtant, les expérimentations de Ford sur les plantes laticifères se soldèrent par un échec. Au printemps 1927, la plupart des plantes avaient souffert des sols pauvres, de la sécheresse, d'ouragans, de gelées et même d'incendies causés par des mégots jetés négligemment, perturbations qui mirent à mal le projet durant ses trois années d'existence. Malgré le support financier de la part d'un des hommes les plus riches du monde, le projet cryptostegia de Ford en Floride ne parvint pas à surmonter les risques associés au développement de nouvelles cultures dans de nouveaux environnements.

Le plan Stevenson étendu

La dépendance américaine au caoutchouc d'importation suscita de nouveau une forte levée de boucliers en 1925 et 1926. Malgré la promesse du plan Stevenson de réduire la production de caoutchouc, la demande américaine des articles en caoutchouc continua d'augmenter, notamment en raison des ventes d'automobiles équipées de nouveaux pneus ballons qui exigeaient une plus grande quantité de caoutchouc. Les prix grimpèrent jusqu'à un nouveau pic d'après-guerre, 1,23 dollar la livre en juillet 1925. Hoover affirma avec audace que les planteurs britanniques avaient « extorqué » aux Américains quelque 700 millions de dollars par an depuis l'application du plan Stevenson. En retour, la Chambre des représentants demanda à son Comité du commerce fédéral et extérieur de se pencher sur les prix *a priori* fixés par les intérêts britanniques.

Firestone et Hoover réinvestirent le devant de la scène. Lors de son audition au Congrès, Firestone présenta le décret Bacon, destiné à mettre la pression sur le gouvernement philippin pour permettre aux entreprises de caoutchouc américaines d'établir des plantations sur Mindanao et d'autres îles. Au même moment, Firestone publiait son nouveau traité, *Men and Rubber* (*Les hommes et le caoutchouc*), ouvrage éloquent sur l'industrie du caoutchouc et en particulier sur ses efforts pour garantir l'indépendance américaine au caoutchouc étranger. « Nous pourrions gérer l'expansion de New York et de toutes les grandes villes de la façade atlantique plus efficacement, disait le magnat des pneus, que la perte de notre caoutchouc ».

Entre-temps, Hoover déclara au comité de la Chambre qu'il était temps pour les Américains de combattre le monopole du caoutchouc britannique. Pour cela, il définit trois stratégies : conservation et réutilisation des produits en caoutchouc, développement de caoutchouc synthétique *via* la recherche en chimie, et quête de nouvelles sources d'approvisionnement à l'intérieur et à l'extérieur des frontières. Hoover tenta également d'attirer les entreprises américaines telles que le méga-producteur de bananes, l'United Fruit Company, pour investir dans les plantations de caoutchouc d'Amérique centrale et déplacer la main-d'œuvre des plantations de banane aux zones potentielles de caoutchouc. Il rencontra aussi des responsables du département de la Guerre pour mettre en place des plantations expérimentales de cultures laticifères sur des bases militaires de la zone du canal de Panama.

Il lança ensuite une audacieuse campagne publique enjoignant les Américains à réduire leur consommation de caoutchouc, à préserver leurs pneus et à recycler leurs rebuts de caoutchouc. Exactement comme il avait relié protection et patriotisme pendant la première guerre mondiale (doctrine appelée familièrement « hooverisme »), Hoover réutilisa cette stratégie pour reprendre la main. Ce programme démontra de nouveau la puissance des relations publiques au moment où la demande réduite semblait entraîner une baisse continue du prix du caoutchouc. Il collabora également avec le sénateur du Kansas, Arthur Capper, à la proposition d'un texte de loi radical qui permettrait aux entreprises américaines de caoutchouc de s'allier en une corporation pesant 50 millions de dollars pour acheter en commun du caoutchouc brut à des prix préférentiels. Bien que cet approvisionnement puisse remettre en question les lois fondamentales américaines contre les trusts et les monopoles, Hoover le privilégia exceptionnellement, compte tenu de l'importance de la denrée. Encore une fois, l'émergence des États-Unis comme puissance industrielle plaça la question des ressources tropicales stratégiques comme le caoutchouc à l'avant-scène des débats publics.

Conjuguées aux changements des niveaux de production des Indes orientales, ces manœuvres eurent l'effet désiré. Du pic de 1,23 dollar la livre en juillet 1925, le prix du caoutchouc brut tomba à 0,50 dollar la livre en mai 1926. Malgré le plan Stevenson, le monopole britannique du caoutchouc s'était affaibli. Ce printemps-là, de nombreux journaux américains furent élogieux à l'égard d'Hoover, à en juger par les unes comme celle du *Washington Post* : « Les Américains gagnent le combat du caoutchouc ». Indépendamment du résultat, les deux principaux protagonistes, Hoover et Churchill, s'étaient positionnés dans le conflit du caoutchouc, élargissant leur stature politique et plaçant leur carrière sur un tremplin pour de plus hautes fonctions. Plus proches du sujet en question, les débats sur la politique du caoutchouc des années 1920 incitèrent d'autant plus Ford, Firestone, Edison et d'autres à persévérer dans leurs travaux sur les cultures laticifères aux États-Unis.

USDA et consorts : riposte au plan Stevenson

Les développements au sein de l'USDA suivaient la politique du plan Stevenson. Depuis le tournant du siècle, un petit contingent d'« explorateurs botaniques » de l'USDA avait parcouru le globe en quête de nouvelles cultures présentant un potentiel économique pour le pays. Ces explorations ne reflétaient pas simplement la curiosité intellectuelle des botanistes américains : ceux-ci espéraient également, en utilisant les nouveaux territoires tropicaux d'Hawaii, de Porto Rico, des Philippines et du reste du monde, réduire la dépendance économique américaine aux nations rivales. Au moins trois de ces bioprospecteurs, David Fairchild, Walter T. Swingle et O. F. Cook, s'intéressèrent de près aux plantes des climats tropicaux et subtropicaux. Tous trois possédaient une solide connaissance des possibilités agricoles et des implications géopolitiques du caoutchouc, témoignaient d'un véritable intérêt dans le développement de l'économie américaine par le biais de cultures tropicales et subtropicales à acclimater sur le territoire national et entretenaient d'excellentes relations avec les autorités de l'État de Floride.

Dans les années 1920, O. F. Cook, scientifique passionné connu pour son franc-parler, mena des recherches à l'USDA sur le caoutchouc et d'autres cultures tropicales. En 1922, il publia une analyse sans complaisance de la crise potentielle du caoutchouc américain. Il y exposait en particulier sa crainte de l'expansion japonaise dans le Pacifique, ce qu'il appelait en partie « le problème oriental général auquel notre civilisation doit faire face ». Les Japonais s'adaptaient si bien aux nouvelles circonstances, selon Cook, qu'ils pourraient bientôt submerger les colonies européennes en Asie et couper l'approvisionnement en caoutchouc des États-Unis.

Pour y faire face, Cook suggéra que les États-Unis fassent tout pour acquérir le Honduras britannique (aujourd'hui le Belize) et les colonies françaises du Pacifique (en particulier les îles Marquises, toujours intégrées à la Polynésie française) comme remboursement partiel des prêts de guerre. S'exprimant devant les responsables du département de la Guerre, Cook affirma que les habitants du Honduras britannique souhaitaient se rallier au drapeau américain et commencer à produire du caoutchouc. En privé, Cook admit que son analyse ethnique et ses solutions diplomatiques pourraient ne pas obtenir les faveurs de Washington. Aussi appela-t-il les dirigeants de l'USDA à commencer immédiatement une recherche de « toutes les possibilités de production de caoutchouc aux États-Unis et dans les régions environnantes ».

Quelques jours après l'adoption du décret McCormick garantissant 100 000 dollars pour soutenir la recherche de l'USDA sur le caoutchouc, Cook tourna son attention vers Haïti. Avec une abondance de terrains non exploités et un gouvernement soumis aux forces d'occupation américaines, Haïti offrait la meilleure perspective aux Américains pour reproduire la culture du caoutchouc de type plantation des Indes orientales. Au printemps 1924, l'USDA installa une station test de caoutchouc sur la côte nord de l'île, où furent plantés 2 000 hévéas, 500 funtumia et un millier de castilloa. Cook expliqua que les recherches sur le caoutchouc partout ailleurs dans le monde avaient leurs limites : le Mexique était considéré comme trop instable politiquement, les Philippines pas assez coopératives et les ouvriers du Liberia pas assez qualifiés. En revanche, il se dépensa sans compter pour qu'augmentent les investissements de l'USDA en Haïti, où de réels progrès étaient accomplis malgré les ravages de la malaria sur les employés.

Le décret McCormick soutint également les efforts de cultures laticifères à l'intérieur des frontières des États-Unis. Outre son travail à Chapman Field, l'USDA élargit aussi ses activités dans diverses stations d'acclimatation de plantes. Ainsi, à Bard, Shafter et Torrey Pines en Californie, les scientifiques plantèrent des jeunes pieds de laiteron, de cryptostegia, de sarcobatus et d'autres plantes potentiellement productrices de caoutchouc afin de vérifier leur acclimatation sous les climats occidentaux. Comme l'écrivit le secrétaire à l'Agriculture Henry C. Wallace alors qu'il était menacé par la réduction des fonds nécessaires à sa recherche, « nous avons carte blanche pour dépenser l'argent nécessaire jusqu'à épuisement des possibilités de production de caoutchouc sur le territoire continental des États-Unis ». Cook jugea « impératif » que les États-Unis se préparent à une urgence des besoins en caoutchouc pendant la guerre, soulignant les formidables espoirs que suscitaient les dernières avancées sur le laiteron du désert.

Il convient toutefois de signaler que ce regain d'intérêt pour les cultures laticifères dans le secteur public ne contribua pas à faire avancer la cause des adeptes du guayule dans le secteur privé. Pendant au moins deux décennies, les responsables de l'USDA et de l'IRC jouèrent au chat et à la souris. L'IRC de son côté refusait de partager ses ressources génétiques et intellectuelles sans l'assurance que ses droits de propriété et la valeur des investissements de ses actionnaires soient protégés. Bien que le président de l'IRC Carnahan ait passé plus de trente ans à tenter de convaincre les investisseurs que le guayule offrait une solution à la dépendance américaine au caoutchouc d'importation, son message envers le gouvernement fut sensiblement différent.

Ainsi, lors d'une réunion en mai 1923 avec Cook et d'autres responsables de l'USDA, Carnahan indiqua que la plupart des plantes potentiellement productrices de caoutchouc sur le sol américain « ne présentaient aucun espoir de commercialisation ». Il reconnut que le guayule présentait un potentiel certain, mais il refusait de partager tout matériel végétal destiné à la recherche dans les locaux de l'USDA sans l'assurance d'une « gestion d'une extrême discrétion ». À la réunion qui suivit en novembre de cette même année, Cook expliqua que la politique de l'USDA impliquait de cesser les recherches dès qu'une nouvelle culture révèlerait son potentiel commercial et ses applications industrielles. Les chercheurs de l'IRC ayant déjà établi la viabilité du guayule sur le marché, l'USDA assura à la compagnie qu'elle n'était intéressée que par quelques graines de guayule pour « compléter le travail » et en apporter la preuve dans des rapports publiés sur l'état des lieux des cultures laticifères.

Cook reconnut qu'il fallait aider l'IRC à protéger ses actionnaires, en y incluant si possible les brevets de plantes, et à conserver leurs investissements dans la sélection, la culture, la récolte et les technologies de transformation. Comme les brevets de plantes n'existaient pas en 1923, Cook accepta de protéger la compagnie des risques et de la mauvaise publicité par des moyens plus subtils. C'est ainsi que l'USDA consentit à planter et montrer seulement les graines des souches « ordinaires » de guayule et ne demanda aucune graine des souches les plus performantes dont l'IRC estimait qu'elles seraient la base de son succès commercial. Portée par l'espoir que le guayule dominerait un jour le marché américain du caoutchouc, l'IRC veilla à cacher au grand public ses recherches et à maintenir son germoplasme sous contrôle de propriété. Ses nombreux appels en faveur de la protection des plantes n'eurent pas d'écho, et la compagnie se tourna vers des brevets protégeant certaines de ses opérations mécanisées. Au final, de fin 1923 à courant 1925, alors même qu'ils étaient le centre d'intérêt des cultures laticifères de l'histoire américaine, l'USDA et l'IRC s'ignorèrent.

Dans l'intervalle, le plan Stevenson, avec toutes ses répercussions, obligea la Carnegie Institution de Washington à se tourner vers l'université de Californie et son expert en botanique Harvey Monroe Hall, spécialiste du sarcobatus, du laiteron et autres plantes laticifères du désert. Harvey Hall accueillit avec enthousiasme cette opportunité de travailler avec des organismes de financement indépendants. Il était plus difficile de sceller des accords avec des compagnies de caoutchouc privées car, disait-il, « leur intérêt fluctue avec le prix du caoutchouc ! ». L'écologiste Frederic Clements, de la Carnegie Institution, particulièrement passionné par le projet, se rendit à Berkeley en mai 1923 pour revoir avec Hall l'aspect stratégique. D'un commun accord, ils envoyèrent un assistant à Fallon, avant-poste du Nevada, pour y procéder à des recherches fondamentales sur le sarcobatus et faire se reproduire la plante dans un cadre de culture expérimentale. Hall accepta aussi de travailler comme consultant pour l'USDA et de faire office de conseiller pour la recherche de caoutchouc sur le laiteron à Bard, en Californie.

Les prix continuellement élevés du caoutchouc ravivèrent aussi l'intérêt pour le sarcobatus dans d'autres secteurs. En août 1925, F. W. Bolzendahl, représentant l'Association du caoutchouc de chrysil (nom familier du caoutchouc de sarcobatus), demanda urgemment au gouverneur du Nevada, James G. Scrugham, de réexaminer cette plante. Intéressé par la possibilité d'une nouvelle industrie pour son État, Scrugham, décidé à en savoir plus, se rendit à l'hôtel Omaha, dans le Nebraska, où Bolzendahl avait installé ses quartiers. Pour contribuer aux recherches, Scrugham s'empressa d'engager une équipe pour encadrer le projet à l'université et à la station expérimentale agricole du Nevada. Pendant ce temps, en août 1925, Hall mena des recherches approfondies dans le Nord du Nevada et dans l'Est de l'Oregon et constata que la zone contenait encore plus de pieds de sarcobatus sauvage qu'il n'avait prévu, soit 20 000 plants à l'hectare par endroits.

Le sarcobatus du Nevada semblait croître facilement, sans soins particuliers, et pouvait être immédiatement hybridé pour augmenter le rendement. « Il paraissait possible, même probable, déclara Hall après coup, que le caoutchouc de chrysil puisse être extrait et commercialisé en étant rentable ». Hall rencontra le gouverneur Scrugham en septembre 1925 et lui demanda instamment de chercher un financement fédéral pour monter une station expérimentale dédiée à la recherche sur les cultures laticifères. Comme dans les années 1918 et 1919, Hall demeurait convaincu que le soutien fédéral pour le sarcobatus se concrétiserait. Aux dires du directeur de la station expérimentale Samuel Doten, « le gouverneur Scrugham est tellement imprégné de caoutchouc de chrysil ces temps-ci que sa démarche s'en trouve assouplie et qu'il commence à rebondir quand il monte et descend les escaliers ».

Les résultats des recherches dans le Nevada ne tardèrent pourtant pas à anéantir les espoirs de Hall et de Scrugham. Un rapport de 1926 conclut que le sarcobatus offrait peu de chances de succès agricole jusqu'à ce que les sélectionneurs découvrent les méthodes de croissance accélérée et de plantation et récolte mécanisées le rendant plus attractif en termes d'investissements. La maturation du sarcobatus était plus longue (cinq à six ans) que celle du guayule (quatre à cinq ans), sa teneur en latex était bien moindre et le coût d'arrachage et de transport des balles le long des pistes du Nevada profond s'avérait bien trop élevé.

À en croire Doten, pour que les compagnies de caoutchouc soient totalement crédibles, il faudrait que la plante soit suffisamment imprégnée de latex pour « se rétracter à la moindre traction ». « Je ne dis pas que ça ne peut pas être fait, mais en ce qui me concerne, ajouta-t-il, je vais commander mes pneus chez Montgomery Ward[3] ». Les espoirs de garantie de soutien du projet de la part de l'IRC, de l'USDA et de la Compagnie du caoutchouc des États-Unis s'évanouirent, et il ne semblait plus y avoir d'autre choix que d'abandonner le projet du sarcobatus. Doten reconnut néanmoins que les millions de plants de sarcobatus poussant à l'état sauvage dans les déserts de l'Ouest américain pourraient servir de réserves d'urgence dans le cas où une crise mondiale rendrait nécessaire une récolte intégrale des plants.

Le plan Stevenson replaça le guayule au centre des débats, surtout après le nouveau pic du prix du caoutchouc en 1925. La perspective de prix élevés ressuscita l'industrie dans l'Ouest du Texas : l'usine de Marathon, opérationnelle jusqu'en 1914, rouvrit en avril 1925. Désormais sous les auspices de la Border Rubber Company (Compagnie frontalière du caoutchouc) basée à New York, les responsables indiquèrent que les ouvriers mexicains et mexicano-américains locaux étaient accoutumés aux « difficultés de la vie en camp » et possédaient un « instinct naturel » pour dénicher le buisson au cœur des collines rocheuses et des déserts de sable du Texas occidental. Au plus fort de son activité, l'usine employait 70 personnes, tournait sans interruption et produisait officiellement à la journée une tonne de caoutchouc sur le sol américain. Toutefois, avec un coût de production d'environ 0,35 dollar le kilo, l'industrie du guayule ne pourrait être rentable si les coûts de production montaient ou si les prix du caoutchouc d'hévéa baissaient. Or, les deux événements se produisirent.

En l'absence d'efforts de la part de l'usine de Marathon pour développer une culture durable, ses propriétaires durent faire face à une augmentation constante des coûts de récolte du guayule sur des terrains encore plus isolés et éloignés de l'usine. En septembre 1926, l'usine de Marathon ferma à nouveau ses portes et demeura silencieuse jusqu'à ce que la seconde guerre mondiale n'attise encore l'intérêt du guayule au Texas.

La renaissance de l'Intercontinental Rubber Company

Les développements au Texas furent mineurs en comparaison des opportunités offertes par le plan Stevenson à l'entreprise phare de production de guayule du pays, l'IRC. Dans un environnement où les prix du caoutchouc étaient élevés et l'intérêt politico-économique du caoutchouc grandissant, George Carnahan en profita pour réaffirmer le potentiel d'une industrie nationale du guayule. Pour répondre aux programmes de récolte de guayule sauvage, de sarcobatus, d'ocotillo et d'autres ressources des déserts de l'Ouest pouvant servir de stocks d'urgence de caoutchouc, l'IRC se déclara prête à développer le guayule comme culture durable pour les agriculteurs américains.

D'autres raisons poussaient l'IRC à se réimplanter sur le territoire des États-Unis : les révolutionnaires continuaient d'attaquer son domaine mexicain. La réponse de certains Américains, parmi lesquels Carnahan, fut de créer l'Association nationale pour la protection des droits américains au Mexique, regroupement qui avait mis en avant ses intérêts à la Conférence de Paris pour la paix en 1919 et cherché à obtenir réparation pour la perte du guayule et des autres possessions détruites lors de la révolution mexicaine. Entre-temps, la conjonction des violences intermittentes et de la faible demande de guayule continuait de nuire au plan d'activité de la compagnie. L'usine de Torreón ferma plusieurs fois entre 1919 et 1922 mais rouvrit en mars 1923, quand la réponse au plan Stevenson se matérialisa. La compagnie continua de s'agrandir, avec la construction de trois nouvelles usines au Mexique en 1923, 1924 et 1925. Malgré cette séquence de troubles politiques, la production de la compagnie mexicaine continua d'augmenter, passant de 58 tonnes en 1921 à environ 7 400 tonnes en 1926.

Sans surprise, l'IRC se tourna à nouveau vers la production de caoutchouc sur le sol américain. Après une longue évaluation des avantages et inconvénients des opérations de l'IRC à Valley Center, dans le Sud de la Californie, et à Continental, dans le Sud de l'Arizona, Carnahan était convaincu que le climat plus doux de Salinas, en Californie, offrait de meilleures possibilités de transformer le buisson du désert en une culture domestiquée. Les premières études avaient établi que la compagnie pourrait produire autant de caoutchouc à partir d'un demi-hectare de guayule californien qu'à partir d'une cinquantaine d'hectares de plants sauvages et disséminés de guayule nord-mexicain.

Ainsi, en 1924, la compagnie abandonna ses plans pour mettre en place une industrie du caoutchouc dans le Sud de l'Arizona ainsi qu'une nouvelle installation à Salinas permettant une approche élaborée et scientifique des études sur le guayule, incluant pépinières modernes, laboratoires de chimie, technologies de transformation et autres équipements. La compagnie établit une nouvelle avancée en 1925 en mettant au point une méthode de traitement du guayule brut en continu et non plus seulement par lots. La nouvelle technique permit d'extraire un point supplémentaire de pourcentage en caoutchouc pour donner un produit plus propre et moins résineux, directement miscible avec les produits tirés de l'hévéa. Une fois le brevet obtenu pour ce processus, Carnahan contrôlait les ressources génétiques, le processus de fabrication et les réseaux du marché à même de devenir la base d'une industrie complète fondée sur une culture laticifère nationale.

Les installations de Salinas fournirent un nouveau créneau commercial à l'IRC. En 1925, Carnahan alerta son expert scientifique William McCallum en

Figure 6. Vue des installations de transformation du guayule de l'Intercontinental Rubber Company à Cedral, au Mexique, en 1925, avec enceinte et tours de guet visibles. Texas Instruments Historical Archives, DeGolyer Library, Southern Methodist University, Dallas, Texas, A2005.0025.

ces termes : « Confidentiel. Nos principaux amis ici [à New York] montrent à nouveau un grand intérêt pour notre travail en Californie ». Parmi les nouveaux soutiens de l'IRC, se trouvaient le secrétaire-adjoint au Commerce Claudius Huston et plusieurs banquiers de Wall Street emmenés par Charles H. Sabin, de la Guaranty Trust Company. Avec un chiffre d'affaires d'environ un million de dollars en 1925, la compagnie espérait également s'adjuger pour de bon le soutien de Harvey Firestone. S'il fit chou blanc en cette occasion, Carnahan n'en obtint pas moins un entretien avec le secrétaire d'État Hoover en janvier 1926, au cours duquel il mit en évidence les avantages comparatifs du caoutchouc de guayule et d'hévéa. Carnahan reconnut que les salaires versés dans les Indes orientales ne représentaient qu'un douzième du montant que devraient toucher les ouvriers américains, chiffre compensé par l'équipement mécanique utilisé pour la plantation, la culture et la récolte du guayule.

Le résultat, prévoyait-t-il, serait que le douzième des ouvriers travaillant à saigner les hévéas suffirait pour le guayule. En d'autres termes, il affirmait que les coûts de production aux États-Unis et aux Indes orientales seraient équivalents. Carnahan en appela donc à l'enthousiasme d'Hoover envers le nationalisme économique et la productivité en expliquant que la production de guayule protégeait les intérêts américains et éliminait grâce à la mécanisation le « gaspillage d'énergie humaine » associé à « une immense armée d'individus durement encadrés et misérablement payés ». Pour Carnahan, engager des « coolies » alors que « la production de caoutchouc par des machines contrôlées par des ouvriers compétents et bien payés est en adéquation avec notre génie industriel national » était anti-américain de la part des entreprises de caoutchouc. Touchant là peut-être le point crucial, Carnahan demanda également s'il serait possible pour le Congrès de garantir un brevet de 17 ans pour l'investissement de l'IRC dans les graines de guayule sur le long terme. Avec un décret sur les brevets de plantes en préparation au Congrès, l'option semblait à portée de loi.

Après avoir dépensé plus d'un million de dollars dans des travaux sur le croisement sélectif, la récolte mécanisée et les techniques d'extraction du caoutchouc, l'IRC présenta son projet aux investisseurs américains. Le temps du secret prenait fin. En février, Carnahan annonça que l'IRC était disposée, pour la première fois, à travailler avec des agriculteurs et des propriétaires terriens américains sur le développement d'une culture laticifère sur le territoire. Ce mois-là, la compagnie dépassa le stade expérimental et planta, dans un but commercial, 240 hectares de guayule dans la région de Salinas. Anticipant l'offre de l'IRC de mettre en vente publique des actions de participation en mars, deux maisons de courtage émirent des rapports favorables sur le caoutchouc produit sur le sol américain comme opportunité d'investissement. Comme on aurait pu s'y attendre, les courtiers pronostiquèrent que le guayule cultivé aux États-Unis offrait une solution patriotique au problème du caoutchouc : « en temps de paix, c'est une question d'intérêt national ; en temps de guerre, cela peut prendre des proportions désastreuses ».

Un courtier cita même la prédiction du secrétaire au Commerce Hoover selon laquelle les prix du caoutchouc étaient susceptibles de monter. La véritable crise, suggéra Hoover, pourrait survenir en 1928 ou 1930, et en conséquence « lourdement pénaliser le consommateur américain ». Entre-temps, Carnahan se rapprocha également de puissants financiers comme John Raskob, un cadre de General Motors et de DuPont, afin de prouver que les pneus faits à partir de guayule pourraient être supérieurs à ceux fabriqués à partir des meilleures qualités de caoutchouc d'hévéa.

La campagne de médiatisation de l'IRC se prolongea à l'automne. Trois experts de l'IRC fournirent de la documentation sur le guayule lors de la réunion annuelle de la Société américaine de chimie. McCallum mit en évidence les caractéristiques botaniques de la plante et décrivit ses quatorze années d'efforts « intenses » pour vaincre la résistance de la plante à donner un caoutchouc de meilleure qualité. David H. Spence, chimiste du caoutchouc, aborda la question sous un angle différent en soulignant le succès de l'IRC dans le développement d'un processus de fabrication « pratiquement en continu », permettant de produire un produit uniforme et de grande qualité. Carnahan décrivit le potentiel économique de la plante et prédit audacieusement qu'une superficie de 2 590 km² (soit la surface du Luxembourg), sur laquelle on opérerait une récolte tous les quatre ans en rotation, pourrait garantir une réserve continue de caoutchouc américain.

Si les Américains venaient à trouver « nécessaire ou souhaitable d'adopter un plan Stevenson à eux », ajouta-t-il, cette culture de caoutchouc nationale le permettrait. L'IRC se tenait prête à coopérer avec les agriculteurs (et les investisseurs) désireux de contribuer à l'effort. Six cents chimistes assistèrent à ce débat, ce que Carnahan décrivit comme la « caractéristique remarquable » de toute la réunion. Les principaux journaux et deux des magazines économiques sur le caoutchouc prirent note des nouvelles initiatives de l'IRC, publiant des encarts spéciaux mettant en avant ses avancées. *Rubber Age* consacra quasiment vingt pages au guayule. Son rédacteur en chef suggéra que le gouvernement offre aux investisseurs de l'IRC les bénéfices de la protection douanière, car payer un tel coût pourrait s'avérer un meilleur calcul que «laisser quelqu'un d'autre cultiver le caoutchouc de ce pays à un prix imposé». *India Rubber World* célébra les «efforts courageux d'innovation» et «la recherche soignée et coûteuse en botanique, chimie et questions d'ingénierie» de l'IRC.

La nouvelle campagne présentait le potentiel du guayule comme un substitut pour les cultivateurs de coton en détresse dans le Sud des États-Unis. Avec la Grande Dépression déjà active dans la «Cotton Belt», l'IRC et ses soutiens vantaient le guayule comme une culture à même de briser l'emprise éternelle de la monoculture du coton. Alors que le guayule prend son essor en 1926, un des amis de McCallum le félicite pour la nouvelle aube qui se lève sur les cultures laticifères nationales : «l'attente aura été longue, mais c'est vraiment magnifique de réaliser ses rêves».

Fin des années 1920 : la crise s'estompe

Cependant, l'enthousiasme pour le guayule commençait à retomber partout ailleurs. En janvier 1926, Carnahan avait convaincu Hoover d'essayer d'aider l'IRC à obtenir un accès peu coûteux et privilégié à la réserve militaire de Gigling, en Californie, installations qui permettraient à la compagnie d'étendre ses cultures. Le 28 janvier, Hoover adressa une lettre au secrétaire à la Guerre, Dwight Davis, qui mettait en relief «l'importance militaire extrême» du projet guayule. Les fonctionnaires du département de la Guerre rejetèrent la demande de Hoover au motif que les militaires avaient besoin du terrain pour les exercices d'artillerie, et personne d'autre dans le gouvernement de Coolidge n'aurait avalisé une proposition privilégiant l'industrie du guayule. Les campagnes de Hoover, secrétaire au Commerce, rencontraient des obstacles. Cette année-là, les auditions au Congrès révélèrent que bien des craintes sur le pouvoir des cartels internationaux avaient été exagérées.

Dans leur rapport minoritaire, les démocrates suggéraient que le plan Stevenson pouvait être considéré comme une réponse nationale à la politique tarifaire des républicains. John Foster Dulles, alors éminent avocat de Wall Street, publia un article dans le journal internationaliste *Foreign Affairs* déclarant que les politiques de Hoover étaient hypocrites et que les réglementations étrangères sur les produits de consommation n'«escroquaient» pas plus les Américains que les groupements de producteurs américains n'influençaient le prix que payaient les étrangers. Les efforts de Hoover et de Raskob pour créer un conglomérat américain d'acheteurs et d'importateurs de caoutchouc tombèrent particulièrement à plat. Des membres du Congrès comme Fiorello La Guardia, de New York, affirmaient que le projet puait l'hypocrisie et que les plus grandes corporations américaines recevraient la quasi-intégralité des bénéfices alors que les consommateurs devraient faire face à des prix du caoutchouc encore plus élevés. D'ailleurs, une audition au Congrès révéla que les six plus grandes compagnies de caoutchouc aux États-Unis avaient réalisé un chiffre d'affaires net de presque 192 millions de dollars pendant les cinq premières années de contrôle des prix du plan Stevenson.

De façon encore plus significative, les stratèges militaires ignoraient désormais les cultures laticifères nationales. Les études menées en 1924 et 1926 établirent que les Américains disposaient d'un stock de caoutchouc suffisant pour tenir dix-huit mois sans difficulté. Au milieu des années 1920, les responsables militaires encouragèrent l'espoir « associationnaliste » selon lequel l'industrie privée, emmenée par la RAA, serait capable d'instituer des mesures de conservation nécessaires au pays pour répondre à toute urgence liée au caoutchouc. En décembre 1926, au beau milieu du blitz médiatique de l'IRC, un cadre du département de la Guerre conclut, pour clore le sujet, qu'il était « sans doute inutile de prendre le guayule trop au sérieux dans les circonstances actuelles ». Dans la même veine, le rapport d'avancées du secrétaire de l'USDA, William M. Jardine, remis à Hoover sous-estimait la recherche sur les cultures laticifères nationales tout en entretenant l'espoir de développer des réserves de caoutchouc d'hévéa en Haïti ou dans la zone du canal de Panama, dans des territoires sous protection militaire américaine.

D'autres responsables mentionnèrent que les tentatives précédentes de l'IRC de cultiver du guayule dans l'Arizona et le Sud de la Californie n'avaient pas été couronnées de succès, et ils se demandaient si toute l'agitation récente pour le guayule était justifiée. Pour contrer le programme de l'IRC, les dirigeants de l'USDA avertirent les agriculteurs que le guayule ne pouvait être lucratif sans une usine de transformation installée à proximité. L'un d'eux suggéra que la politique de l'USDA devrait être de rappeler aux agriculteurs que, si Carnahan insistait tant sur le contrôle de la propriété des graines de guayule, cela signifiait que les agriculteurs ne pourraient s'affranchir de la dépendance de l'IRC. De façon prémonitoire, le même dirigeant mettait en lien la campagne de l'IRC et son intérêt pour les brevets de plantes, ainsi que son souhait de protéger les brevets de fabrication arrivant à échéance.

Les développements du début des années 1920 montrèrent au bout du compte que les États-Unis étaient très loin de l'idéal de « l'indépendance nationale », au moins en ce qui concernait le caoutchouc. Malgré les rumeurs d'isolationnisme, la demande américaine pour le caoutchouc et les autres matières premières stratégiques obligeait le pays à demeurer activement et plus que jamais impliqué dans le négoce planétaire. Contrairement à ceux qui alimentaient la tempête sur les prix du caoutchouc et le plan Stevenson, le *New York Times* écrivit dans son éditorial que les Américains devraient accepter les prix élevés du caoutchouc comme le résultat naturel des conditions du marché et une juste récompense pour les « hommes d'État et bâtisseurs d'empire éclairés de Grande-Bretagne »[4]. L'ex-secrétaire au Commerce William Redfield rejoignit le mouvement en 1926 avec un texte intitulé *Dependent America (Amérique dépendante)*.

Il mettait en garde les Américains de ne pas suivre le «culte» et le «faux dieu» de l'isolationnisme. Prenant en compte les «insuffisances [...] aussi remarquables que nos ressources», Redfield remettait en cause les sages espérances que les cultures sur le sol américain pouvaient régler tous les problèmes, et il rejeta explicitement la campagne «sentimentale» quoique potentiellement «dangereuse» de développement des sources de caoutchouc sous contrôle américain. Au contraire, il était convaincu que les Américains feraient mieux d'admettre leur dépendance à un ensemble fragile de réserves venant de territoires lointains sous la menace constante de troubles politiques. Cas après cas, Redfield démontra que les matériaux se trouvant dans les biens de consommation du quotidien tels que téléphones, radios, automobiles, peintures, stylos et bien d'autres étaient à base de plantes et de minéraux. En bref, il avançait que les consommateurs américains devraient reconnaître et accepter leur dépendance vis-à-vis des hommes, des femmes et des enfants du monde entier qui récoltaient et extrayaient les ressources stratégiques pour l'Amérique.

En 1927, les préoccupations nationalistes concernant les prix du caoutchouc, l'agression japonaise et la préparation militaire commençaient à s'étioler et le plan Stevenson battait de l'aile. Alors que les producteurs néerlandais et d'ailleurs agrandissaient leurs plantations en ignorant les prix fixés par les intérêts britanniques du caoutchouc, les prix du caoutchouc brut chutaient sans discontinuer depuis leur pic de juillet 1925. De plus, les manufacturiers américains du caoutchouc ne cessaient d'étendre l'utilisation des déchets de caoutchouc. Résultat, la part de consommation de caoutchouc brut à l'échelon national avait chuté de 73 % en 1922 à 64 % en 1927. En 1928, alors que le caoutchouc brut se vendait à 0,28 dollar la livre, le gouvernement britannique mit officiellement fin aux politiques de restriction des prix du plan Stevenson. En plein recul de la crise du caoutchouc, le besoin urgent de développer une culture laticifère américaine aurait pu disparaître à tout jamais si l'inventeur américain Thomas Edison n'avait annoncé en février 1927 qu'il cherchait lui aussi une solution à la prochaine crise du caoutchouc. Avec l'appui de ses amis Ford et Firestone, la campagne d'Edison allait imprégner le prochain chapitre du combat américain en faveur d'une culture laticifère nationale.

Chapitre 3

Thomas Edison et les défis des nouvelles cultures laticifères

En février et mars 1927, Thomas Edison laissa entendre à la presse qu'il avait lui aussi rejoint la recherche en faveur des cultures laticifères américaines. Presque tous les rapports successifs retraçant son projet indiquaient qu'il n'avait « aucun doute » sur le fait de parvenir à une solution satisfaisante et viable. Pour sa part, il affirma : « je ferai en sorte d'y parvenir, même si je dois travailler vingt-quatre heures par jour pour en voir le bout ». Ces premiers rapports suggéraient que le succès d'Edison reposait sur le cryptostegia, cette plante grimpante invasive importée qui prospérait dans le Sud de la Floride. Bien qu'elle ne fût pas longtemps sa favorite, elle semblait produire un latex de bonne qualité, être adaptée à une récolte mécanisée et capable de résister à un léger gel.

En réalité, Edison avait à peine commencé ses études sur les cultures laticifères. À l'instar de la fin des années 1870, au début de ses recherches sur un dispositif d'éclairage électrique, ses déclarations précédèrent de beaucoup la solution au problème. Pour autant, l'engagement d'Edison signifiait que la recherche sur les cultures laticifères aux États-Unis resterait sous les feux de la rampe jusqu'au début des années 1930, alors même que les prix du caoutchouc avaient chuté et que la Grande-Bretagne avait levé les restrictions tarifaires du plan Stevenson. À partir du moment où Thomas Edison, l'inventeur, chimiste et expert emblématique de la nation, clamait son importance, la recherche sur une culture laticifère nationale demeurait une question cruciale pour le pays.

Convaincu que les végétaux stratégiques tels que le caoutchouc étaient au cœur de la vulnérabilité militaire américaine – et désireux d'achever un dernier projet avant de mourir –, Edison se jeta de toute son âme dans cette entreprise, allant jusqu'à faire mentir ses 80 ans. Avec le soutien financier d'Henry Ford et d'Harvey Firestone, il orchestra une campagne médiatique qui généra un enthousiasme national pour ses recherches à Fort Myers. Il fit pression sur les responsables politiques de Washington afin d'obtenir régulièrement des informations, des graines et des spécimens. Il dévora des ouvrages de botanique, de physiologie et d'agronomie pour mieux comprendre le sujet. Il mit en place un réseau complexe de collectionneurs de plantes qui rapportèrent des graines et des spécimens de quelque 17 000 espèces de plantes. Il transforma le paysage de sa résidence d'hiver de Floride, d'abord en plantant des centaines d'arbres exotiques, de plantes grimpantes et d'arbustes tropicaux produisant naturellement du caoutchouc, puis ensuite en cultivant des centaines de petites parcelles expérimentales de plantes indigènes qu'il soumit à des méthodes modernes de recherche agronomique, auxquelles il associa ses propres méthodes fondées sur l'empirisme, quelque peu hasardeuses, utilisées à maintes reprises au cours de ses autres projets.

Le travail d'Edison sur l'implantation locale de cultures laticifères avait sa propre importance. Son approche de la question différait de celles de l'IRC, d'Harvey Monroe Hall, d'Herbert Hoover et autres passionnés de ces plantes. Dès le début, les recherches d'Edison se concentrèrent sur une seule et unique question : découvrir une culture laticifère acclimatable sur le territoire national, pouvant subvenir aux besoins du pays en cas d'urgence militaire. Revendiquant toute absence d'intérêt ou de profit, Edison avait comme seul objectif déclaré la préparation à la guerre. La découverte d'une culture produisant du caoutchouc l'année précédant une urgence de guerre l'obsédait. Pour lui, le prix à payer n'était pas un sujet de préoccupation majeur. En effet, alors que les Américains s'étaient offusqués des prix du caoutchouc à un dollar la livre en raison des restrictions du plan Stevenson, Edison fixa un prix plafond de deux dollars la livre. Et au regard des coûts du travail aux États-Unis, ce prix ne pouvait être atteint qu'avec une culture à croissance rapide, qui puisse être semée et récoltée mécaniquement.

L'intérêt d'Edison pour le caoutchouc

La plupart des biographes d'Edison affirment que l'intérêt de l'inventeur pour le caoutchouc trouve certainement sa source dans ses visites à l'horticulteur Luther Burbank en 1915 à Santa Rosa, en Californie. Edison ayant effectivement rencontré Burbank trois fois cette année-là, dont une fois en présence de Ford et Firestone, le caoutchouc semble bel et bien avoir été un sujet de conversation récurrent. Les anecdotes précédentes rapportent que le groupe d'amis reconnaissait que la guerre amènerait de l'incertitude sur les marchés globaux du caoutchouc. Burbank avait apparemment convaincu Edison que de nouvelles sources naturelles de caoutchouc pouvaient encore être mises au jour. Conscient des pénuries de produits chimiques qui avaient entravé l'industrie américaine pendant la première guerre mondiale, il avait entrepris des démarches considérables pour développer sa propre réserve de secours. Cela étant, peu de preuves établissant des liens entre les réunions de Burbank et les projets tardifs d'Edison sur le caoutchouc subsistent. Les détails de cette histoire ne sont pas avérés.

Quoi qu'il en soit, l'histoire de l'étude des cultures laticifères d'Edison mérite d'être replacée dans un contexte plus large. En tant qu'industrialiste, Edison était bien conscient des réserves sporadiques et de la qualité irrégulière de cette denrée de valeur. Bien qu'ayant abandonné le caoutchouc comme isolant de fil électrique en raison de son coût élevé et sa détérioration trop rapide, il utilisait de grandes quantités de caoutchouc pour son phonographe, ses travaux sur les batteries rechargeables et bien d'autres applications. Et du fait d'avoir été nommé au Naval Consulting Board (Comité naval consultatif), Edison contribua à coordonner la recherche scientifique et technologique pour préparer l'entrée éventuelle du pays dans la première guerre mondiale.

Edison était conscient de l'impact que représentait la mise en place d'une production nationale de caoutchouc. En 1917, au cours d'une entrevue, l'inventeur avait affirmé qu'il ne faisait «aucun doute» que de nombreuses plantes à caoutchouc puissent être cultivées aux États-Unis. La seule question était le coût du travail. Il recommanda quelques variétés de laiteron (*Asclepias syriaca*) et mit en avant le guayule pour le «volume remarquable de caoutchouc qu'il produit». Il entreprit d'ailleurs d'en cultiver dans ses serres du New Jersey pendant la guerre. En 1919, il demanda à Harvey Firestone Jr, alors étudiant à l'université de Princeton, d'envoyer aux laboratoires Edison de West Orange des échantillons de tous les produits en caoutchouc que la compagnie de pneus utilisait. Il approcha également le président de l'IRC, George Carnahan, pour obtenir des échantillons de résine de caoutchouc de guayule. À la suite de ces différentes études, Harvey Firestone Sr déclara, au retour d'une randonnée effectuée en 1919 avec Edison et Henry Ford, qu'il était «ébahi» par la connaissance d'Edison sur le caoutchouc et ses propriétés.

L'intérêt d'Edison pour le caoutchouc s'intensifia alors même que le plan Stevenson prenait effet à la fin de l'année 1922. À ce moment-là, la batterie rechargeable d'Edison était apparue comme sa plus grande réussite professionnelle et industrielle. Le caoutchouc dur, un produit non élastique plus apparenté au plastique qu'au caoutchouc conventionnel, était un élément constitutif important de la batterie : des attaches en caoutchouc dur étaient utilisées pour isoler l'unité et une assise en caoutchouc dur maintenait les plaques électrifiées. Le type de caoutchouc «Pontianak» ou «Jelutong comprimé», matière première du caoutchouc dur d'Edison, avait vu son prix rapidement quadrupler, malgré sa qualité médiocre. Une polémique avec son fournisseur, la Joseph Stokes Rubber Company de Trenton, ne fit qu'aiguiser l'intérêt d'Edison de trouver une nouvelle source de caoutchouc à utiliser dans ses batteries. En décembre 1923, le fils de l'inventeur, Charles, alors responsable des opérations quotidiennes chez Thomas A. Edison Inc., officialisa un programme de fabrication de son propre caoutchouc. La compagnie construisit une nouvelle usine à Bloomfield, dans le New Jersey, et la production démarra au printemps 1925. Pour faire court, l'épisode fournit une explication supplémentaire de la volonté d'Edison de faire du caoutchouc son dernier projet.

Premières expérimentations d'Edison à Fort Myers

Comme le retrace le précédent chapitre, Edison, Ford et Firestone avaient commencé à collaborer dans leurs recherches sur les cultures laticifères peu après que le plan Stevenson eut pris effet. Edison testa le laiteron et le guayule à West Orange début 1923, Firestone planta des arbres et des arbustes à caoutchouc dans sa résidence hivernale de Miami, Ford finança des expérimentations de grande portée avec le cryptostegia dans le comté d'Hendry, et tous trois collaborèrent avec Alfred Keys et son nouveau site d'acclimatation de plantes à Chapman Field, près de Miami. Inévitablement ou presque, ces efforts s'éparpillaient. Appuyés par d'énormes corporations tributaires de résultats immédiats, Firestone et Ford réalisèrent alors que le caoutchouc issu du territoire national ne comblerait pas les besoins imminents et ils commencèrent à regarder en direction de la Floride pour y remédier. La société de Firestone organisa des expéditions pour étudier les perspectives du caoutchouc d'hévéa aux Philippines et au Mexique avant de se fixer sur le Liberia. Les départements du Commerce et d'État, ainsi que le président Coolidge, assurèrent un soutien tacite suffisant pour que les tentatives de Firestone réussissent dans ce pays.

Au bout du compte, le gouvernement du Liberia offrit à Firestone un bail sur des terrains d'une superficie de plus de 400 000 hectares pour 99 ans, où les plantations étaient réparties en parcelles d'un peu plus de 8 000 hectares. Le gouvernement libérien s'engagea à ne pas instaurer de droits d'exportation supérieurs à 1 % du prix du caoutchouc en vigueur à New York, tout en promettant de ne pas imposer de droits d'importation sur le matériel agricole, les produits chimiques et les semences et plants. Pour toutes ces raisons pratiques, la Firestone Tire and Rubber Company contrôla l'économie libérienne depuis le milieu des années 1920 jusqu'au milieu des années 1950.

Dans le même registre, Ford négocia avec le gouvernement du Brésil une nouvelle tentative de repositionner l'hévéa comme denrée du Nouveau monde. Il obtint un territoire de plus de 10 000 km², le long du fleuve Tapajós, où il implanta un vaste complexe agro-industriel dénommé Fordlandia, destiné à rapatrier la production de caoutchouc de plantation aux Amériques. En 1934, environ 1,5 million d'arbres à caoutchouc avaient été plantés. Or, en moins d'un an, l'érosion, la pénurie de main-d'œuvre, la maladie et surtout le champignon de la rouille de l'hévéa (maladie sud-américaine des feuilles liée au champignon *Microcyclus ulei*) obligèrent Fordlandia à suspendre ses opérations. Loin d'être refroidi par ces difficultés, Ford démarra une nouvelle plantation appelée Belterra, 130 kilomètres en aval, installation encore plus vaste qui comptait pas moins de 5 millions de jeunes plants en terre. Les résultats s'y révélèrent hélas identiques. Jusqu'à ce que la maladie des feuilles soit endiguée et tant que les planteurs de caoutchouc purent mystifier des milliers d'ouvriers pour les forcer à avancer dans la jungle inhabitée, le Brésil ne fut jamais vraiment, semble-t-il, en mesure d'offrir une alternative sérieuse au caoutchouc asiatique. Les deux projets se soldèrent par un gouffre financier pour Ford, lui coûtant quelque 20 millions de dollars, sans aucun retour commercial avéré.

Pendant ce temps, Edison continuait de privilégier la Floride dans sa quête d'une culture laticifère pour subvenir aux besoins du pays en cas d'urgence de guerre. Il y mit les pieds pour la première fois en 1879. Six ans après, il se rendit à Fort Myers, ville alors peuplée d'une cinquantaine de propriétaires et d'un nombre largement supérieur de cow-boys chargés de mener le bétail aux bateaux amarrés sur la Caloosahatchee River. Edison s'y fit construire une maison en 1886, et lui donna même son slogan au final : «Fort Myers est unique et vous serez 90 millions à le découvrir». En 1916, son ami Henry Ford y fit aussi bâtir une résidence d'hiver, à moins d'une centaine de mètres de celle d'Edison. À l'apogée de ses recherches sur le caoutchouc, le domaine d'Edison comprenait une ferme, un laboratoire de chimie tout équipé, une maisonnette à claire-voie (une petite pépinière abritée par des planches espacées dans le toit, laissant passer soleil et ombre pour humidifier les plants) et quelques hectares réservés aux expérimentations agricoles.

L'été 1926 vit Edison intensifier ses recherches sur les plantes laticifères. Dès le printemps et dans les mois qui suivirent, ses collaborateurs reçurent et plantèrent de nombreuses espèces laticifères comme l'hévéa, *Funtumia elastica* et bien d'autres. *Cryptostegia madagascariensis* fut également étudié de près, jusqu'à lui réserver un «coin du domaine transformé en plantation». La protection de ces graines en provenance de Madagascar ne fut pas une mince affaire et ne fit que confirmer l'engagement d'Edison dans le projet. Dans cette perspective, Edison s'assura dès le début du mois d'avril 1926 de l'aide d'Ernest Liebold, le bras droit de Ford, de P. W. Grandjeau, secrétaire de la compagnie Ford au Canada, et d'Edwin Mayer, l'agent de Ford à Tananarive (Antananarivo). Grandjeau déclara qu'il avait fait pression sur ses contacts à Madagascar et les avait «alertés sur l'urgence et l'importance de la question». Mais récupérer des semences de plantes originaires de la pointe extrême de l'île s'avéra difficile. Mayer adressait ses réponses par télégrammes codés, où il exposait ses difficultés à trouver des graines matures et à obtenir la coopération des fonctionnaires coloniaux et des sociétés de transport. Les indispensables graines finirent par arriver en Floride en avril ou mai 1927.

Les objectifs d'Edison

Edison ne cessait de souligner qu'il n'avait aucun intérêt commercial, son but étant de trouver une culture pouvant produire rapidement du caoutchouc. Pour cette raison, et au grand dam des adeptes du guayule, il déclarait souvent à la presse populaire que cet objectif de devenir une réserve d'urgence en cas de guerre était irréalisable car, depuis la plantation jusqu'à la récolte, quatre à cinq années étaient nécessaires. Alors qu'il progressait dans ses travaux de sélection, Edison choisit des plantes répondant à des critères encore plus affinés. Bien qu'il continuât d'expérimenter l'extraction sous vide pour les arbres à caoutchouc et les croisements de vignes à caoutchouc pour les transformer en arbustes, il était arrivé à la conclusion que la culture idéale était une herbe ou une plante pérenne pouvant être semée et récoltée comme une céréale. Privilégiant les plantes contenant du latex dans les feuilles plutôt que dans les tiges ou les racines, car leur récolte et leur traitement s'en trouvaient facilités, il sélectionnait les plantes aux feuilles nombreuses et larges. Il était aussi à la recherche d'une plante pouvant tolérer un léger gel car il avait bon espoir d'étendre la production au-delà de la Floride méridionale. Les carnets de note d'Edison du début de l'année 1929 confirment sans ambages ses conclusions : «La seule et unique possibilité de caoutchouc de guerre réside dans les plantes herbacées à haute teneur en latex, produit et extrait au moyen de solvants et donnant entre 80 et 100 livres de caoutchouc par tonne sèche de feuilles. Récolté comme le blé, mis en balles et expédié aux usines de chaque région. Le caoutchouc est d'une telle qualité qu'il permet de fabriquer des chambres à air de qualité honorable».

Edison avait en permanence à l'esprit l'impact financier que produiraient ses expérimentations étendues à la production à grande échelle. Pour cela, il calculait automatiquement le rendement potentiel en termes de pourcentage de caoutchouc et en termes de volume potentiel de production de caoutchouc à l'hectare. Il établissait des estimations pour le coût total d'une usine de caoutchouc opérationnelle qui utiliserait une surface de culture hypothétique de 4 000 hectares semée de solidage *(Solidago leavenworthii)*, qui avait fini par s'imposer comme sa plante favorite. Se fondant sur des jeunes pousses et non plus sur des graines, il émit l'hypothèse que cette surface pouvait produire 3 330 tonnes de feuilles. Comme la culture devait être récoltée en moins de 24 jours, et qu'une équipe de deux personnes pouvait récolter 12 hectares par jour, il détermina que 28 hommes étaient nécessaires à la récolte, chacun étant rémunéré cinq dollars la journée. De la main-d'œuvre serait nécessaire pour suspendre, effeuiller, ensacher et porter le produit de la récolte. Une tonne de feuilles sèches produirait 90 livres (40 kilos) de caoutchouc, et la récolte de la surface de référence produirait 111 tonnes de caoutchouc.

Dans d'autres calculs, Edison évaluait les coûts de production. En partant du fait qu'une usine pouvait traiter 12 tonnes de plants à 5 % de caoutchouc pour produire 544 kilos par jour, il estimait que l'installation nécessiterait 24 employés gagnant six dollars par journée de dix heures. Les données supplémentaires comprenaient les frais de location du terrain, du transport et des solvants chimiques. Pour tout le reste, il calculait les coûts, la disponibilité et le rendement des solvants. Rappelant que l'acétone serait plus difficile à obtenir en période de guerre, Edison développa des méthodes utilisant du benzol et du tétrachlorure de carbone permettant une récupération efficace des solvants. Ces calculs conduisirent Edison à conclure qu'il pourrait difficilement produire du caoutchouc sur le territoire à moins d'un dollar le kilo, bien plus que les prix les plus élevés imposés au plus fort de la crise par le plan Stevenson. Tout compte fait, ces données indiquent que les cultures laticifères qu'il préconisait ne pouvaient être envisagées qu'en cas d'urgence, mais pas comme produit commercial.

Au final, ce projet mit aussi en lumière l'intérêt de l'inventeur pour les questions agricoles et les conséquences sociales des cultures laticifères sur le territoire américain. Edison déclara que, à l'instigation de Ford, il avait espéré «créer» un cadre contribuant au travail extraordinaire des agriculteurs américains. Comme d'autres, intéressés par la réforme de l'agriculture dans le Sud, il homologua un plan qui impliquait des crédits pour les cultures stockées dans les entrepôts gouvernementaux et intima aux agriculteurs de trouver de nouvelles alternatives au coton. «Notre objectif, avança-t-il, est d'utiliser quelques-unes des terres à coton situées les plus au sud pour fournir du caoutchouc afin d'éviter la surproduction de coton et de donner deux possibilités de culture à l'agriculteur». Les cultures laticifères annuelles, selon lui, offraient de bien meilleures opportunités au fermier du Sud en quête de fonds pour démarrer son activité que les arbres à caoutchouc de type plantation. De plus, il affirma que les centres locaux d'extraction du caoutchouc pourraient se faire sur le modèle traditionnel du coton. Charles, le fils de l'inventeur, fit sensation en ajoutant que drainer les Everglades était techniquement réalisable et que le site pourrait être transformé en une région à caoutchouc à même de concurrencer le bassin de l'Amazone. Au final, la vision d'Edison d'une économie du caoutchouc décentralisée s'opposait nettement aux efforts de l'IRC visant à centraliser et à maintenir le contrôle des graines de guayule et du savoir-faire associé.

Edison et les médias

Ainsi que le laissaient entendre les rapports qu'il avait transmis à la presse, Edison s'adonna de tout son cœur au projet du caoutchouc au printemps 1927. Peu de temps après son quatre-vingtième anniversaire, il se lança dans une débauche d'activités concrétisant sa passion du caoutchouc au cours des quatre dernières années de sa vie. Se souvenant de son travail promotionnel à l'égard de ses propres inventions électriques sur la lumière et sur le phonographe, et dans la droite ligne du personnage, sa première démarche fut une vaste campagne médiatique. Partant de la presse de Fort Myers, l'histoire voyagea à travers l'Associated Press jusqu'aux journaux de tout le pays. «Edison, soutenu par Ford, invente une machine dans le Sud pour révolutionner l'industrie du caoutchouc», titra le *New York Times* en première page dans son édition du 27 février 1927. L'article vantait le tout dernier projet de l'inventeur qui, selon ce dernier, allait «révolutionner le négoce mondial du caoutchouc». La demande d'information supplémentaire força l'Associated Press à diffuser une suite le jour suivant, et des articles similaires sortirent dans de nombreux journaux américains pendant une bonne partie du mois de mars 1927.

Les anecdotes étaient poussées à l'extrême. Elles enjolivaient les promesses d'Edison de machines pouvant effectuer la récolte des plantes laticifères, la confiance qu'il mettait dans le cryptostegia pour prospérer dans le Sud, et la sensation qu'il avait que ces expérimentations pourraient régler le problème des importations de caoutchouc pour les États-Unis. Le *Fort Myers News-Press* déclara dans son éditorial : «Nous pouvons d'ores et déjà nous réjouir du moment où la partie de la Floride au sud de Caloosahatchee répondra à la demande du pays pour le caoutchouc». Des reporters descendirent à Fort Myers en quête d'informations supplémentaires; mais comme avec ses inventions précédentes, la démarche suivante d'Edison fut de restreindre son contact avec la presse et de commencer le véritable travail d'innovation.

L'éthique de travail que revendiquait Edison dans sa quête du caoutchouc fascinait les journalistes. «Edison passe une partie de ses nuits dans son laboratoire», rapportait le *Times*. Une autre version présentait les journées d'Edison sous un aspect plus réaliste. Selon sa femme, Mina, l'inventeur se réveillait à 6 heures et s'empressait de traverser la route pour aller inspecter ses plantations. Il passait en général le milieu de la journée dans le laboratoire, tout en s'accordant régulièrement de brèves expéditions sur le terrain à la recherche d'autres spécimens, et ce jusqu'à 7 heures du soir. Il consacrait ses soirées à se documenter sur le caoutchouc et à mettre à jour sa correspondance. Il devint rapidement évident que l'obsession d'Edison pour les plantes à caoutchouc indiquait qu'il était prêt à abandonner le reste de son empire industriel. En 1927, son fils Charles adressait à son célèbre géniteur la note suivante : «Père, département des études sur le caoutchouc, Laboratoires Edison. J'en arrive à la conclusion que vous êtes décidé à vous consacrer au caoutchouc et à ne pas vous formaliser des détails de l'entreprise». Un peu plus tard cette même année, Charles prit les rênes de Thomas A. Edison Inc.

Ce printemps-là, Edison consacra son temps à plusieurs sujets d'importance dans sa propriété de Fort Myers. Il y continua ses expérimentations sur le caoutchouc des plantes tropicales et parcourut la Floride en quête d'autres cultures laticifères. Muni de quantité de ce qu'il prétendait être des boules de caoutchouc produites naturellement, il demandait au cours de ses déplacements dans le centre de l'État à de parfaits inconnus : «Y a-t-il des arbres à caoutchouc dans les environs ?». Il rendit aussi visite au botaniste Henry Nehrling, établi dans ce même État, à Naples, qui lui donna accès à ses ouvrages, ses photographies et ses manuscrits dans le cadre d'un cours intensif de botanique sur les plantes productrices de caoutchouc. À son retour du New Jersey en mai 1927, l'enthousiasme d'Edison pour le caoutchouc ne tarissait pas. Quelques jours après son arrivée, il adressa un télégramme sibyllin à son ami : «Cher Firestone, il serait intéressant que vous veniez me voir pour discuter de caoutchouc lors de votre prochain passage à New York. J'ai de quoi faire».

Entre-temps, Edison continuait de se documenter sur le caoutchouc, prenait sa propre voiture pour partir en quête de nouveaux spécimens dans le New Jersey et, grâce à son réseau croissant de contacts au sein de la communauté botanique, se fit remettre des spécimens supplémentaires *via* pépiniéristes, collectionneurs de plantes et autres responsables gouvernementaux. Ses liens de plus en plus étroits avec les collègues du New York Botanic Garden (NYBG) dans le Bronx servirent de pierre angulaire à ses initiatives de 1927. Cette collaboration s'avéra essentielle pour l'inventeur octogénaire : alors qu'il entamait ses premiers travaux majeurs en botanique scientifique, le NYBG répondit en dispensant ses enseignements en matière de nomenclature, collections, étiquetage, assemblage et préparation des spécimens botaniques. Edison obtint notamment l'aide de John K. Small, conservateur en chef du NYBG et expert de la flore floridienne, qui rajouta la recherche de plantes laticifères à son programme d'expéditions sur le terrain.

La bibliothèque du NYBG fut aussi d'une grande utilité à Edison et ses associés. Les carnets de notes de ce dernier, écrits à partir de ses séjours en bibliothèque, donnent un aperçu de la méthode de recherche de l'inventeur : notes complètes, méthodiques et totalement axées sur l'objectif de trouver une culture qui puisse constituer un stock de caoutchouc d'urgence. En commençant par des travaux publiés au début du siècle, Edison passa au peigne fin les ouvrages sur la botanique du caoutchouc des Kew Gardens en Angleterre, du Ceylon Agricultural Institute, de l'USDA et d'autres sources. Avec l'aide de son assistant Barukh Jonas, qui se targuait de maîtriser sept langues, Edison eut rapidement des notes sur la plupart des documents publiés traitant de chimie et de technologie du caoutchouc, ainsi que de la recherche sur les enzymes, les protéines et autres constituants du protoplasme végétal pouvant affecter les rendements en caoutchouc. Déterminé à apporter une contribution à la chimie comme à la botanique du caoutchouc, Edison passa l'essentiel des deux années suivantes à chercher des combinaisons efficaces et fiables de solvants pour extraire le caoutchouc de ses nouvelles cultures laticifères.

À la fin d'un bref été consacré à la recherche, Edison en arriva à une conclusion particulièrement abrupte : «Mon impression générale est que la quasi-totalité des expériences sur les solvants de caoutchouc et de latex n'ont mené à rien et que chaque théorie est contestée : les chimistes qui y ont travaillé n'avaient ni l'expérience ni les compétences pour accomplir ce travail».

Les visites d'Edison au NYBG furent aussi pour lui l'occasion de placer le caoutchouc au centre des relations publiques. Les médias suivaient les visites répétées d'Edison au NYBG, permettant à l'inventeur de consolider son image de chercheur «enthousiaste... aventureux... [et] passionné» détaché des intérêts financiers du projet. Bien que refusant ouvertement de parler à la presse du projet sur le caoutchouc, Edison lâchait pourtant régulièrement des informations *via* son secrétaire William Meadowcroft selon lesquelles il avait déjà identifié un nombre considérable de plantes connues pour leur teneur en caoutchouc.

Edison mit en place un réseau impressionnant d'amateurs et de professionnels, de collègues, d'admirateurs et d'employés pour ses recherches sur les plantes potentiellement laticifères. À l'instar de ses travaux de recherche sur l'existence de filaments dans la lumière incandescente, il sollicita l'aide du plus grand nombre pour soutenir son approche plutôt empirique de la question. Edison écrivit ainsi à plusieurs compagnies ferroviaires américaines pour demander à leurs agents de garder un œil sur les éventuelles plantes productrices de caoutchouc dans les régions arides de l'Ouest américain. L'Union Pacific Railway donna son accord et, dès le mois d'août 1927, ses employés, du Nebraska à la Californie, avaient commencé à envoyer des échantillons au siège d'Edison. Icône de l'Amérique, Edison pouvait aussi compter sur le soutien et l'admiration de ses compatriotes. Par centaines, les Américains lui adressèrent des lettres dont la plupart contenaient des échantillons végétaux semblant provenir du laiteron, du poinsettia, de l'oranger des Osages, du sumac, de la laitue sauvage et de douzaines d'autres plantes américaines communes. L'équipe d'Edison répondait avec courtoisie à quasiment toutes les lettres, en précisant avec tact que, dans presque tous les cas, Edison avait déjà pris en compte la plante proposée.

Une partie de cette correspondance suscita toutefois l'intérêt d'Edison, et il demanda à en savoir plus sur le travail d'A. W. Morrill, un conseiller agricole qui déclarait avoir mis en place une exploitation importante de cryptostegia dans l'Ouest du Mexique. Il serait « possible pour une entreprise de caoutchouc de s'engager sur une superficie quasiment illimitée » dans l'Ouest du Mexique, à en croire Morrill. De la même façon, William Meadowcroft, l'assistant d'Edison, donna suite à une lettre d'E. L. Dunbar, qui se targuait d'avoir obtenu avant la première guerre mondiale un succès commercial avec le pinguay *(Hymenoxys richardsonii)*, aussi appelé « caoutchouc du Colorado », plante laticifère poussant sur les plateaux arides de l'Ouest du Colorado et dans le Nord du Nouveau-Mexique. Un autre épisode vit la rencontre de l'inventeur et de W. Sam Clark, de la Clark Fig Company, au sortir d'un déjeuner avec Charles Edison à Los Angeles, épisode qui mena à la proposition de Clark de développer les figuiers *(Ficus)* pouvant produire du caoutchouc et des figues d'un grand intérêt commercial. Clark insista sur le fait que le potentiel était considérable, car les rendements entre 6 et 8 tonnes de matière première par hectare pourraient éventuellement « nuire aux intérêts des grands propriétaires en Amérique du Sud, mais [représenteraient] un formidable intérêt pour ceux qui achètent le caoutchouc et fabriquent des produits avec ». Tout en demeurant sceptique, Edison consentit à tenter l'aventure avec la variété des figuiers de Clark sur sa propriété de Fort Myers. Il est toutefois intéressant de remarquer que, dans ces cas et d'autres similaires, Edison rejeta les offres proposées pour continuer la recherche sur les cultures laticifères dans le cadre d'un programme lucratif et se focalisa plutôt sur son objectif affirmé de développer une culture laticifère afin de répondre à une urgence de guerre.

Le réseau de recherches sur le caoutchouc d'Edison en 1927

De manière plus formelle, Edison engagea une équipe de quatorze hommes de terrain et botanistes dans le but de dénicher des plantes contenant du caoutchouc. Chacun d'eux fut affecté à un territoire spécifique, avec une voiture Ford, un équipement de camping et un salaire de 100 dollars par mois (1 100 dollars actuels) pour parcourir les États-Unis en quête de plantes productrices de latex. Si Edison escomptait également recueillir plantes et graines du Mexique, il n'envisageait pas, en raison des tensions politiques récurrentes cet été-là, « oser envoyer quelqu'un là-bas ». Chaque homme sur le terrain avait en main les listes des familles de plantes à chercher. Là encore, il appliqua une approche très personnelle et inductive à la question. « Nos ramasseurs coupent toutes les plantes qu'ils voient» écrivit alors Edison, n'ayant aucun intérêt à ce que ses hommes de terrain identifient par leurs noms botaniques officiels les spécimens. Ces hommes devaient sortir des sentiers battus, et Edison attendait d'eux qu'ils s'enfoncent au plus profond du territoire et fassent preuve de persévérance et de minutie dans leur processus de sélection. Il leur demandait également d'éviter de faire étape dans les grandes villes car les coûts de logement y étaient plus élevés, et plutôt que perdre du temps à en arpenter les rues, mieux valait être sur le terrain. Afin de faciliter le travail aux ramasseurs, il demanda aux compagnies ferroviaires leur transfert gratuit entre les gares, en justifiant que leur travail était «totalement consacré au bien du pays en général». La rapidité primait. Conscient de la lenteur inhérente à la recherche agricole, il affirma : «Pour moi, il est crucial de ne pas perdre une seule année».

Au-delà du cryptostegia, ses sujets de prédilection du moment touchaient à la famille des euphorbiacées (comprenant l'euphorbe commune) ainsi qu'à quelques espèces d'asclépiadacées (comprenant le laiteron) et d'apocynacées (comprenant l'apocyn). Les assistants d'Edison donnèrent instruction aux hommes de terrain de soigneusement noter la date et l'emplacement exact de leur récolte et d'indiquer le type de sol, de racine, et la taille de la plante. Ils devaient ensuite scrupuleusement étiqueter, séparer, emballer et expédier les plantes et les graines par convoi express vers trois destinations distinctes : West Orange, Fort Myers et l'une des principales pépinières commerciales. Cet été-là, Edison inspecta l'ensemble des spécimens de plantes livrés quotidiennement à West Orange. De là, il envoyait un grand nombre de spécimens à transplanter sur son domaine de Glenmont dans le New Jersey et le reste au NYBG pour une identification officielle.

En septembre, alors que la saison des explorations et de la récolte de graines en climat tempéré s'achevait, Edison organisa d'autres explorations botaniques au Texas, à Porto Rico et à Cuba. Scientifiques et autres collaborateurs contribuèrent aux recherches en Italie, en Ouganda, en Nouvelle-Guinée, au Maroc et partout ailleurs. Les intérêts d'Edison s'affinèrent et ses instructions et critères se précisèrent. Au moment où les tensions politiques se résorbaient au Mexique, Edison recruta J. N. Rose, conservateur adjoint de la division des plantes à la Smithsonian Institution[1], pour quadriller le Texas et s'aventurer dans le Nord du Mexique. L'approche d'Edison était complexe en soi. Les tentatives de récolte de plantes en Afrique du Sud étaient ralenties par l'éloignement du terrain, par le manque de ramasseurs de plantes compétents et par la difficulté de transporter en toute sécurité les spécimens à destination des États-Unis. Les hommes de terrain œuvrant sur le territoire américain rencontrèrent aussi de nombreux obstacles nuisant à leur efficacité. Ainsi, Myron Shear vit son travail entravé par la difficulté d'obtenir les papiers du véhicule fourni et par l'absence de matériaux d'emballage adaptés à la Virginie profonde. Quant à Howard Barton, il dut utiliser des ânes pour parcourir les versants escarpés du Nouveau-Mexique et fut plus que surpris d'apprendre qu'Edison attendait vraiment de lui qu'il arpente des centaines de kilomètres à l'écart des grandes routes pour récolter des plantes sur une réserve navajo éloignée.

J. N. Rose constata que l'environnement du centre du Texas avait déjà été modifié par la présence humaine, ce qui rendait difficile la découverte de nouvelles espèces, et que le retour de l'instabilité politique au Mexique réduisait les possibilités d'herboriser sur place. En outre, Rose commit l'erreur de se passionner pour le potentiel en caoutchouc que représentaient le poinsettia et le guayule, deux espèces qu'Edison avait déjà écartées définitivement. Au final, Rose admit des « résultats globalement négatifs ». Alors que les recherches d'Edison suscitaient l'intérêt national et international, certains observateurs réalisèrent que celles-ci étaient à même de prendre le pas sur d'autres aspects de la politique gouvernementale et de l'entrepreneuriat privé. Après tout, les planificateurs gouvernementaux avaient consacré d'énormes efforts de recherche pour la production de caoutchouc aux Philippines, en Haïti et dans d'autres territoires et s'étaient également intéressés à Chapman Field et aux autres installations conçues pour tester les plantes à caoutchouc sur le sol américain. À l'exception de Firestone, les industriels du caoutchouc furent peu coopératifs à l'égard d'Edison, allant même jusqu'à publier des déclarations nuisant d'une façon générale au projet.

Pour les décideurs politiques, la conviction affichée d'Edison envers les graines d'euphorbe d'Afrique du Sud accéléra le processus. Le 26 juillet 1927 (soit trois jours avant la création officielle de l'Edison Botanic Research Corporation, EBRC), Edison se rendit à Washington DC pour rencontrer les responsables du département de l'Agriculture, du département du Commerce, de l'Army-Navy Munitions Board (Comité des munitions de l'armée de terre et de la marine), et la Smithsonian Institution. Et si, la veille, il reçut une lettre de la part de Charles Marlatt, à la tête du Comité horticole fédéral de l'USDA, ce fut loin d'être une coïncidence, car elle impliquait qu'Edison ne ferait pas l'objet d'une attention particulière dans le cadre de la politique gouvernementale restrictive de quarantaine des plantes. En fait, Marlatt était connu pour sa grande crainte des « plantes ennemies » étrangères contaminant les cultures américaines, ainsi que pour ses inimitiés personnelles et de longue date avec les prospecteurs qui entrevoyaient l'intérêt de la flore étrangère.

Manifestement, lors de ces réunions, Edison promit, ou fut sans doute amené à promettre, que ses objectifs de recherche n'interféreraient pas avec les questions diplomatiques et commerciales majeures du ressort des responsables gouvernementaux. Le 29 juillet, Everett G. Holt, à la tête de la division caoutchouc du département du Commerce, se félicita à nouveau que le « véritable objectif » d'Edison fût uniquement la recherche sur les plantes à caoutchouc en tant que ressource et urgence en temps de guerre. « Les communiqués de presse qui avaient souligné que, selon toute probabilité, grâce au caoutchouc produit localement, nous mettrions à bas le 'monopole britannique' m'avaient donné, ainsi qu'à d'autres instances ayant un intérêt commercial, une fausse impression », expliqua avec précaution Holt. Toujours est-il que les réunions tenues à Washington se soldèrent par une autre victoire pour Edison. La décision de

Marlatt avait été rejetée, et Edison repartit de la capitale chargé de graines, d'échantillons et de promesses de coopération de la part des agences gouvernementales. Le 29 juillet, Holt émit une note «strictement confidentielle» à l'attention des représentants américains à Johannesburg, détaillant les types de plante qu'Edison convoitait et précisant les procédures qui avaient été autorisées afin que le matériel d'Edison puisse passer les frontières sans encombres «en évitant le retard inhérent aux règlementations sur la quarantaine des plantes». Indubitablement, l'influence politique d'Edison avait contribué à soutenir ses recherches sur les spécimens de plantes étrangers.

L'arrivée massive de spécimens à cataloguer et à tester submergea le personnel d'Edison. Son assistant William Meadowcroft rapporta qu'Edison n'arrivait plus à maintenir à flot les tâches quotidiennes tellement «cette histoire de caoutchouc [semblait] sans limites». En 1931, West Orange reçut des milliers d'échantillons, d'au moins 2 222 espèces différentes. Illustration éloquente du fastidieux travail à accomplir, un tampon comportant les mots «*no rubber*» (pas de caoutchouc) fut fabriqué afin de se simplifier la tâche et pouvoir écarter plus rapidement les variétés improductives.

Les immenses plantations de végétaux ayant un potentiel en caoutchouc à Fort Myers et à West Orange montrent qu'Edison avait scindé son travail en deux axes. Dans le New Jersey, il avait planté essentiellement des herbes et des fleurs sauvages indigènes au potentiel en caoutchouc inconnu, avec comme unique objectif de dénicher des variétés prometteuses à sélectionner pour en augmenter le rendement. Les jardiniers du New Jersey s'occupaient également des cultures nécessitant de la chaleur telles que le guayule, cultivé sous serre. L'équipe basée en Floride, quant à elle, cultivait principalement des plantes à caoutchouc importées, la plupart étant connues pour leur valeur commerciale dans le monde entier. Edison espérait acclimater ces espèces pour déterminer leur viabilité et leur développement sur le sol américain. Il cherchait aussi à greffer des variétés prometteuses sur d'autres de grande taille et au profil de croissance tel qu'elles pourraient être semées et récoltées plus facilement. À ce stade, Edison n'avait pas encore défini quelle approche serait la plus porteuse.

Après le départ d'Edison pour le New Jersey en mai 1927, le responsable du domaine, Frank Stout, supervisa les opérations à Fort Myers. Il s'occupait de gérer l'arrivée régulière de graines et de plants *via* les agents de la Firestone Company, les négociants de Ford à Madagascar et ailleurs, les scientifiques de l'USDA et autres fournisseurs du monde entier. En avril et mai 1927, ses équipes plantèrent 350 spécimens de *Cryptostegia madagascariensis*, 100 de l'arbre à caoutchouc «commun» *(Ficus elastica)*, 150 poinsettias, 25 plants de guayule, 6 de *Manihot glaziovii* et bien d'autres arbres, vignes et arbustes à teneur en caoutchouc. En 1927, le gros des travaux de laboratoire consistait à vérifier en tout premier lieu la teneur en caoutchouc de *Cryptostegia madagascariensis* et *C. grandiflora*. À la fin de l'année, Edison conclut que la première variété produisait un caoutchouc de qualité inappropriée, et que la principale qualité de la seconde variété était sa rapidité de croissance exceptionnelle.

D'une façon globale, les problèmes rencontrés avec les plantes tropicales incitèrent Edison à se tourner vers de nouvelles recherches.

Dans l'intervalle, il planta plus de 500 variétés de plantes sur son domaine de Glenmont dans le New Jersey. Malgré les centaines de plantes qui nécessitèrent l'utilisation du tampon *no rubber,* les résultats d'Edison révélèrent que certaines variétés testées chez lui offraient un potentiel en caoutchouc supérieur à celui enregistré lors de sa recherche de nouvelles plantes dans le monde entier. Dans une lettre, il lista 62 possibilités à partir des expérimentations de Glenmont ; dans une autre, il affirmait qu'environ 20 % des plantes testées à Glenmont produisaient un minimum de caoutchouc. « Tout se présente bien », écrivait-il à l'assistant de Ford, Liebold, « pour résoudre la question d'une large réserve de caoutchouc pour la guerre ». Du New Jersey, Edison continua à superviser avec passion les événements en Floride, envoyant quasi quotidiennement à Frank Stout des lettres contenant des instructions pour les recherches. Il contrôlait également tout aussi activement les activités des quatorze hommes de terrain et les arrivées régulières des plantes récoltées par leurs soins. En plus de cela, il adressa une rafale de lettres à des botanistes, des pépiniéristes et des responsables politiques à propos de son projet. Avec à sa tête un octogénaire dynamique, la recherche américaine pour une culture laticifère nationale avait franchi en intensité un nouveau palier.

Création de l'EBRC

En 1927, à l'évidence, le gouvernement fédéral et ses institutions agronomiques n'allaient pas faire de la recherche sur le caoutchouc une priorité absolue. Aussi, dès juillet de cette même année, les amis d'Edison prirent l'affaire en main : Firestone et Ford s'accordèrent pour créer une nouvelle structure qui s'appellerait Edison Rubber Research Corporation (Société de recherche sur le caoutchouc Edison) ou Edison Rubber Development Corporation (Société de développement du caoutchouc Edison). Firestone fit savoir que n'importe laquelle des deux appellations lui convenait, tant que le nom d'Edison était maintenu. Il proposa également de se joindre à Ford et Edison pour une expédition axée sur la recherche de plantes laticifères. De retour d'une session de recherches au NYBG, Edison déclara néanmoins forfait : « Je regrette de ne pouvoir partir en expédition cette année car je suis trop occupé par la recherche sur le caoutchouc ». À la place, le célèbre trio américain fonda officiellement l'Edison Botanic Research Corporation (EBRC, Société de recherche botanique Edison). Le 22 juillet, Liebold adressa un chèque de 25 000 dollars représentant la contribution de Ford au projet pour 1927.

Le 29 juillet, Firestone écrivit à Edison en précisant les fondements de l'EBRC : Ford et Firestone s'engageaient à contribuer à hauteur de 25 000 dollars annuels, tandis que la contribution d'Edison ne serait pas financière mais interviendrait sous la forme de « services rendus et à rendre régulièrement dans le futur ». De toute évidence, Edison n'était pas au courant de cette dernière clause. Et dans une lettre de 1928, Firestone manifesta son mécontentement en écrivant : « M. Edison insiste pour mettre la même somme d'argent dans l'organisation que M. Ford et moi-même y avons mise ». John V. Miller, le beau-frère d'Edison, supervisait tous les détails de gestion de l'EBRC.

Edison et le guayule

Après l'examen de centaines, voire de milliers de plantes potentiellement laticifères, nombreux furent ceux qui se demandèrent pourquoi Edison ne donna finalement pas son aval au guayule. Il contacta pour la première fois George Carnahan, de l'IRC, en 1918 pour des échantillons de guayule et, en 1917 comme en 1923, Edison manifesta un véritable enthousiasme pour le potentiel de l'arbuste. En retour, Carnahan continua à informer Edison de l'avancée des expériences menées sur le guayule de Californie et fournit à l'inventeur des plants, des échantillons de caoutchouc frais tirés de l'usine mexicaine de l'IRC, ainsi que des conseils sur les questions de l'extraction du caoutchouc. À son tour, Edison envoya à Carnahan des rapports réguliers sur l'évolution des plantations de guayule en Floride et des rapports d'étape sur les autres cultures qu'il privilégiait. L'IRC prévoyait par ailleurs d'exploiter dans son propre intérêt les recherches très médiatisées d'Edison sur les plantes à caoutchouc. Carnahan rendit visite à Edison à Fort Myers en mars 1927, peu de temps après que le projet de ce dernier se retrouve sous les feux de l'actualité, et il fut ravi de voir qu'Edison avait griffonné sur un morceau de papier son approbation : « la seule solution est de pouvoir compter sur des particuliers ou des entreprises pour mener à bien le projet avec une perspective de profitabilité avérée ».

Leurs rapports se dégradèrent pourtant, les deux hommes se démarquant essentiellement sur la question de savoir si des plantes pérennes comme le solidage ou des arbustes comme le guayule seraient le meilleur rempart face à une pénurie de caoutchouc. Durant l'été 1927, Edison commença à se détourner des plantes originaires de l'Ouest et du désert qui avaient dominé ses recherches jusque là. Les tests d'Edison sur l'une des plantes favorites d'Harvey Hall, le laiteron du désert (*Asclepias syriaca*) révélèrent un rendement d'un cinquième seulement du volume évalué par Hall. « Je suis désormais convaincu que les plantes tropicales ne présentent pas d'intérêt », affirma Edison en novembre 1927 à J. N. Rose, son explorateur botanique du Texas. « Nous découvrons nombre de phénomènes étranges ». De façon plus significative, Edison en vint à croire que l'industrie américaine du guayule ne pourrait combler la niche qu'il envisageait. Edison établit que le guayule n'était « pas satisfaisant comme caoutchouc de guerre » en raison de sa haute teneur en résine, des problèmes de vulcanisation et de la difficulté de planter et récolter le nombre de plants suffisant pour répondre à une urgence de guerre. Par-dessus tout, le guayule était désavantagé par la période de quatre ans requise avant de produire.

Plus tôt en septembre, Edison avait accueilli Carnahan et David Spence, de l'IRC, dans son laboratoire de West Orange, où il leur avait expliqué « lentement et posément» sa décision de considérer le guayule inadapté aux objectifs d'une urgence de guerre. Carnahan, quant à lui, était revenu de cette réunion très critique du travail d'Edison. Dans une note à son associé Bernard Baruch, il écrivit que la technique d'Edison «était bien en retard par rapport à celle de notre équipe en Californie, comme l'étaient de façon générale les méthodes d'analyse du caoutchouc qu'il applique aux plantes ramassées dans le monde».

Au cours des évaluations qui suivirent, Edison continua de rejeter catégoriquement le guayule. Dans ses carnets privés de février 1929, il en lista les inconvénients : «difficile à cultiver [...], confiné dans une petite portion des États-Unis [...], longue période de croissance bloquant les revenus et risque élevé [...], incertitude sur la vulcanisation du caoutchouc permettant de donner une chambre à air fiable». En janvier 1930, juste avant de rencontrer le président Hoover et d'autres responsables industriels dans la perspective de confirmer le soutien gouvernemental en faveur du guayule, Carnahan demanda à Edison de lui fournir quelques arguments sur le potentiel de l'arbuste. La réponse d'Edison fut une nouvelle fois négative. Carnahan répondit par une lettre de cinq pages réfutant le scepticisme d'Edison. Carnahan insista en particulier sur le fait qu'il n'était nul besoin d'attendre la guerre pour lancer les premières cultures. Pour environ 30 millions de dollars, soit le coût d'un navire de guerre, le pays était en mesure de planter une réserve de caoutchouc de 60 000 hectares de guayule, un «entrepôt vivant» de plus de 200 000 tonnes de caoutchouc, environ la moitié de la consommation annuelle du pays, prêt à être récolté si nécessaire. Carnahan ajouta que la réserve devrait être «plantée maintenant et conservée comme réserve de guerre ou d'urgence liée aux circonstances politiques d'un domaine où s'épanouit le communisme».

Carnahan remit aussi en cause les aspects économiques du programme d'Edison car le solidage exigeait une superficie de 1,8 million d'hectares et pas moins de 900 millions de dollars pour produire le même volume de caoutchouc qu'avec le guayule. Il fit aussi valoir que les plantations de solidage d'Edison nuiraient aux plantations de coton et de blé, sur des terrains qui prendraient encore plus de valeur en période de guerre. Carnahan accusait en outre Edison de ne pas prendre en compte les difficultés de stockage des semences, de viabilité sur le long terme et d'un calendrier de plantation adapté à une urgence de guerre. Edison répliqua en suggérant que Carnahan n'avait pas tiré les leçons de la première guerre mondiale, notamment que le gouvernement n'était pas disposé à dépenser de grosses sommes d'argent pour préparer des stocks de guerre. «Je pense que nous devrons résoudre ce problème sans leur aide», conclut Edison.

Edison rejeta aussi l'option du guayule car ses expériences avec les chambres à air et les pneus en caoutchouc de guayule à Fort Myers n'avaient pas été concluantes. En octobre 1927, Edison écrivit à Firestone en lui posant cette simple question : en cas de guerre et d'embargo sur le caoutchouc, le guayule permettrait-il aux Américains de fournir des chaussures et des chambres à air qui «tiendraient la distance» ? En moins d'une semaine, Firestone proposa de le vérifier en obtenant du guayule de l'IRC et en produisant quelques chambres

Figure 7. Thomas Edison examinant avec Harvey Firestone une plante à caoutchouc le jour de ses 81 ans, le 11 février 1928. Avec l'aimable autorisation d'Edison and Ford Winter Estates, Fort Myers, Floride, et du département de l'Intérieur des États-Unis, National Park Service, Edison National Historic Site.

à air et pneus expérimentaux pour le modèle utilitaire Ford A d'Edison. Fin novembre, Firestone avait élaboré le premier pneu entièrement fabriqué à partir de caoutchouc produit sur le sol américain. Bien qu'Edison et Firestone aient exprimé leur confiance en ces pneus, un examen approfondi révéla des problèmes. Selon les mots de l'employé W. A. «Bill» Benney, les pneus en guayule «se disloquèrent» au bout de 6 700 kilomètres. Et avant même de quitter le garage de Fort Myers, tout un jeu de chambres à air se retrouva à plat.

D'une façon générale, les pneus en caoutchouc de guayule souffraient des impuretés de poussière et d'écorce qui subsistaient dans le produit final, causant des fuites minuscules et une usure problématique. La question contribua à aiguiser les tensions croissantes entre Edison et Carnahan. Ce dernier s'aventura à suggérer que les techniciens de Firestone «ne faisaient pas réellement d'efforts», ne souhaitaient pas que les essais soient probants, et faisaient peu de cas du processus de production. Edison rétorqua que son allié n'était pas sur la même longueur d'onde.

Les recherches à Fort Myers à leur apogée

Les activités de recherche sur le caoutchouc atteignirent leur apogée à l'hiver 1927-1928. Les préparatifs de cette nouvelle initiative étaient complexes. Edison avait nommé Bill Benney, un collègue de West Orange, superintendant des travaux expérimentaux à Fort Myers. Benney arriva fin novembre, cinq semaines avant Edison et son équipe, pour préparer le terrain et le vieux laboratoire botanique pour leur nouveau programme de recherche. Aux dires d'un biographe, le retour d'Edison à Fort Myers en janvier 1928 fut «exaltant, comme un nouveau Menlo Park»[2]. Pas moins de six employés d'Edison de West Orange se rendirent à Fort Myers pendant l'hiver, encadrant la livraison d'une centaine de caisses remplies d'équipements nécessaires à la recherche : broyeurs, moulins à café, trancheurs de pain, billes de porcelaine, moules à tarte, flacons, solvants, écrans, bouchons, spécimens de plantes, livres, articles de journaux et autres articles. Une fois arrivé sur place, Edison télégraphia à de nombreuses reprises qu'on lui expédie encore plus de matériel du New Jersey, notamment l'équipement de laboratoire de chimie manquant.

Pour espérer identifier avec son équipe une culture laticifère qui en vaille la peine, Edison était convaincu qu'il fallait être rapide et efficace. «Nous réalisons 16 extractions par jour», rapporta Benney en janvier 1928, ajoutant qu'il avait dû recruter quelqu'un d'autre car «M. E. me demandait de passer à 32 extractions la semaine suivante». Mina Edison racontait que son mari était «tellement absorbé par cela [le caoutchouc]» qu'elle n'arrivait pas «à lui faire faire quoi que ce soit en ville». Et d'ajouter : «Il n'a jamais été aussi ambitieux». «Il avance dans ses recherches, ce qui le motive encore plus à continuer». Edison n'en poursuivait pas moins ses prospections de nouveaux spécimens de plantes. Tout au long de l'hiver et du printemps, John K. Small, du NYBG, dirigea des équipes parcourant le Sud de la Floride en quête de nouvelles espèces potentiellement intéressantes. Des missions qui n'étaient pas de simples escapades à travers bois : à partir de quatorze campements distincts répartis en bordure des Everglades inexplorées, les chasseurs de plantes armés de machettes et de sérum antivenimeux recueillirent presque 2 000 variétés de plantes cette saison-là. L'inventeur lui-même ramassa des spécimens de plantes dans sa propriété de Fort Myers et des douzaines d'autres au cours d'excursions automobiles dans les environs. Accompagné la plupart du temps de sa femme, il explora également les environs du lac Okeechobee, Naples, Bonita Springs, et les îles Sanibel, Captiva, Pine et Key Largo.

Edison continuait de se consacrer à ses cultures favorites. En avril 1928, il en était arrivé à la conclusion que les *Ficus* plantés à Fort Myers, soit un peu plus d'une centaine d'arbres, ne seraient pas retenus au final «en raison de coûts salariaux élevés». Et d'ajouter : «Le caoutchouc doit être obtenu à partir d'arbustes, de plantes pérennes pouvant être coupées à la machine, et doit être extrait dans des usines». Tout en se tournant vers d'autres possibilités, l'inventeur adopta une méthode particulièrement efficace. En juillet 1928, l'équipe d'Edison adressa des dizaines de demandes aux chambres de commerce d'Alabama, de Géorgie, de Caroline du Sud et du Nord, et de Virginie, demandant des informations sur la limite septentrionale de la répartition de quatre espèces de plantes au potentiel laticifère : le prunier du Natal *(Carissa grandiflora)*, l'allamanda *(Allamanda cathartica)*, la liane aurore *(Bignonia venusta)* et le jasmin crêpe *(Tabernaemontana coronaria)*.

Dans l'intervalle, deux autres plantes eurent les faveurs d'Edison au titre de source nationale de caoutchouc. En août, Edison et Miller demandèrent aux ramasseurs de plantes d'être à l'affût de la «meilleure plante trouvée jusque-là», une carmantine, ou *Pterocaulon*, au potentiel en caoutchouc évalué à 5,6 %. Cela étant, Edison ne tarda pas à faire d'une plante connue comme «Hullmann Ga. 252» une priorité encore plus élevée, car elle paraissait avoir le meilleur rendement[3]. Edison fit appel à plusieurs experts pour parvenir à identifier cette curieuse plante. Ils finirent par déterminer que c'était une armoise ou une absinthe, sans doute *Artemisia lindheimeriana*. En septembre, Benney alla jusqu'à offrir un dollar aux agriculteurs des régions centrales rurales de Floride qui le mèneraient jusqu'à la plante, mais sans succès. En octobre et en novembre, il passa plusieurs jours dans la région de Macon, en Géorgie, avec le peu d'indications qu'il avait, à essayer de retrouver le carré de plantes qu'Hullmann avait localisé des mois auparavant.

Entre-temps, Edison envoya l'explorateur botanique William Hand chercher Hullmann Ga 252 et d'autres variétés d'*Artemisia* dont l'implantation commençait dans le Sud-Ouest et continuait au Texas et au Nouveau-Mexique. Dans ce dernier État, le travail de terrain ne manquait pas d'aléas : tempêtes de neige, collisions avec des chevaux sauvages, voitures enlisées au fond des rivières et visites de villages isolés dont les habitants n'avaient jamais entendu parler d'Edison. En décembre, la récolte s'avéra suffisante pour transplanter 400 spécimens à Fort Myers. Devant la lenteur de leur croissance, Benney décida d'importer de l'argile de Géorgie pour enrichir le sol et étendre les recherches sur les cultures laticifères aux grands domaines de Ford près de Savannah.

Le travail d'Edison en 1928 laisse entrevoir une évolution dans sa conception de la recherche. Il expliqua sa stratégie d'élevage à Benney, l'enjoignant de sélectionner les plants parmi ceux donnant les « meilleurs rendements » dans chaque pépinière. Et Edison d'ajouter : « on greffe ou on écussonne ceux-ci sur les plants les plus vigoureux donnant très peu de caoutchouc. Les écussons se reproduiront à l'identique et donneront toujours le même rendement que la plante originelle d'où sont issues les graines… en greffant ou en écussonnant à partir d'une bonne plante sur les plus vigoureuses des plantes médiocres, elles fourniront toutes un rendement élevé ». Edison ne faisait que suivre les stratégies de multiplication éprouvées par Luther Burbank. Il s'assurait alors que ses livres de Burbank l'accompagnaient lors de chacun de ses déplacements entre Fort Myers et West Orange, et il confia même à des journalistes : « peut-être devrais-je appliquer quelques-unes de ses méthodes à mes plantes ? ». Edison n'avait pas choisi de se lancer dans un réel travail d'hybridation.

La conception de la recherche d'Edison révéla également son grand intérêt pour les cultures adaptables à la mécanisation. Edison étudia les méthodes de plantation et d'espacement des plants pour apprendre comment « planter ces morceaux de racines à l'aide d'une *machine* dans un sillon et dans le même temps les recouvrir de terre ». Dès le début du mois d'avril 1928, Edison ébaucha six « programmes » visant à développer une technique mécanique pour récolter la liane corail, action qu'il espérait effectuer deux fois par an s'il trouvait un moyen d'habituer la plante à grimper plutôt que de la laisser ramper. L'idée était d'abord de guider la liane sur un système de cinq fils attachés entre les poteaux de la clôture et de concevoir une machine qui couperait simultanément entre les trois fils du haut tout en permettant aux plantes restantes de pousser à nouveau depuis leurs tiges attachées aux deux fils du bas. Dans un autre brouillon, Edison indiquait qu'il pourrait essayer de construire une machine qui abaisserait la liane pour permettre sa coupe puis qui la remonterait après la récolte pour stimuler une croissance rapide. Il ébaucha aussi d'autres croquis similaires représentant d'autres espèces de plantes.

Sur un pense-bête, il avait noté : « commencer à couper les sommités de *[m]adagascar[i]ensis* et tester les feuilles de chacune des meilleures plantes, ainsi que les tiges, et propager les boutures = peut-être en trouverons-nous certaines d'un rendement élevé et seulement mi-grimpantes »[4]. Dans un autre carnet de notes, il constatait : « j'ai commandé 20 des lianes taillées pour qu'on habitue les meilleures à grandir comme un arbre, pour pouvoir ensuite l'inciser. Son seul avantage est sa croissance incroyablement rapide ». Dans une autre note de février 1929, Edison suggéra de « programmer et lancer » la culture de la liane aurore, plante rampante à associer à un plant de solidage, en utilisant « un beau plant de solidage comme support [...], qu'on pourrait alors couper ensemble ». Ces différentes expériences montrent qu'Edison avait envisagé un large champ du possible au cours de ses recherches d'une culture laticifère nationale. Même si la réussite ne fut pas au rendez-vous, ses efforts continus démontrent avec force que le processus inventif d'Edison tourna à plein régime durant les dernières années de la vie de l'inventeur.

Au cours de la saison 1928, Benney et Barukh Jonas restèrent à Fort Myers pour diriger les recherches sur le caoutchouc désormais systématiques qui y étaient menées. Comme les attributions de Benney comprenaient également la gestion des nombreux projets d'aménagement du domaine et de la recherche de spécimens, Jonas débuta l'année comme responsable des plantations expérimentales. Bien qu'il se targuât d'avoir lu quasiment « tous les livres sur l'agronomie » disponibles dans la bibliothèque de sa ville d'origine, on ne s'explique toujours pas pourquoi Edison lui confia cette phase importante de son agriculture expérimentale. En fait, le véritable intérêt de Jonas prenait sa source dans la philosophie morale et politique ainsi que dans le déclin perceptible du climat intellectuel de l'époque. En 1927 – alors employé par Edison –, il diffusa un exemplaire de son magazine manuscrit auto-publié, *The Intellect*, qui ridiculisait la passion de l'inventeur pour résoudre la crise du caoutchouc : il y affirmait qu'Edison avait pris une douzaine de kilos en suivant un régime à base de steak de caoutchouc de Para, de biscuits de guayule et de verres de latex d'hévéa. Au printemps 1928, il adressa à Henry Ford, entre autres, un exemplaire de *The Intellect* qui mettait au pilori l'automobile pour la « piste empoisonnée » et les autres problèmes sociaux qu'elle causait. Jonas faisait également l'apologie d'un plan de transformation de Lee City, en Floride, en « un paradis dépourvu de fous, une petite ville peuplée uniquement de personnes cultivées et intelligentes [...], une communauté intellectuelle ». De plus, Jonas faisait l'éloge d'une nouvelle science, l'« hédonologie », visant à étudier ce qui rend véritablement les gens heureux, bien qu'il concédât que les recherches ne pourraient commencer tant que le prix du gasoil ne serait pas passé sous les 23 cents le gallon[5]. Il restera en tout cas comme l'un des personnages les plus étonnants du domaine.

Pendant ce temps, le travail de Jonas sur les plantes à caoutchouc d'Edison continuait. En avril 1928, il constatait : « d'une façon générale, un semblant d'ordre commence à émerger de tout ce chaos ». Jonas instaura de nouvelles procédures pour faire germer les semences dans un abri à claire-voie, enclencha des programmes de paillage et de contrôle des bactéries du sol, et creusa des fossés pour à la fois éloigner les fourmis et favoriser l'irrigation. Les plantations cet été-là englobèrent un grand nombre de nouveaux essais de spécimens septentrionaux comme tropicaux. Quelques semaines à peine après le départ d'Edison pour le New Jersey, Jonas écrivit : « Les travaux dans le jardin progressent à pas de géant. Vous aurez du mal à reconnaître les lieux quand vous serez sur place ». Parmi les nouvelles cultures testées cet été-là par ses soins, les mangliers rouges, blancs et surtout noirs constituaient la priorité : « nous allons avoir une belle plantation ». Une fois de plus, les intérêts d'Edison basculaient vers de nouvelles espèces favorites.

Fin 1928, Jonas disparut de la scène et Benney émergea comme le véritable chef de file des recherches de Fort Myers. Entretenant une solide amitié avec le directeur de l'EBRC, J. V. Miller, son travail était dégagé des contraintes qui entouraient les tentatives de Jonas. Benney se plaignit auprès d'Edison que les méthodes de Jonas étaient si peu élaborées que «d'ici un an [il n'en saurait] pas beaucoup plus qu'aujourd'hui sur l'évolution des plants». Benney visita également les nouvelles plantations de Ford en Géorgie, qu'il décrivit comme «à trente kilomètres de nulle part [...], assurément l'endroit idéal pour y mener des expériences que vous souhaitez cacher au reste du monde». Plus important, Benney avertit : «nous sommes un peu trop au sud pour produire le type de plantes que nous souhaitons cultiver, et le sol y est par trop pauvre». Edison se mit à réévaluer l'ensemble du projet.

L'un des problèmes les plus délicats qui se posa à Edison fut la recherche d'un solvant permettant d'extraire efficacement le caoutchouc des types de plante sélectionnés. Après une journée harassante de travail dans le laboratoire de Fort Myers, Edison déclara : «il semblerait que le caoutchouc n'ait pas de solvant». Edison passa tout l'été 1928 ou presque à essayer des solvants sur des lots de feuilles de palétuvier d'une dizaine de kilos, qui arrivaient de Floride toutes les semaines. Le «Carnet de notes A» d'Edison, la première tentative systématique d'étude de la question, intégrait les résultats des essais sur 90 solvants différents. Dans un long monologue, Edison rappelait le «grand nombre d'expériences» qui l'avaient amené à différentes combinaisons de dioxyde de sulfure, de benzol et d'acétone. Il estimait que les résultats pouvaient varier en fonction des différents moyens de malaxage, d'agitation et de lavage des globules de caoutchouc, et que la variation de température, l'exposition à la lumière et l'humidité pouvaient endommager le caoutchouc par oxydation. Plus tard dans le mois, Edison s'inquiétait : «Je suis en permanence atterré par la ténacité des solvants restant dans l'extrait de caoutchouc. Cela interfère avec toutes les réactions que je produis». Finalement, le 7 décembre, Edison mit au point une méthode utilisant le dioxyde de sulfure saturé dans l'eau qui semblait fonctionner : «coût 6 cents par livre de caoutchouc de palétuvier, et le tout peut être travaillé à la machine et donner de bons résultats – !!! hourrah !!!». Après «ces milliers d'expériences», Edison annonça en toute confiance la découverte d'une méthode fiable, efficace et non sujette à une oxydation rapide.

En janvier 1929, Edison et son équipe se préparèrent à une autre saison de travaux actifs sur le caoutchouc à Fort Myers. Fidèles à leur rôle, les carnets de notes d'Edison donnent un état précis et régulier de ses avancées. En trois étapes distinctes durant le mois de janvier 1929, Edison établit une liste des perspectives les plus florissantes à ses yeux. Une première liste comprenait 21 «bonnes plantes», en se limitant aux herbacées, une autre en contenait 17 qui avaient donné plus de 4 % de caoutchouc, et une troisième, qui révélait le «meilleur de [son] recueil», en listait 42 affichant un rendement en caoutchouc supérieur à 3 % (tableau 2). Dans une autre série de notes, il évaluait les forces et les faiblesses de nombreuses autres possibilités, excluant celles offrant un caoutchouc de piètre qualité et favorisant celles susceptibles de donner de bons rendements sur le terrain.

Edison inspecta à nouveau les parcelles de Fort Myers le 1er février 1929 puis se consacra à des réflexions personnelles. Il admit s'être à tort focalisé

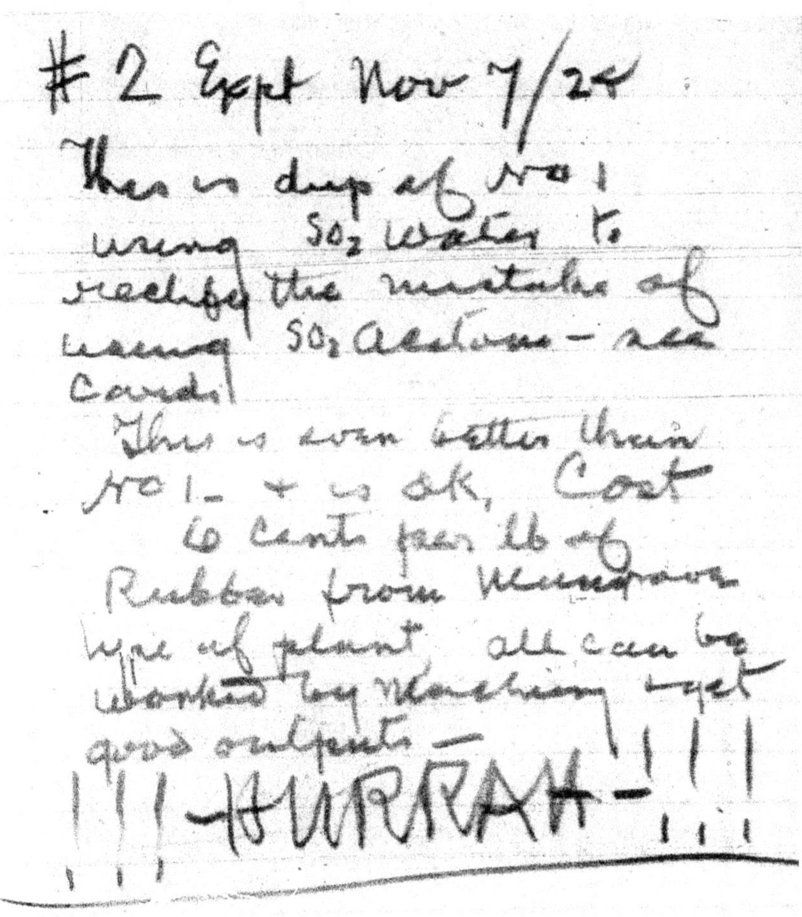

Figure 8. Commentaire de Thomas Edison sur la question des solvants à caoutchouc en 1929. «C'est encore mieux que le n° 1 et c'est tout bon. Coût 6 cents par livre de caoutchouc de palétuvier, et le tout peut être travaillé à la machine et donner de bons résultats !!! hourrah !!!». Avec l'aimable autorisation de l'U.S. Department of the Interior, du National Park Service, de l'Edison National Historic Site.

dans le passé sur des plantes à haute teneur en caoutchouc, alors que la véritable question était la quantité. Maîtrisant désormais mieux les solvants de caoutchouc, il pensait pouvoir obtenir du «bon caoutchouc» à partir de «matière visqueuse» qu'il avait préalablement examinée. Il en conclut que ces développements nécessitaient une nouvelle approche sélective des espèces à transplanter : «les arbustes, même pérennes, ne sont pas aussi intéressants que les herbacées également pérennes. Dans la plupart des cas, les arbustes ne supportent pas la taille à 100 %, beaucoup meurent et d'autres végètent, alors qu'une herbe vivace n'a besoin que d'être coupée dès lors que les graines sont à maturité et que les tiges et les extrémités de la plante ont commencé à dépérir».

Tableau 2. « Le meilleur de mon recueil », de Thomas Edison

Nom latin	Caoutchouc (%)	Nom commun[a]	Type/Remarques[b]
Allamanda cathartica	4,00	Allamanda ou trompette d'or	Liane
Annona glabra	3,50	Anone des marais ou corrosolier des marais	Arbre, très élastique, pas intéressant, non utilisable
Apocynum cannabinum	4,76	Chanvre indien ou canadien	
Artemisia lindheimeriana ou *lindhermeriana*	6,91	Armoise? ou absinthe?	Pérenne, pas de commentaires recueillis, Hullmann Ga 252
Asclepias amplexicaulis	4,40	Asclépiade à feuilles embrassantes	Caoutchouc légèrement collant, manque de cohésion, bonne plante
Asclepias speciosa	4,73	Belle asclépiade	Pérenne, plante robuste
Asclepias syriaca	4,83	Laiteron commun ou orange, asclépiade	Pérenne, caoutchouc légèrement élastique, plante robuste
Asclepias tuberosa	4,93	Asclépiade tubéreuse ou pinceau indien	Pérenne, autres spécimens testés plus faibles, bonne plante si feuillage ok
Asclepias variegata	3,75	Asclépiade panachée	
Aster cordifolius	3,27	Aster à feuilles en cœur	
Aster laevis	3,38	Aster lisse	
Avicennia nitida	3 à 4	Palétuvier noir	Arbuste, Hand Fla 443
Bignonia venusta	5,87	Liane aurore ou liane corail	Liane, peut être cultivée avec le solidage
Chiococca alba	5,87	Chiocoque	Gros arbuste à la curieuse substance collante, bien si caoutchouc de qualité
Chrysothamnus pinifolius	4,13	Bigelovie puante	Arbuste, plante robuste
Conradina grandiflora	3,43	Faux romarin	Arbuste

Nom latin	Caoutchouc (%)	Nom commun[a]	Type/Remarques[b]
Dianthera crassifolia	5,26		Pérenne, bonne plante si étoffée pour un bon pourcentage de feuillage
Echites umbellata	3,49	Patate du diable	Liane, pas intéressante
Echitites hieracifolia	3,43	Idem que ci-dessous	Plante annuelle (idem que ci-dessous)
Erechtites hieracifolia	4,55	Erechtite à feuilles d'épervière, Crève-z-yeux	Plante annuelle, Hand Fla 293 & 543
Gibbesia rugelii	4,09		Herbe, très collante, petites feuilles clairsemées, *a priori* non utilisable
Gnaphalium obtusifolium	3,17	Gnaphale à feuilles obtuses, Herbe (aux lapins) à ruminer	Annuelle, «pas bon pour nous»; Hullmann Fla 346
Hamelia patens	3,18	Buisson au colibri	PB [= pas bon]
Jussiaea peruvana ou *Ludwigia peruvana*	3,42	Onagre ou œnothère du Pérou	Arbuste, jaune, caoutchouc sec, *a priori* utilisable si taille non nocive
Laciniaria spicata	4,11	Gingembre sauvage	Pérenne, caoutchouc visqueux blanchâtre, plante robuste Hullmann Ga 46
Lonicera fragrantissima	3,47	Chèvrefeuille d'hiver	Liane arbustive
Mascarenhasia elastica	4,17		Petit arbre, *a priori* cultivable en tant qu'arbuste, peut-être bon
Mesadenia ovata	3,41	Cacalia?	Pérenne, bonne élasticité, un peu collant, certainement bonne plante
Mesadenia atriplicifolia	4,05	Arnoglossum	Pérenne, bonne élasticité, bonne plante
Pterocaulon undulatum	5,60	Blackroot	

Nom latin	Caoutchouc (%)	Nom commun[a]	Type/Remarques[b]
Rhabdadenia corallicola	3,12		
Rhabdadenia biflora	3,29	Liane du palétuvier	
Rhexia mariana	3,30	Baie des prairies du Maryland	
Rudbeckia laciniata	3,60	Rudbeckie laciniée	Caoutchouc visqueux très rigide, bonne plante
Solidago fistulosa	3,00	Solidage Pinebarren	Pérenne, légèrement collant, feuillage intéressant
Solidago altissima	3,12	Solidage très élevé	Pérenne, plante robuste et fiable, 4 à 4,5 % réalisable par sélection
Solidago leavenworthii	4,15	Solidage de Leavenworth	Pérenne, le meilleur est le Fla 201 « bonne plante »
Solidago nemoralis	4,87	Solidage des champs	Pérenne, caoutchouc visqueux, feuillage offrant de bonnes possibilités
Solidago mexicana	3,22	Solidage mexicain	
Solidago odora	3,07	Solidage doux ou anisé	Hullmann Fla 310
Urechites lutea ou *Pentalinon luteum*	3,64	Allamanda sauvage	
Vincetoxicum	3,55	Dompte-venin	Liane

Source : l'un des trois tableaux identiques qu'Edison a réalisés en janvier et février 1929 pour évaluer l'avancée de ses expériences sur le caoutchouc avant d'entamer la saison 1929. Cette version est extraite de son carnet de notes (29-01-25), de l'ENHS, l'orthographe en a été corrigée et la liste remise dans l'ordre alphabétique.

a. Edison mentionnait rarement les noms communs associés à ces plantes dans ses carnets. Ceux-ci sont empruntés de la *Standard Cyclopedia of Horticulture*, en 3 volumes, de L. H. Bailey (New York, Macmillan, 1950), de la *Hortiplex Plant Database*, http://hortiplex.gardenweb.com, et de leur usage occasionnel par Edison dans ses carnets.

b. La plupart des commentaires sont d'Edison, qui indique en général le type de plante, la qualité du caoutchouc et son évaluation globale. Le tableau ne comprend pas d'autres informations recueillies par Edison, comme la taille de la plante, son lieu d'origine et les résultats des tests d'autres spécimens de la même espèce. Les informations dans la colonne des commentaires proviennent essentiellement de son carnet de notes (29-02-01). Dans certains cas, cette colonne intègre l'étiquette d'identification de l'herbier utilisée par l'EBRC.

Dans son entretien anniversaire annuel de février 1929, Edison admit qu'il avait rencontré des obstacles imprévus. «La patience de Job a été énormément surestimée», annonça-t-il à un journaliste cet hiver-là. «Il ignorait ce qu'était la patience ». Puis il décrivit la complexité et l'aspect laborieux de ses recherches[6]. En 1923, il avait porté haut le laiteron et surtout le guayule, deux plantes que d'autres avaient identifiées comme cultures laticifères potentielles. En 1925 et 1926, il avait passé beaucoup de temps à étudier les variétés de ficus, autre favori des promoteurs, botanistes et pépiniéristes du Sud de la Floride. En 1926 et 1927, il s'était intéressé de près aux deux variétés de cryptostegia, la liane qu'Henry Ford avait aussi expérimentée sur sa propriété de Floride méridionale. En 1928, il s'était pris de passion pour les absinthes et armoises, la carmantine, la liane aurore et le palétuvier noir. Or, toutes ces plantes le firent déchanter en peu de temps.

La solution du solidage

Finalement, en mai 1929, après des années d'expérimentations sur des milliers de spécimens botaniques, Edison avait recentré ses recherches sur une autre solution potentielle : les plantes du genre *Solidago*, ou solidage. Il avait tout particulièrement privilégié une variété de *Solidago leavenworthii* que ses collaborateurs avaient répertorié comme « Moore Fla. 201 ». D'une croissance rapide, elle occupait un espace relativement restreint et produisait un gros volume de feuilles par plante. Quelques jours plus tard, Edison écrivit que le solidage, tant *S. leavenworthii* que *S. altissima*, étaient de « bons producteurs » et « parfaits pour le rendement à l'hectare et au séchage ». Le *leavenworthii* semblait encore meilleur car il faisait moins de feuilles mortes et atteignait une taille supérieure. « Nous avons à l'évidence beaucoup à apprendre des bons solidagos », résuma l'inventeur. Il estimait qu'un solidage de qualité pourrait produire 1 360 kilos de caoutchouc à l'hectare, et il veilla à garder un œil sur une variété que William Hand avait rapportée du Nouveau-Mexique. « Surveille-la, c'est un phénomène », écrivit l'inventeur. En juin 1929, Edison révélait déjà dans sa correspondance quotidienne qu'il avait commencé à étudier de près le solidage.

L'enthousiasme d'Edison pour le solidage eut plusieurs conséquences. Premièrement, sa satisfaction sur l'avancée des expériences le fit rester à Fort Myers jusqu'à la mi-juin, son plus long séjour parmi la vingtaine d'hivers passés en Floride. Deuxièmement, de nombreuses activités liées à la collecte des plantes prirent fin. Après des essais sur des milliers de plantes au potentiel laticifère, la plupart exotiques et provenant des quatre coins de la planète, il s'avéra au final qu'une banale plante locale, *Solidago leavenworthii*, pouvait être la réponse. Troisièmement, le choix du solidage impliquait que la nouvelle culture laticifère américaine pourrait être développée dans une zone s'étendant bien au-delà de la Floride méridionale. Dans ses commentaires lâchés à la presse sur ces expériences, Henry Ford laissa entendre qu'il planterait du solidage en Géorgie et alla jusqu'à promouvoir l'usage du caoutchouc comme revêtement de surface.

Les recherches sur le solidage prirent un autre tournant en août 1929. Ce jour-là, Hullmann travaillait dans les environs de Fort Myers, « à 7 kilomètres de là en suivant le sentier, à droite après le canal, 800 mètres dans les bois sur la gauche du marais entouré de cyprès, dans 15 centimètres d'eau », lorsqu'il découvrit un spécimen qui allait bientôt changer la donne à Fort Myers : une autre variété de *Solidago leavenworthii* répertoriée « E.P.C. 573 ». Pendant des années, cette plante et ses descendantes allaient demeurer au premier plan des recherches sur les cultures laticifères menées par Edison. Ses équipes propagèrent cette variété tous azimuts, jusqu'à qu'elle soit présente sur quasiment toutes les parcelles de Fort Myers, sur la plantation d'Henry Ford à Bryan County en Géorgie, puis sur les parcelles expérimentales de l'USDA près de Miami, Charleston, Savannah et partout ailleurs. Les descendantes du spécimen qu'avait trouvé Hullmann ce jour-là contribuèrent également aux efforts américains pour avoir à disposition une réserve de caoutchouc pendant la seconde guerre mondiale. Jusqu'à l'arrivée au premier plan du caoutchouc de synthèse en pleine guerre, l'investissement américain sur une culture laticifère nationale se centra essentiellement sur E.P.C. 573 et son proche parent E.P.C. 573-A.

Au cours des quatre jours qui suivirent, les équipiers de Fort Myers transplantèrent 336 spécimens de cette variété sur des parcelles expérimentales. En août 1929, malgré sa santé fragile, Edison surveilla leur développement d'encore plus près. Le responsable d'EBRC, J. V. Miller, donna instructions à Archer d'envoyer des échantillons de *S. leavenworthii* à West Orange dès qu'ils seraient parvenus à maturité. Edison perdit finalement tout intérêt dans les autres espèces de solidage, comme *S. altissima*, qui présentaient un pourcentage élevé de feuilles mortes ou tombées. Dans un télégramme et une lettre, tous deux datés du 15 septembre 1929, Miller avisa Hullmann qu'Edison était « particulièrement impatient » de voir les résultats de la récolte de *S. leavenworthii*. Miller y ajouta un croquis très détaillé présentant les suggestions d'Edison sur les moindres détails du projet, notamment les plantes à récolter dans telle ou telle pépinière. Le 21 septembre, de retour d'une expédition au cours de laquelle il avait recueilli 6 000 plants complémentaires de *S. leavenworthii*, il trouva un télégramme sur son bureau contenant les instructions d'Edison pour préparer les spécimens à expédier au New Jersey.

La solution du solidage gagnant la presse, Edison et ses associés mirent à profit cette découverte pour conforter sa réputation de chercheur infatigable. L'inventeur accorda une entrevue officielle à Edwin Slosson, journaliste scientifique ayant régulièrement envoyé des messages sur la dépendance américaine au caoutchouc d'importation. Lors de cet entretien, Edison décrivit ses méthodes originales de recherche avec un certain sens du détail, se vantant ainsi : « ce que j'aime dans cette recherche, c'est que l'argent n'entre pas en ligne de compte ». Il répéta que son unique but était d'aider le pays dans sa quête d'« auto-défense » et de trouver une réponse à l'intérieur des frontières à la question du caoutchouc, les « tropiques n'étant pas un endroit où l'homme blanc peut vivre ». Sur le même registre, il citait explicitement le livre de Slosson, *Creative Chemistry (Chimie créative),* comme ayant inspiré son travail, et il soulignait l'intérêt écologique des déchets du solidage comme matière première pour les produits à base de papier.

Problématiques industrielles et écologiques

Pour Edison, l'étape suivante fut la mise en place des opérations à grande échelle. Avec son assistant Fred Ott, il se consacra essentiellement à la fabrication de la machinerie nécessaire à la production de caoutchouc à un niveau expérimental. Edison avait enregistré son brevet «Extraction de caoutchouc à partir de plantes» en novembre 1927. Il reçut le numéro de brevet 1740079 en décembre 1929. Fondés sur les procédés mécaniques utilisés dans l'industrie du guayule, les progrès d'Edison se centraient sur l'efficacité croissante d'extraction de caoutchouc des plantes de seconde catégorie. Il faisait là référence aux plantes détenant seulement «1 % de caoutchouc, même ½ %, voire moins». Les principales mesures comprenaient la séparation des fractions de caoutchouc de ces cultures de celles qui en étaient dépourvues et le traitement du produit utile dans un «broyeur à billes», un dispositif broyant délicatement la matière végétale au moyen de billes en acier ou en porcelaine. Le mouvement de ces billes réduisait la matière végétale en petites fibres, utilisables pour fabriquer du papier recyclé, tandis que la moelle contenant du caoutchouc pouvait être séparée ensuite du reste au moyen de filtres en tissu (moustiquaire), permettant au caoutchouc de monter à la surface d'un bain. Important s'il en est, le dispositif étant de petite taille, les agriculteurs pouvaient faire fonctionner le moulin eux-mêmes, presser et sécher le caoutchouc produit sur leur exploitation avant de l'expédier vers une usine centrale de production.

Avec son équipe, Edison travailla sur différents autres projets de mécanisation à Fort Myers, et il en ébaucha bien d'autres. C'est ainsi que les ouvriers de Fort Myers construisirent une machine à sécher pouvant traiter quelque 225 échantillons par jour dans des conditions favorables. Autre exemple : Edison dessina des plans pour une machine munie de roues de 1,80 mètre de diamètre et dotée d'un outil permettant de récolter les poinsettias et les plantes de même type. Il étudia aussi les méthodes d'effeuillage des lauriers-roses, en calculant l'efficacité de cette machine pour 20 000 plantes en 8 heures. «C'est trop lent», déplora Edison dans ses carnets de notes. Je «dois arriver à 160 000 en 8 heures. 1 hectare par ouvrier» Il s'engagea dans la tentative laborieuse de concevoir une machine adaptée à l'effeuillage. Bien que toutes ces machines ou presque n'aient jamais fonctionné correctement, leur histoire est un autre aspect important et méconnu du rôle d'Edison dans la recherche d'une réserve potentielle de caoutchouc de guerre pour le pays.

Entre-temps, Edison mit à profit son réseau de chimistes industriels pour lancer le processus de production de caoutchouc. En 1928, il s'entretint pendant des heures avec l'un des chimistes de Firestone sur les formules et les procédés chimiques utiles à l'expérimentation, l'extraction et la vulcanisation de caoutchouc utilisable à partir de latex brut. En 1929 et 1930, il échangea une correspondance régulière avec son chef chimiste expert en caoutchouc de West Orange, Fred Schimerka, sur les perspectives de rendre le processus d'extraction plus efficace et régulier. En 1930, l'inventeur fit savoir que son usine pilote de Fort Myers était quasiment opérationnelle, et il annonça qu'une usine plus grande et encore améliorée serait prête dans la plantation de Ford près de Savannah d'ici deux ans.

Edison s'attela aussi à la question des déchets que génèreraient les cultures laticifères. En 1928, il rencontra Wheeler McMillen, éditeur de *Farm and Fireside*[7] et en passe de devenir le porte-parole du mouvement chimiurgique. Au cours de cet entretien, Edison observa : « Nous produisons de la nourriture en excédent… et la généralisation des usages non alimentaires des produits fermiers constitue une perspective saine, pratique et cruciale ». Il exprima sans hésiter son soutien à l'un des fondements de la chimiurgie : la demande humaine pour la nourriture est limitée par la taille de l'estomac, mais la demande humaine des produits matériels et industriels est sans limite. Comme le déclara Edison en une autre occasion, en montrant du doigt son estomac, « Dommage que la prospérité de l'agriculteur soit liée à la contenance de ce petit espace ». Dans le même ordre d'idées, Fred Scheffler, représentant la Fuller Lehigh Company, rendit visite à Edison à Fort Myers en 1930 et déclara que l'on pouvait prévoir de générer 6 500-6 800 Btu d'énergie pour chaque tonne de déchets de solidage – mieux que certains charbons.

Les chimistes du Massachusetts Institute of Technology (MIT) se penchèrent également sur les utilisations possibles des déchets de solidage. Malgré un bilan plutôt négatif, la lettre d'introduction du président du MIT, S. W. Stratton, adressée à Edison apporta quelque optimisme : « J'ai la certitude que, si la plante se révèle être une source de caoutchouc, la pulpe constituera un sous-produit valable pour fabriquer du papier, des panneaux de fibre et bien d'autres réalisations. Sans oublier le papier peint et les objets décoratifs ». En décembre 1929, alors qu'Edison se préparait à partir prématurément pour Fort Myers, son assistant William Meadowcroft déclara officiellement à la presse qu'Edison avait opté pour le solidage. Pourtant, malgré la prudence perceptible dans cette déclaration, Meadowcroft démentit toutes les rumeurs selon lesquelles l'inventeur était sur le point de trouver un produit commercialement concurrentiel. En lieu et place, les rapports de presse mirent en avant le travail continu d'Edison et sa promesse de faire « cadeau » d'une nouvelle source de caoutchouc au gouvernement américain. La saison 1930 vit cependant décliner conjointement la santé d'Edison et l'économie américaine, mettant un frein aux progrès de la recherche sur le caoutchouc. Fin 1929 et début 1930, Edison recruta de nouveaux explorateurs botaniques qui passèrent la plus grande partie de l'année à parcourir la Floride et les autres États du Sud en quête de variétés sauvages de solidage. Les bonnes plantes, toutefois, se faisaient de plus en plus rares. L'explorateur botanique S. T. Moore s'en plaignit en décembre 1929 : « il semble que le terrible froid et les fortes pluies jouent à chat avec moi… je crains que nous ayons perdu de bonnes plantes à cause du froid ». En janvier, Moore rapporta avec une certaine nervosité : « Je travaille dur mais je ne peux rien montrer de ce rude labeur. Chaque jour, j'espère trouver la plante qui compensera ma malchance». Malgré les frustrations, l'optimisme subsistait. Plusieurs variétés très grandes de solidage – certaines de plus de trois mètres de haut – semblaient prospérer à Fort Myers, avec 30 plantes différentes révélant plus de 6 % de caoutchouc. Edison conclut en toute confiance : «il semble que, si nous faisons attention, l'année prochaine nous aurons quelques spécimens donnant 10 % de caoutchouc».

Figure 9. Thomas Edison examine un spécimen de solidage particulièrement développé, à Fort Myers, Floride, janvier 1931. Avec l'aimable autorisation d'Edison-Ford Winter Estates, Fort Myers, Floride.

Edison étant souvent en fauteuil roulant à partir de 1930, son rythme de travail sur la question du caoutchouc s'en ressentit considérablement. Mina Edison associait le déclin de la santé de son mari aux expérimentations sur le caoutchouc : « C'est nerveux, car il n'obtient pas les résultats escomptés ». Elle aurait préféré que ce projet n'ait pas éveillé un tel intérêt dans la presse, car cela ne fit que le mettre encore plus sous pression. Toujours est-il que l'enthousiasme et l'optimisme d'Edison pour le projet sur le caoutchouc étaient en train de retomber. Dans son entretien annuel en 1931, l'inventeur confia qu'il lui faudrait encore deux ans pour implanter une usine pilote sur la plantation de Ford en Géorgie. Cet été-là, Miller et Archer, confrontés à la réduction des coûts, congédièrent un ouvrier agricole et réduisirent d'un onzième les salaires et les rémunérations de tout le personnel affecté au projet du caoutchouc. Même si les communiqués de presse brossaient un tableau optimiste de la situation, au regard de la petite santé d'Edison, les chances qu'il parvienne au succès de son vivant étaient minces.

Cela étant, lors d'un entretien à la presse, Charles Edison affirma en toute certitude que les expériences de son père avaient franchi le « stade préliminaire et [étaient] en passe d'être viables commercialement ». En juillet 1931, le *New York Times* publia un nouvel état du projet, en précisant qu'Edison conduisait le gros de ses recherches sur le caoutchouc depuis chez lui plutôt que depuis ses bureaux de West Orange. Témoignage poignant s'il en est, l'équipe d'Edison raconta comment fut résolu l'un des derniers problèmes de vulcanisation du caoutchouc de solidage en octobre 1931. Ils portèrent un morceau de caoutchouc vulcanisé à Edison sur son lit de mort, un artefact qui, dit-on, raviva une flamme chez l'inventeur mourant. Le 28 octobre, un éminent chimiste de Firestone déclara que ces échantillons s'étaient révélés « analytiquement identiques » au caoutchouc naturel. Edison avait apparemment connu le même succès dans ses recherches courageuses sur une culture au potentiel laticifère. Il était malheureusement trop tard, car Edison était décédé dix jours plus tôt, le 18 octobre 1931.

Évaluation

Les recherches d'Edison sur les plantes à caoutchouc démontrent que, même pour l'inventeur le plus connu d'Amérique, l'agriculture s'imposa comme le premier domaine permettant de résoudre l'une des problématiques industrielles les plus urgentes pour le pays. Malgré son manque d'expérience en agriculture ou en botanique, il avait rapidement écarté le caoutchouc de synthèse comme solution viable et avait mis en place sans tarder un réseau étendu de ramasseurs de plantes, de botanistes, de chimistes, et même un linguiste, pour contribuer à la découverte d'une source nationale de caoutchouc. Le travail d'Edison sur les cultures laticifères contribua également à un changement significatif de la loi américaine sur les brevets. En février 1930, le sénateur du Delaware, John Townsend, lui-même propriétaire de 40 000 hectares de vergers, parraina un projet de loi permettant de protéger les brevets des inventeurs de plantes au même niveau que ceux des inventeurs industriels. La pression politique sur le président Hoover pour agir sur la dépression agricole fit avancer la législation, en conformité avec sa conviction que les opportunités qui s'ouvraient dans l'entreprise privée constituaient le meilleur espoir.

Tout en reliant les nouvelles variétés de plantes avec la « santé publique, la prospérité […] la sécurité publique et la Défense nationale », les tenants du projet de loi déclarèrent : « Nous devons nous tourner vers les phytogénéticiens pour un substitut acceptable au caoutchouc ». Townsend fit appel à Edison pour soutenir sa législation, avançant que Luther Burbank[8] en aurait profité, sans mentionner qu'Edison lui-même pourrait en bénéficier si ses variétés de solidage étaient protégées. Depuis Fort Myers, Edison s'empressa d'accepter dans un télégramme circonstancié : « Le Congrès ne pourrait faire une meilleure action pour contribuer autant à l'agriculture. […] Ce projet de loi, j'en suis convaincu, nous fournira beaucoup de Burbank ». Le décret offrit les dix-sept ans prévus de protection aux phytogénéticiens, bien que ne s'appliquant qu'aux plantes reproduites asexuellement ou végétativement par bouturage, greffage et écussonnage. Il excluait les tubercules et toutes les plantes reproduites par germination. La loi fut adoptée en mai 1930 et eut rapidement des effets bénéfiques en termes de revenus pour les pépinières les plus importantes et les plus prospères. Bien qu'Edison n'ait jamais proposé son propre brevet de plante, la promulgation de cette loi instaura une nouvelle définition capitale de la propriété intellectuelle.

Les échecs d'Edison n'en furent pas moins marquants. Il lutta des années au sein d'un domaine de recherche scientifique parsemé d'obstacles et avare de résultats immédiats. La recherche agronomique demeure un processus particulièrement cher et chronophage, car chaque expérimentation nécessite théoriquement une saison entière de croissance avant de pouvoir en évaluer le succès. D'innombrables problèmes peuvent interférer avec ce succès : difficulté d'obtenir et de transporter des spécimens, détérioration des graines stockées, faibles taux de germination, climat imprévisible, averses malvenues, sécheresse, nutrition déséquilibrée, parasites, champignons, dispositif inadéquat et autres aléas. La complexité de la chimie du caoutchouc s'ajouta aux difficultés d'Edison, car déterminer les solvants adéquats et développer les techniques d'extraction constituaient également de sérieuses problématiques en soi. Selon les mots d'Harry Ukkelberg, le scientifique qui s'efforça de reprendre le travail d'Edison, la compréhension de la science agricole de l'inventeur était trop rudimentaire pour réussir : « Il est parti de zéro, pourrait-on dire, avec une plante dont on ignorait quasiment tout et dans un domaine sur lequel il avait très peu d'informations ». Après des années d'efforts, des centaines de milliers de dollars investis et des dizaines de milliers d'expérimentations, Edison ne put que susciter l'intérêt des industriels et des experts de la préparation militaire.

Les efforts entrepris par Edison ne permirent pas de relancer les débats sur l'aspect économico-politique des plantes laticifères. Le combat de l'inventeur en faveur d'une culture laticifère sur le territoire américain atteignit son apogée au moment où peu d'Américains envisageaient une pénurie de caoutchouc. Quand Edison mourut, le taux de chômage du pays dépassait les 20 % et le prix du caoutchouc était à son plus bas niveau, dans les 12 cents le kilo. De plus, en 1931, plusieurs communiqués de presse soulignaient les avancées des recherches sur le caoutchouc de synthèse. Comme le reconnaît l'Edison Botanical Research Corporation dans son rapport annuel, cette découverte signifierait que le « besoin d'une réserve de secours de solidage [prendrait] fin ». Pour l'instant, l'urgence qui avait caractérisé les recherches d'Edison sur une culture laticifère nationale s'était discrètement estompée. Pourtant la réussite d'Edison n'en demeure pas moins flagrante. Il fit progresser considérablement la recherche durant les quatre dernières années de sa vie, en testant quelque 17 000 spécimens végétaux avant de rapidement concentrer ses recherches sur une poignée d'entre eux. Il identifia plusieurs plantes ayant le potentiel de résoudre le problème tel qu'il l'avait défini, et ses méthodes pré-modernes de sélection apportèrent des progrès notables en termes de rendement de caoutchouc. Grâce à ce procédé, Edison mit en avant ses remarquables compétences comme publicitaire, ses talents de fédérateur dans les sphères publique et privée, et sa maîtrise de certains concepts de physiologie et d'agronomie. Il avait maintenu la recherche sur une culture laticifère nationale sous les feux de l'actualité pendant des années. Sans doute plus important encore, ses avertissements selon lesquels les États-Unis feraient face à une pénurie de caoutchouc au cours de la prochaine guerre n'auraient pu être plus clairs.

Chapitre 4

1928-1941: la recherche sur les cultures laticifères au plus bas

Au printemps 1930, le commandant de l'armée américaine Dwight Eisenhower prit part à une expédition d'un mois qui lui fit quitter son bureau de Washington pour visiter les sites de transformation du guayule de l'IRC en Californie, au Texas et au Mexique. Dans ses notes quotidiennes sur ce périple de 8 000 kilomètres, il décrit ses expériences d'hôtels miteux, de gardes-frontières bourrus, d'interminables routes poussiéreuses et arides et de mémorables « essaims » de femmes et d'enfants mexicains vendant *tortillas*, *tamales* et autres *enchiladas*. L'agenda d'Eisenhower retrace également ses réunions récurrentes avec les responsables de l'IRC et sa conviction grandissante que le guayule devait faire partie de tout plan de guerre américain. Le rapport confidentiel qu'Eisenhower et son partenaire de voyage, le Major Gilbert Van B. Wilkes, présentèrent le 6 juin 1930 avalisa le guayule presque sans équivoque : il pouvait fournir un emploi à des milliers d'Américains dans le besoin, il représentait une culture alternative pour les agriculteurs américains pour qui la surproduction de coton et de céréales provoquait logiquement une baisse des prix, il contribuait au pouvoir d'achat des consommateurs en réduisant globalement la demande de caoutchouc importé, et il était en mesure de devenir un complément permanent à l'économie rurale des régions semi-arides des États-Unis. Eisenhower et Wilkes estimèrent également que les États-Unis pourraient supporter une guerre qui interromprait les importations de caoutchouc pendant douze à dix-huit mois, mais avertirent que toute crise qui dépasserait ce stade exigerait une préparation supplémentaire. Quatre ans étant nécessaires au guayule pour parvenir à maturité, le temps était venu pour les États-Unis de mettre en place une réserve de caoutchouc provenant de son sol. Ils prirent donc l'engagement, au nom du gouvernement, d'appuyer l'exploitation de 1 600 kilomètres carrés de guayule.

Avec une récolte en rotation quadriennale, le programme pourrait produire 72 500 tonnes par an, soit environ un cinquième de la consommation annuelle du pays. Eisenhower et Wilkes validèrent et relayèrent les données scientifiques et les considérations politiques qui leur étaient adressées par l'IRC, y compris l'idée que le gouvernement devrait garantir un prix minimal « raisonnable » pour tout le caoutchouc cultivé et produit aux États-Unis. «Avec un véritable appui, conclurent Eisenhower et Wilkes, la production de guayule devrait rapidement se transformer en une industrie majeure aux États-Unis».

Pourtant, malgré ces arguments, les souvenirs de la première guerre mondiale et l'attention du grand public entourant les recherches de Thomas Edison sur une source alternative de caoutchouc, le département de la Guerre ne suivit pas les recommandations d'Eisenhower et de Wilkes. Le rapport semble fort s'être empoussiéré au fond d'un tiroir gouvernemental, pour disparaître de la circulation jusqu'en 1943, au moment où le pays se retrouvait en pleine crise du caoutchouc. Rétrospectivement, les années 1930 sont généralement considérées comme le point le plus bas de la recherche sur une culture laticifère, au moment où d'autres problématiques occupaient le devant de la scène politico-économique américaine. Surtout, les cultures laticifères alternatives n'avaient aucune chance de concurrencer les faibles prix du caoutchouc d'hévéa importé. D'un pic après-guerre de 2,70 dollars le kilo en 1925, le prix du caoutchouc tomba jusqu'à 0,10 dollar le kilo en 1931. Les tentatives de développer les cultures laticifères alternatives tombèrent dans l'oubli dans les années 1930, alors que les limitations technologiques et agricoles du solidage *(Solidago canadensis)*, du laiteron, du guayule, voire d'autres plantes se faisaient de plus en plus évidentes.

Les expérimentations d'Edison sur le solidage se prolongèrent quelques années après sa mort, même si elles ne concernaient que deux petits sites des environs de Savannah. L'IRC tenta le tout pour le tout pour protéger ses investissements dans le guayule, suspendant sa production californienne et se tournant en dernier lieu vers l'Italie fasciste, afin de trouver un ultime débouché pour ses produits. Les expérimentations dans le secteur privé – et public – menées avec d'autres cultures ne menèrent à rien. Et même si le caoutchouc synthétique demeurait un laboratoire expérimental pour la plupart des producteurs de caoutchouc américains, les responsables industriels estimèrent qu'il pourrait être bientôt lancé à grande échelle si le besoin s'en faisait sentir. Pourtant, la plupart des Américains ne pouvaient se résoudre au fait que l'époque faste du caoutchouc à bas prix en provenance des Indes orientales arrivait à son terme. Ils avaient le sentiment que les sources de caoutchouc américain étaient fiables. À la fin de la décennie, alors que la guerre approchait à nouveau, seuls quelques passionnés – souvent excentriques – continuaient d'encourager les solutions nationales et naturelles à la dépendance américaine au caoutchouc d'importation.

L'échec global de la préparation à un conflit militaire imminent amorça également la mise à l'écart des cultures laticifères nationales au cours des années 1930. En toute logique, les décideurs politiques américains firent de la politique intérieure une haute priorité pendant cette décennie. Quant à la politique étrangère, l'impatience d'Herbert Hoover à concurrencer les pays producteurs de caoutchouc ouvrit la voie à l'ambition de Franklin D. Roosevelt d'élargir les accords commerciaux, notamment avec les pays potentiellement producteurs de caoutchouc en Amérique latine. Des projets largement médiatisés comme l'installation par Harvey Firestone de plantations de caoutchouc au Liberia (et les tentatives similaires d'Henry Ford au Brésil) donnèrent aussi l'illusion que les États-Unis possédaient des sources alternatives de caoutchouc, même si ces projets n'eurent qu'un impact minime. Quelques experts gouvernementaux et industriels élevèrent la voix pour rappeler que l'Amérique latine ne pouvait être une solution dans le futur immédiat, que la recherche sur le caoutchouc stagnait et que la guerre imminente dans le Pacifique exigeait de stocker le caoutchouc asiatique et d'autres matériaux stratégiques. Pourtant, aux États-Unis, les efforts coordonnés pour préparer une pénurie de caoutchouc demeuraient virtuellement inexistants. Entre-temps, l'Allemagne nazie et l'Union soviétique réalisaient d'importants progrès dans la préparation à la guerre et les pénuries de caoutchouc inhérentes. Toutefois, les objectifs d'indépendance et la nature centralisée propres à ces gouvernements tranchaient nettement avec les positions américaines.

Dans ce contexte, les études sur le solidage, le guayule et les autres cultures laticifères nationales furent complètement reléguées à l'arrière-plan dans les années 1930. Quelques jours seulement après la mort d'Edison en octobre 1931, l'expert en caoutchouc de l'USDA, O. F. Cook, résuma les perspectives d'une culture laticifère américaine sous le vocable «précaires». Le collègue de Cook à l'USDA, Karl Kellerman, partageait son exaspération : «il m'apparaît aberrant que les responsables politiques de ce pays ne voient pas l'intérêt d'étendre la recherche». En avril 1932, les fonctionnaires de l'USDA mirent officiellement fin aux recherches sur les cultures laticifères sous prétexte de mesures d'économie. Les études sur une source alternative de caoutchouc durèrent jusqu'au milieu des années 1930, même si les prix bas du caoutchouc et les autres préoccupations urgentes mirent la question en veilleuse.

L'épisode *Euphorbia intisy*

Le cas *Euphorbia intisy*, une plante à caoutchouc originaire de Madagascar, constitue un bon exemple d'une recherche de courte durée sur une culture laticifère à développer sur le sol américain. Madagascar était une destination de longue date pour les chercheurs de plantes laticifères, ainsi que l'illustre un livret de 1914 mentionnant une douzaine de plantes cultivées pour leur caoutchouc[1]. *Euphorbia intisy* se détacha comme la plus intéressante et, dès les années 1890, elle généra à Madagascar une industrie importante produisant un caoutchouc facile à récolter et d'excellente qualité. Au début de la première guerre mondiale, la colonie française exportait environ 50 tonnes de caoutchouc d'*Euphorbia intisy*. Cet essor fut toutefois de courte durée, car la course à la récolte d'*E. intisy* déclencha une certaine violence parmi les groupes d'indigènes, obligeant les ramasseurs de caoutchouc à évoluer en bandes armées. Les récoltes excessives, que certains Occidentaux attribuèrent à la «cupidité» des populations locales, amena la plante au bord de l'extinction.

Cette plante avait suscité un regain d'intérêt en 1928, quand les botanistes découvrirent que des spécimens avaient survécu, *a priori* grâce à un système racinaire dissimulé dans le sous-sol. Le Bureau de l'industrie horticole de l'USDA dépêcha Charles F. Swingle (le demi-frère de Walter T. Swingle, autre botaniste de l'USDA et expert en plantes tropicales) pour organiser une mission clandestine visant à mettre à l'abri graines et spécimens d'*E. intisy*. Le négoce du caoutchouc désormais à l'agonie, les responsables estimèrent que ce « devrait être chose facile » de payer des « primes substantielles » et forcer les indigènes à révéler où se trouvaient les derniers spécimens d'*E. intisy*. Les responsables gouvernementaux déclarèrent sans ambages que les dommages collatéraux importaient peu, l'essentiel étant que Swingle rapporte des spécimens vivants intacts aux États-Unis. Preuve supplémentaire de leur manque de scrupule, jamais les autorités françaises ou coloniales ne furent informées du véritable objet de sa mission.

L'aventure malgache de Swingle débuta en juin 1928 en France, où il rejoignit le botaniste français Henri Humbert, déjà spécialiste de la flore de Madagascar. Lors de leur équipée dans le Nord et le Centre de l'île, ils découvrirent et recueillirent différents spécimens de plantes potentiellement laticifères, dont le cryptostegia, même si leur véritable mission était d'herboriser dans les régions plus sèches de l'extrémité sud-ouest du pays. Le tandem eut du mal d'une part à convaincre les indigènes d'intégrer l'expédition à cause des dangers qu'ils encouraient en chemin, et d'autre part à tenir les étrangers à l'écart de leurs trésors botaniques. Swingle et Humbert finirent par arriver à constituer un groupe de 41 porteurs en les menaçant d'un séjour en prison de 15 jours s'ils refusaient. Afin de « conserver leurs forces », les scientifiques se déplaçaient chacun dans une chaise à porteurs locale, appelée filanzane, portée par quatre indigènes sur leurs épaules. Lourdement chargé, le groupe s'aventura dans le désert sans une quantité d'eau suffisante, et cinq porteurs s'écroulèrent d'épuisement l'un après l'autre. Le groupe continua néanmoins sa progression, avec Swingle et Humbert désormais à pied. D'après le « rapport strictement confidentiel » de Swingle, le groupe parvint à acheminer de l'eau aux porteurs touchés, et aucun ne « mourut au final ».

Le seizième jour du périple, le groupe découvrit enfin un petit bosquet d'*Euphorbia intisy*. Les indigènes rechignèrent à récolter la plante dans un environnement escarpé et rocheux, mais quand Swingle leur offrit 40 cents par jour, soit trois fois leur salaire, ils cédèrent et l'expédition fut un succès, selon ses propres mots. Par la suite, Swingle rencontra un groupe de missionnaires luthériens américano-norvégiens basé dans la partie sud-est de l'île et s'arrangea avec eux pour mettre les graines d'*Euphorbia intisy* à l'abri sans en informer directement les instances coloniales françaises. Six mois après le début de l'expédition, Swingle et ses échantillons arrivèrent à New York en novembre 1928. Au printemps 1929, les responsables de l'USDA mirent en terre les premiers plants d'*Euphorbia intisy* sur des parcelles en Floride et en Californie. Comme dans de nombreux cas propres à la recherche américaine d'une industrie laticifère durable sur le territoire, les communiqués de presse retraçant l'aventure de Swingle reprirent la ritournelle selon laquelle une « révolution dans l'industrie américaine du caoutchouc » était dans l'air.

L'enthousiasme de départ pour la nouvelle culture laticifère ne dura pas. Sur les 58 plantes qui arrivèrent à Washington en novembre 1928, seules 20 étaient en état de prospérer. Après pas mal d'essais et d'erreurs, Swingle mit au point une méthode de multiplication des plants à partir des échantillons coupés. Ses meilleurs résultats furent obtenus grâce à l'utilisation d'une jardinière chauffée à l'électricité, conçue pour reproduire les conditions de température et d'humidité du désert malgache. Bien qu'incomplets, ses résultats le persuadèrent que l'expérience était couronnée de succès.

Pourtant, le projet *Euphorbia intisy* se termina brusquement. Le 16 juin 1930, alors même que Swingle présentait un rapport soulignant ses modestes succès, il fut avisé que l'USDA n'affecterait plus de fonds au projet. Plus tard dans la journée, il diffusa un autre rapport. « S'il existait la moindre raison pour moi de risquer ma vie pour obtenir ce matériau, ou pour les milliers de dollars déjà dépensés », avança-t-il, alors le projet devait être maintenu. Il avait toutes les raisons de penser que la plante « se révèlerait une grande réussite américaine ». En dépit de ces arguments, en 1934, seulement 4 plants demeuraient en terre sur le site expérimental de Bard, en Californie. Au cœur d'une décennie de difficultés économiques pour les États-Unis et de prix de caoutchouc bas aux Indes orientales, la perspective d'une culture laticifère nationale américaine semblait bien éloignée.

Le guayule et l'IRC dans la tourmente

Un destin similaire échut aux vingt années d'efforts de l'IRC pour faire du guayule une culture laticifère américaine. Bien que l'IRC ait été à l'origine d'une médiatisation et d'un intérêt considérables à l'égard du guayule pendant les années du plan Stevenson, la situation ne tarda pas à se décanter ensuite. Peu ou prou, chacune des idées émises par le président de l'IRC, George Carnahan, et ses collaborateurs demeura à l'état d'ébauche. Au fil du temps, la compagnie perdit progressivement espoir de trouver une source de caoutchouc durable. Ainsi, au printemps 1927, Carnahan persuada le gourou de la préparation militaire, Bernard Baruch, qui entretenait des liens avec l'IRC, de présenter un programme qui ferait du guayule un acteur majeur du marché international du caoutchouc. En clair, une telle proposition était en mesure d'apporter aux actionnaires de l'IRC d'énormes profits. Comme le reconnut Carnahan, les ambassadeurs du guayule « n'étaient et ne pouvaient être influencés par une quelconque considération altruiste ou nationaliste ». En fait, Carnahan souhaitait créer un syndicat international regroupant les plus grandes compagnies, au sein duquel les entreprises principales s'engageraient à acheter un volume défini de la production annuelle de l'IRC à des prix garantis. L'IRC facturerait 30 cents la livre de caoutchouc de guayule chaque fois que le prix du caoutchouc de Para (la meilleure qualité) serait en dessous de 37,5 cents, et ne facturerait que 80 % de la valeur du marché du caoutchouc de Para si le prix dépassait ce seuil. Dans une note confidentielle à Baruch, Carnahan se vanta que le coût de production de la compagnie était de 18 cents la livre, ce qui générerait un profit brut d'au moins 67 %.

Carnahan mit en avant des programmes de ce type grâce à Claudius H. Huston, un proche confident d'Herbert Hoover. Avec la garantie d'un prix minimal, le caoutchouc produit sur le sol américain était en mesure de concurrencer le produit importé. L'IRC pouvait signer des contrats avec les producteurs californiens, leur garantissant à leur tour un prix minimal pour leurs efforts. Carnahan espérait que ce programme obligerait les grandes entreprises à acheter jusqu'à 15 % de leurs besoins annuels en guayule, et l'IRC était assurée d'un marché annuel de quelque 63 000 tonnes. La compagnie n'avait pas l'intention d'attendre une urgence de guerre pour mettre en place une copie du plan Stevenson afin de contrôler les prix du caoutchouc. Sans surprise, toutefois, Carnahan ne parvint pas à convaincre les entreprises américaines de prendre cet engagement à une époque de bas prix du caoutchouc et de réticence politique à soutenir le destin d'une compagnie en particulier. Même si le plan Stevenson avait démontré que l'économie de guerre américaine pouvait menacer les réserves de caoutchouc des États-Unis autant qu'un conflit armé, Carnahan avait été trop exigeant.

En janvier 1928, l'IRC entreprit de revenir sous les feux de l'actualité avec le développement de sa marque de pneus automobiles « Ampar », produit élaboré intégralement à partir de caoutchouc cultivé sur le sol américain[2]. L'IRC produisit également un nouveau film qui portait haut les succès du guayule. La compagnie organisa une diffusion avec Thomas Edison à West Orange, dans le New Jersey, et au siège de la Ford Motor Company à Dearborn, dans le Michigan. Les essais portant sur une première série de 31 pneus de guayule indiquèrent que le produit possédait « une autonomie et une qualité de service globale égales » au pneu automobile standard. Selon le rédacteur d'*India Rubber World*, « Ceci ressemble fort à la réponse exacte à la question du caoutchouc brut ». Le caricaturiste de l'*Oakland Tribune* rebondit dans la même dynamique avec un dessin montrant un pneu élaboré à base de caoutchouc américain poursuivant un capitaliste replet et endimanché incarnant le monopole du caoutchouc étranger. Toujours est-il que les turbulences pour l'IRC apparurent quelques jours à peine après son annonce, car les problèmes de production obligèrent la compagnie à suspendre les opérations. Dans un télégramme envoyé en urgence, Carnahan demanda à ses collègues californiens de ne plus prendre de commandes de pneus Ampar. Rien n'indique que la production des pneus Ampar ait été plus qu'une simple campagne de publicité.

Les objectifs de la compagnie de développer une industrie du guayule dans le Sud des États-Unis se heurtèrent à certains écueils. Comme elle l'avait annoncé dans sa campagne éclair de 1926, l'IRC ambitionnait de développer la culture du guayule dans les États du Sud, impatients d'offrir une solution de remplacement à la monoculture du coton. Dès 1926, l'IRC se mit d'accord avec les responsables de la station expérimentale agricole et de la compagnie ferroviaire pour conduire des essais sur quatre sites en Caroline du Sud, en Géorgie et dans le Mississippi. En chemin pour rendre visite à Thomas Edison en Floride en 1927, Carnahan inspecta ces sites expérimentaux et découvrit dans chacun d'entre eux des plantes malades et d'autres problèmes. En juin 1928, Carnahan conclut que la plante du désert était tout simplement trop sensible aux maladies racinaires dans les conditions humides du Sud-Est, et l'IRC s'empressa d'arrêter ces essais.

Toutes les tentatives les plus désespérées de transformer les déchets de guayule en fertilisants, bois de chauffage recomposé, produits en papier et autres matières premières utilisées dans les explosifs firent chou blanc sur toute la ligne. De la même façon, un projet de développer une industrie de guayule en Érythrée s'avéra infaisable en raison des précipitations faibles et sporadiques sur place. L'IRC se tourna également vers les entreprises de fabrication de chewing-gums, car les matières premières nécessaires à leur production s'épuisaient. Mais prélever l'acétone nocif utilisé dans l'extraction du caoutchouc était véritablement délicat, et le chewing-gum à base de guayule émettait un « grincement » énervant qui le rendait inadapté à un développement commercial, y compris pour le marché du chewing-gum bon marché. Plus problématique encore, le « goût d'huile de lin ou de mastic », « insupportable » et « à l'amertume caractéristique » du guayule, imprégnait le chewing-gum. Malgré des recherches intensives dans le but de trouver un moyen d'éliminer le goût agressif, les représentants de la Wrigley Company exprimèrent leur insatisfaction en affirmant que la gomme de guayule n'avait « aucun intérêt pour [eux] et aucun avenir ». Carnahan essaya alors Beech-Nut. Après des mois d'efforts, les responsables de Beech-Nut annoncèrent fermement à Carnahan qu'ils étaient « absolument certains » que le produit ne donnait pas satisfaction. Le lendemain même, Carnahan ferma le laboratoire de recherche de l'IRC et congédia son chimiste principal. Sans parler de la violence au Mexique qui le toucha de près car des « bandits » kidnappèrent son frère, un ingénieur des mines basé à Zacatecas. L'IRC était sur le point de voler en éclats.

Dans ce contexte, l'IRC mit en place un nouveau plan. Quelques jours après le krach boursier, Carnahan demanda à être reçu par le président Hoover à la Maison-Blanche, pour lui montrer ses films sur le guayule. Le président déclina l'offre, prétextant un agenda surchargé en raison des « questions économiques » du pays, mais Carnahan eut son entretien à la Maison-Blanche en décembre 1929, au cours duquel Hoover suggéra le développement d'un programme par le biais du département de la Guerre plutôt que *via* l'USDA. Claudius Huston, allié d'Hoover, fut « complètement emballé » par l'idée et prit des dispositions afin que Carnahan encourage l'installation d'une réserve vivante d'environ 400 km² de guayule. Dans l'intervalle, Carnahan recontacta Thomas Edison pour en savoir plus sur les dernières découvertes éventuelles de son côté, en s'engageant à partager les succès d'Edison avec les dirigeants de l'industrie automobile et avec le président Hoover. L'inventeur rejeta malgré tout l'offre, réitérant sa préférence pour le solidage car la plante pourrait être disponible plus rapidement en cas d'urgence de guerre. Imperturbable, Carnahan accentua ses efforts pour obtenir des appuis au département de la Guerre. Il comptait sur la participation de responsables de haut rang à une visite des sites de guayule de l'Ouest américain et fut ravi d'avoir confirmation que le major Dwight Eisenhower était «très compétent». Le plan global, annonça-t-il à ses collègues californiens, est de montrer les installations de Salinas sous leur meilleur jour, et celles de l'IRC au Mexique moins favorablement, histoire de rappeler la nécessité d'une réserve nationale de caoutchouc.

Quant à Eisenhower, il trouvait fascinantes les perspectives du guayule en tant que culture stratégique, bien qu'ayant exprimé sa surprise que Carnahan «ne cesse d'en rajouter sur [sa] nature confidentielle». Eisenhower et Wilkes revinrent de leur tournée des sites de l'IRC avec un rapport validant la position de la compagnie à tous les niveaux. Tel que précédemment mentionné, cependant, le département de la Guerre fit peu de cas du rapport, de plus en plus confiant que le stockage, la collecte de déchets de caoutchouc et le développement d'alternatives de synthèse seraient appropriés. Pire encore pour l'IRC, ses tentatives de développer une industrie du guayule en Californie aboutirent alors que la Grande dépression s'aggravait. Les premières grandes plantations dans la Salinas Valley apparurent en 1927, alors même que le dynamisme du marché se conjuguait à la campagne antibritannique du secrétaire Hoover visant à affaiblir le plan Stevenson et contribuer à une réduction des prix du caoutchouc. Les perspectives à long terme pour une industrie fondée sur les cultures laticifères américaines avaient déjà commencé à fléchir. La compagnie procéda néanmoins au développement d'une machinerie adaptée à l'industrie du guayule et encouragea en même temps les plantations de guayule dans la Salinas Valley. Or, les prix du caoutchouc étaient tombés bien en dessous du coût de production de l'IRC, ce qui força l'entreprise à suspendre ses opérations dans trois de ses usines mexicaines et à retarder l'ouverture de son usine de Salinas, annoncée depuis longtemps.

En janvier 1931, les prix du caoutchouc étaient inférieurs à 22 cents le kilo. Le nouveau pressoir à extraction de caoutchouc de l'IRC à Salinas fut inauguré en grande pompe, et la compagnie put se targuer d'un investissement d'environ 150 000 dollars dans l'aventure, de sa large gamme de machines sur mesure et des promesses de revenus pour les agriculteurs dans la vallée (dont les champs de guayule seraient récoltés seulement tous les quatre ans). Pourtant, peu trouvèrent de raisons de croire la compagnie quand elle prétendait traiter 45 000 tonnes à l'année, soit 10 % de la demande en caoutchouc du pays. À la fin de l'année, Carnahan décrivit d'un air abattu la situation «déplorable» de l'industrie. Avec de grosses réserves et une faible demande, l'avenir semblait morose non seulement pour le guayule mais pour le secteur du caoutchouc dans son ensemble. Quand la Dépression provoqua une chute spectaculaire de la demande automobile et d'autres biens de consommation, les entreprises du caoutchouc durent vendre pneus et autres produits en dessous de leur coût de production. De son côté, l'IRC subit des pertes sèches de 304 000 dollars en 1930, 352 000 dollars en 1931 et 472 000 dollars en 1932. La compagnie réduisit considérablement ses plantations californiennes et fit tourner ses usines au Mexique et en Californie à un «régime d'entretien» seulement. Plusieurs agriculteurs ayant passé un contrat avec l'IRC abandonnèrent en même temps le guayule. Au final, la plupart arrachèrent les plants pour en faire des tas à brûler qui marquèrent solennellement l'échec de la production de guayule en Californie.

Figure 10. Les nouvelles installations de transformation du caoutchouc de guayule de l'IRC près de Salinas, Californie, vers 1931. Archives de l'IRC, DeGolyer Library, Southern Methodist University, Dallas, Texas, A1999.2225.

En bout de course, la compagnie continua de solliciter le gouvernement fédéral pour sauvegarder la seule culture laticifère produite sur le territoire américain. En 1931, Carnahan rencontra le président Hoover, Bernard Baruch et le sénateur de Virginie Carter Glass afin d'essayer de faire adopter la légis-lation visant à augmenter les tarifs sur le caoutchouc d'importation. Justifié comme moyen d'accroître le revenu pendant la Dépression, un tarif défini du caoutchouc contribuerait aussi à soutenir l'industrie chancelante du guayule. L'IRC fit pression pour que le caoutchouc de guayule importé du Mexique en soit exempté afin de «préserver sa solidité pour assurer un service rapide pendant une urgence de guerre». Lors d'une autre rencontre avec Hoover à la Maison-Blanche, Carnahan réclama explicitement des soutiens tarifaires, en demandant au président d'essayer de persuader Henry Ford d'investir dans le caoutchouc de Californie. Hoover donna son aval général au guayule mais indiqua qu'il n'y avait rien qu'il puisse faire dans le climat économique régnant. En désespoir de cause, l'IRC fit courir le bruit en 1932 que des Bolchéviques essayaient de voler les ressources botaniques mexicaines, entravant ainsi les efforts des principaux scientifiques soviétiques pour obtenir un visa afin d'effectuer des expéditions botaniques au Mexique.

Les tentatives pour sauver l'IRC s'avérèrent encore plus difficiles sous l'administration Roosevelt. En mai 1933, le Congrès prit en compte deux demandes qui avaient la bénédiction de l'assemblée législative de l'État de Californie. La première prévoyait un soutien tarifaire « spécifique » pour une culture laticifère nationale en tant qu'outil d'aide à la lutte contre le chômage. La deuxième alertait sur la menace d'une urgence de guerre et demandait une législation pour financer la plantation des pousses de guayule dans les pépinières de l'IRC. La résolution californienne exigeait une législation fédérale par laquelle « tous les contrats gouvernementaux nécessitant la consommation ou l'utilisation de caoutchouc » impliqueraient que le caoutchouc soit cultivé sur le territoire des États-Unis et de ses possessions. Carnahan et ses alliés justifiaient bien sûr ces propositions qui, en fournissant des fonds uniquement à sa compagnie et à ses actionnaires, seraient bénéfiques pour toute la nation. Comme auparavant, les adeptes du guayule légitimaient le soutien fédéral pour plusieurs raisons : il offrait l'assurance de réserves stratégiques de caoutchouc en cas de guerre, il développait une nouvelle culture bien adaptée aux terres marginales et il favorisait une balance commerciale dans une situation d'exportations agricoles déclinantes.

Aucune des propositions de l'IRC n'aboutit. Habitué à rencontrer des responsables républicains du Cabinet et de la Maison-Blanche, Carnahan n'apprécia pas l'attitude des partisans du New Deal[3] qui le laissèrent « en plan [...] dans l'antichambre » des fonctionnaires de bas étage. Ce qui ne l'empêcha pas, avec ses alliés, de présenter de nombreuses idées pour associer le guayule au New Deal. Le travail du guayule était à même de générer des emplois parmi les nombreux Américains sous-employés du Civilian Conservation Corps[4]. Le guayule pourrait sans doute faire partie d'un plan de restructuration de l'agriculture des États du Sud et de mise en réserve des terres marginales. De façon plutôt absurde, certains responsables de l'USDA proposèrent très sérieusement que le guayule à la croissance très lente soit utilisé comme culture contrôlant l'érosion des sols.

Durant ce temps, en septembre 1934, l'IRC se préparait à récolter 800 hectares de guayule plantés dans la Salinas Valley quelque quatre ans auparavant. L'IRC mobilisa sa machinerie pour transformer une espèce cultivée en Amérique en des douzaines de blocs rectangulaires de caoutchouc de guayule traité. Bien que la production initiale de 6 tonnes par jour ne représente qu'une faible moitié du 1% de la consommation journalière de caoutchouc du pays, elle constituait véritablement la première production d'une culture laticifère américaine à grande échelle. L'IRC utilisa cette récolte dans un ultime effort pour mobiliser l'intérêt des plus hautes instances du pays. Carnahan exposa les grandes lignes d'une proposition au secrétaire à l'Agriculture, Henry A. Wallace, qui, comme auparavant, prôna la valeur d'une « grande réserve de caoutchouc dans le tissu vivant » des plants californiens. Carnahan enrôla Bernard Baruch pour gagner le président à la cause du guayule et pria les responsables de l'USDA de se rendre à Salinas pour voir les opérations de leurs propres yeux. Cette visite ne se concrétisa pourtant jamais, et toute personne associée au cercle du secrétaire Wallace déclina l'invitation.

Au lieu de cela, le gouvernement Roosevelt chercha à sécuriser le caoutchouc en utilisant les voies diplomatiques. En avril 1934, les États-Unis soutinrent la création de l'International Rubber Restriction Committee (Comité international de restriction du caoutchouc), une entité réunissant théoriquement tous les chefs de file de la production et de la consommation de caoutchouc et contribuant à stabiliser les marchés. Contrairement au plan Stevenson, aucun pays ne serait bénéficiaire aux dépens des autres. Bien qu'ignorant les intérêts des plus petits planteurs de caoutchouc indigènes, le projet visait à équilibrer les intérêts des principaux producteurs de caoutchouc et des grands consommateurs. Par ailleurs, les diplomates américains commencèrent à entretenir des relations avec les pays potentiellement producteurs de caoutchouc de l'hémisphère ouest. Suivant la tendance, Carnahan déplora que les responsables de l'USDA aient « vendu 'au rabais' le caoutchouc américain » car ils jugeaient acceptable pour les Américains d'importer du caoutchouc dans le but de générer du pouvoir d'achat à l'étranger pour le surplus de production agricole. Le coup de grâce vint du livre à succès écrit par le secrétaire Henry Wallace, *New Frontiers*, qui rejetait catégoriquement la thèse d'un tarif soutenant l'industrie du guayule. De fait, Wallace suggérait que si ce tarif était appliqué les instances de l'industrie nationale du caoutchouc, y compris Carnahan et l'IRC, se retrouveraient à « pleurer continuellement » pour obtenir des protections complémentaires. Carnahan répondit en accusant « la conspiration de l'ignorance » du New Deal d'afficher sa détermination à gaspiller l'argent en théories fumeuses et en idées farfelues, alors qu'une ressource stratégique vitale demeurait inexploitée dans le sol californien.

Après vingt années de rhétorique nationaliste valorisant ses efforts, l'IRC commença à regarder ailleurs, en direction d'un pays plus favorable à l'égard du guayule. Sans soutien de la part de son propre gouvernement et harcelée continuellement par le gouvernement mexicain – qui appliquait toujours impôts et politiques du travail pour exercer des pressions sur les entreprises étrangères –, l'IRC préféra se tourner vers les économies autarciques d'Europe. Une entreprise de l'Allemagne nazie devint le meilleur client de l'IRC, même si cela impliquait de convertir les « marks Aski[5] », qui n'avaient aucune valeur aux États-Unis, en dollars américains *via* la devise mexicaine. En fait, le ministère de la Guerre italien avait mis en place des missions de recherche de plantes laticifères en Union soviétique et organisa des conférences sur le caoutchouc naturel à Rome dans un effort explicite de remettre en cause le monopole des « patrons du marché » néerlandais et britanniques. L'IRC loua l'Italie pour son « incitation à l'autonomie économique », défi pointé en direction des politiques économiques internationalistes de l'administration Roosevelt, qui avaient laissé le guayule en plan. Après plusieurs années de coopération initiale, l'IRC et la Confédération fasciste agricole officialisèrent les accords en 1937, peu après la conquête italienne de l'Éthiopie. La négociation engageait une filière italienne à rembourser l'IRC pour ses semences, sa machinerie, son expertise technique et une redevance de 12,5 % sur tout volume de guayule produit dans les dix-sept années suivantes. Profitant de leur investissement auprès de l'IRC, les Italiens ne tardèrent pas à planter du guayule au Liberia, en Sicile et ailleurs.

Début 1941, alors que les États-Unis étaient en paix et que les armées allemande et italienne étaient en guerre avec une vingtaine de nations, plus de 30 millions de plants et de pousses de guayule étaient cultivés dans l'Italie fasciste. Même après que l'Italie eut rejoint le camp des belligérants au côté des nazis en juin 1940, Carnahan tenta désespérément d'envoyer 105 barils de guayule à ses partenaires italiens, en rappelant que le blocus britannique était le seul responsable de cet empêchement.

Le solidage après la mort d'Edison

Au cours des années 1930, le projet du solidage d'Edison subit le même sort. Malgré l'enthousiasme de la fin des années 1920 et les résultats prometteurs du début des années 1930, les perspectives d'une culture de caoutchouc à partir du solidage cultivé sur le sol américain s'évanouirent face aux prix bas du caoutchouc et des autres priorités gouvernementales. De moins en moins d'Américains croyaient à l'efficacité du projet final d'Edison. Pourtant le projet du solidage résista un certain temps avant de céder. L'Edison Botanic Research Corporation ne montra aucun signe de ralentissement après la mort d'Edison en octobre 1931. Les résultats des cultures de Fort Myers furent prometteurs cet été-là : les rendements en caoutchouc augmentèrent sur 309 des 433 parcelles pour lesquelles les données pouvaient être comparées avec l'année 1930. Parmi les 1 500 essais menés en 1931, les employés d'Edison trouvèrent trente plantes contenant 8 % de caoutchouc, cinq en contenant 9 %, et une 10 %. De plus, le caoutchouc de solidage avait pu être vulcanisé avec succès quelques semaines à peine avant la mort d'Edison, perpétuant l'espoir qu'il pouvait être « aussi bon que le caoutchouc ordinaire ». Même si les derniers communiqués vantant les mérites du caoutchouc de synthèse firent réfléchir en interne, il apparut évident que le travail d'Edison ne tarderait pas à être récompensé. L'EBRC continua donc sur sa lancée sans entrave particulière. Ford et Firestone continuèrent de soutenir financièrement la compagnie, John V. Miller continua de gérer les affaires courantes et les employés d'Edison continuèrent leurs expérimentations, agronomiques à Fort Myers et chimiques à West Orange.

La saison 1932 fut pourtant loin d'être aussi prospère. Un grand nombre de pieds transplantés de la pépinière ne survécurent pas en plein champ. L'irrigation et les méthodes de fertilisation échouèrent, semble-t-il. Des tensions apparurent quant au choix des données à répertorier et à leur analyse. Le coup de grâce survint à l'été 1932 avec l'arrivée d'un champignon que le personnel de Fort Myers ne parvint pas à éradiquer. Les responsables de la société Firestone se plaignirent que les scientifiques de l'EBRC manquaient d'un véritable savoir-faire en termes de chimie du caoutchouc et, en toute logique, suggérèrent que l'expert en guayule, David Spence, auparavant à l'IRC, soit libéré de son travail pour participer au projet du solidage.

Ces considérations poussèrent Miller à engager une pointure en recherche agronomique. En juillet 1932, il se rendit à un colloque en compagnie d'Harvey Firestone Junior, déterminé à continuer le travail « d'une façon efficace et scientifique ». Firestone conseilla à Miller d'écrire à l'éminent professeur de l'université du Minnesota spécialiste en maladies des plantes, E. C. Stakman, pour trouver le sauveur de l'EBRC. Miller décrivit le poste comme très prometteur et laissa entendre que « plus tard [ils auraient] certainement besoin d'un ou deux autres jardins en Floride ou en Géorgie » et que « les stations expérimentales du gouvernement [les solliciteraient] pour la culture de ces plantes ».

Stakman recommanda Harry G. Ukkelberg, un natif du Minnesota de 34 ans, tout récemment diplômé en phytopathologie. Avec un parcours professionnel comprenant plus de 40 cours de sciences agricoles et plusieurs années d'expérience professionnelle, Ukkelberg possédait les bonnes qualifications pour le poste. Dans son offre initiale du poste avec un salaire de 200 dollars par mois, Miller expliquait que « à ce jour, les avancées sont bien présentes ». Sans utiliser le terme, Miller demanda instamment à Ukkelberg de traiter la question avec un œil sur le potentiel chimiurgique : « ce serait certainement un succès commercial si nous pouvions développer quelques produits annexes à partir des tiges ou d'autres extraits des feuilles ». Sur le chemin de Fort Myers, Ukkelberg s'arrêta à Washington pour rencontrer O. F. Cook, l'expert de l'USDA en plantes laticifères. Il est probable que les deux hommes aient aussi parlé de Luther Burbank car Cook avait récemment publié un essai passionné qui analysait les forces et les faiblesses de l'approche de Burbank sur l'amélioration génétique des plantes. En fait, dès 1910, alors que Burbank était quasiment au summum de sa reconnaissance et de sa popularité, les agronomes américains remirent en cause son absence de rigueur dans ses méthodes de croisement, son archivage approximatif et son manque d'intérêt à trouver ou appliquer les bases scientifiques du croisement et de la génétique des plantes. Comme le montre l'historien Paolo Palladino, les spécialistes scientifiques contestèrent Burbank, le « Magicien de Santa Rosa », précisément parce que ses méthodes anciennes et empiriques ressemblaient à celles de Thomas Edison, le « Magicien de Menlo Park ». Malgré la haute opinion dont continuaient à bénéficier Edison et Burbank dans l'opinion publique, Ukkelberg se retrouva – dans le cadre de ses premières fonctions – à un poste qui lui permettait de défier les deux icônes américaines.

Il se mit immédiatement au travail. Profitant de l'éclosion des fleurs de *Solidago leavenworthii* à son arrivée en septembre 1932, Ukkelberg démarra avec une série d'essais d'autofécondation. Quelques semaines après, il commença à travailler sur les pollinisations croisées. *A priori*, Edison et ses collègues n'avaient pas vraiment pris en compte ces questions. Sous la pression de Miller, de Ford et de l'équipe Firestone, les responsables de l'EBRC qui prévoyaient des résultats immédiats, Ukkelberg fit valoir que les avancées de la phytogénétique étaient lentes à venir. Il était simplement trop tôt pour savoir si

Figure 11. Le scientifique Harry G. Ukkelberg de l'Edison Botanic Research Corporation au milieu d'un océan de solidage, Fort Myers, Floride, août 1933. Avec l'aimable autorisation d'Edison-Ford Winter Estates, Fort Myers, Floride.

les tests étaient un tant soit peu probants. Il fallait d'abord voir si le processus pouvait générer une graine, patienter pour voir si elle germait puis attendre des mois pour vérifier si le plant possédait certains caractères améliorés.

En tant que phytopathologiste, Ukkelberg s'intéressait en particulier aux menaces liées aux maladies des plantes lors des expériences sur le solidage. Il craignait que l'enthousiasme de ses prédécesseurs d'utiliser des plants racinés comme moyen de multiplication n'augmente le risque de maladie fongique des racines. Deux semaines après son arrivée, Ukkelberg fit fabriquer à son assistant, Walter Hullmann, un dispositif de stérilisation grossière du sol. Au départ conçu pour dépanner, il fut fabriqué à partir d'une citerne de gasoil de 2 082 litres coupée en deux, montée sur un berceau artisanal fait de trois structures de Ford T, ensuite conditionné et isolé pour maintenir la chaleur. Le dispositif fut aussi conçu pour tuer les mauvaises herbes et les champignons avant que le sol ne soit utilisé pour les transplants de solidage. Miller offrit au départ de contribuer à payer « un super » stérilisateur de sol, car il refusait de « compromettre les tout derniers résultats en utilisant des appareils de piètre qualité ». Toutefois, après bien des tentatives pour trouver une machine plus appropriée à la tâche, il rejeta l'idée de la payer au plein tarif et escomptait bien en trouver une dans « un atelier de seconde main à Newark ». Bien qu'Ukkelberg eût expliqué que le système artisanal n'était probablement pas efficace pour tuer tous les champignons et bactéries nuisibles, Miller estima que payer 300 à 400 dollars « dépassait les bornes ». Ukkelberg reconnut également qu'il aurait besoin d'améliorer la qualité et la quantité d'eau disponible sur le site. Avec un nouveau réservoir pour stocker l'eau de pluie, un nouveau forage atteignant rapidement les eaux de surface et une nouvelle pompe, les parcelles expérimentales purent être irriguées deux fois par jour.

À la même époque, l'EBRC entreprit de renforcer ses liens avec l'USDA. À la différence d'Edison, résolu à diriger une équipe indépendante de chercheurs et un réseau de partenaires, Ford et Firestone étaient disposés à consulter des experts extérieurs. William Taylor, chef du Bureau of Plant Industry (Bureau de l'industrie des plantes), proposa immédiatement de tester le solidage sur plusieurs sites de l'USDA. En novembre 1932, Ukkelberg envoya 150 boutures à la station d'inspection des plantes près de Washington, prémices d'un prochain déferlement de matériel végétal à Fort Myers. Par ailleurs, relançant l'intérêt d'Henry Ford d'étendre les expérimentations sur le solidage, Ukkelberg fit parvenir des boutures provenant de Fort Myers aux universités et aux sites agricoles expérimentaux du Michigan, de l'Ohio, de l'Iowa et du Tennessee.

Malgré les nombreuses difficultés rencontrées par l'EBRC à Fort Myers cet été-là, ainsi que la transition radicale vers un nouveau programme dirigé par Harry Ukkelberg, la saison 1932 montra un progrès continu du travail expérimental. Le rapport trimestriel d'Ukkelberg du 19 janvier 1933 apporta son lot de bonnes nouvelles pour Miller et les dirigeants de l'EBRC. En compilant ses résultats, Ukkelberg conclut avec enthousiasme que le «pourcentage maximal de caoutchouc n'a[vait] pas encore été obtenu». En planifiant l'année 1933, Ukkelberg réaffirma que les rendements en caoutchouc se stabiliseraient bientôt, à moins que les croisements remplacent la sélection comme stratégie première. Ukkelberg planta donc un grand nombre de parcelles avec la variété E.P.C. 573-A et il compléta la plupart des parcelles restantes avec d'autres espèces de *Solidago (mirabilis, fistulosa, stricta, nashii, altissima, tortiflora* et *elliottii)*, illustrant ainsi le principe selon lequel il pouvait associer les qualités souhaitées de ces espèces aux caractéristiques laticifères de *S. leavenworthii*. Ukkelberg mit en place un système d'expérimentations agricoles destiné à déterminer les facteurs d'une production optimale de caoutchouc. Au cœur de l'été, quand toutes les plantes eurent atteint une hauteur d'environ deux mètres, un océan de solidage recouvrait les parcelles entourant le laboratoire de Fort Myers. Cultiver du caoutchouc à domicile semblait plus que jamais en passe de se concrétiser.

Un an plus tard, les résultats de Fort Myers s'avérèrent toutefois décevants. En 1932, 49 % des plants d'E.P.C. 573-A testés affichèrent un rendement d'au moins 7 %. À l'opposé, seulement 9 % des plants d'E.P.C. 573-A testés en 1933 produisaient plus de 7 % du caoutchouc. Pour justifier auprès de Miller ces résultats décevants, Ukkelberg souligna une nouvelle fois qu'il n'avait jamais été satisfait des méthodes de sélection qu'Edison et son équipe utilisaient. Dans la continuité, Ukkelberg laissa entendre qu'Edison et Burbank usurpaient quelque peu leur réputation de «magiciens», notamment dans le cadre actuel des connaissances agronomiques. En fait, il ne comprenait pas comment les résultats d'Edison étaient apparus aussi probants au tout début, car «en sélectionnant les plantes sur la base du seul pourcentage de caoutchouc, il est facile de voir comme les sélections ont pu être mal faites». Il réitéra cette critique deux semaines après : «J'en arrive à la conclusion définitive suivante : nous nous focalisons trop sur le pourcentage de caoutchouc avant de prendre en compte les conditions dans lesquelles ce pourcentage a été obtenu». Et de continuer : «Je pressens que nous prenons un bon départ en faisant du solidage une plante laticifère mais aussi que la marge de progression est grande». D'après l'analyse d'Ukkelberg, le problème principal était que «la sélection sur une pure ligne clonale n'a[vait] aucune valeur, si ce n'est une valeur douteuse». Selon lui, seuls les tests de pollinisation contrôlée et libre pouvaient réellement améliorer les résultats.

Ukkelberg invita Miller à lire des extraits d'un livre récent, *Genetics in Relation to Plant Breeding (Génétique et sélection des plantes)*, critiquant ouvertement les méthodes de Burbank et démontrant tout simplement que les multiplications purement végétatives ne pourraient jamais produire des plantes d'une teneur en caoutchouc élevée. À de nombreuses reprises, Ukkelberg prit le temps d'exposer à Miller qu'Edison accordait une trop grande importance aux lignées clonales ou à l'utilisation des boutures et des jeunes plants issus de racines comme vecteur de propagation du solidage.

Bien sûr, les responsables de l'EBRC durent aussi faire face aux questions des dépenses et de l'orientation à donner aux recherches sur le caoutchouc à Fort Myers sur le long terme. En avril 1933, Harvey Firestone suggéra que, au vu de la «période difficile», il serait temps pour l'EBRC de réduire sa participation au projet. En janvier 1934, Earl Babcock, le chimiste de Firestone, se rendit à Chapman Field et à Fort Myers et conclut que, sur la durée, les installations de l'USDA avaient plus de chance de faire avancer les recherches que l'EBRC. Ainsi, début 1934, Miller proposa quatre options aux actionnaires de l'EBRC : continuer une autre saison de travail dans la même veine que 1933 pour un coût d'environ 30 000 dollars ; continuer et étendre le projet au développement de machines pour planter, récolter et sécher, ce qui impliquerait un investissement supplémentaire en s'adjoignant les services d'un mécanicien, d'un ingénieur chimiste, voire des deux ; abandonner tout le travail de culture dépassant le stade des variétés valables de solidage existantes jusqu'à ce qu'une urgence de guerre les rende nécessaires ; transférer l'ensemble du projet expérimental au gouvernement et permettre aux scientifiques officiels de continuer ou d'interrompre le projet à leur gré. Par ce mémo, Miller sembla abattre ses cartes en faveur de la première option ; «Ce serait tout à fait inopportun d'arrêter les expérimentations à ce stade», car il est certain qu'une autre saison de recherches contribuerait à valoriser l'ensemble du projet.

John V. Miller et les principaux actionnaires, Ford, Firestone et Mina Edison, se réunirent à Fort Myers pour débattre des différentes options. Le groupe vanta les mérites du travail de l'EBRC, déclarant que les résultats «démontraient pleinement que du caoutchouc acceptable pouvait être obtenu à partir du solidage [...], l'objectif premier de M. Edison [...] avait été atteint».

Mais ils admirent que les progrès du processus d'extraction et de la machinerie associée dataient déjà de quelques années. Partant de là, ils décidèrent que la meilleure option était de persuader le gouvernement fédéral de reprendre le projet. Dans cette perspective, les responsables de l'EBRC dépêchèrent Miller et Charles Edison à Washington pour présenter leur proposition. En privé, Harvey Firestone admit qu'il était prêt à définitivement «clore l'affaire» si l'aide du gouvernement ne se matérialisait pas.

Le 5 avril 1934, Charles Edison et Miller rencontrèrent le secrétaire à l'Agriculture, Wallace, et le directeur-adjoint du Bureau of Plant Industry, F. D. Richey. Edison apporta avec lui des clichés des activités de Fort Myers et des échantillons modestes mais convaincants de caoutchouc produit à partir du solidage cultivé sur place. Wallace et Richey précisèrent toutefois que leurs finances étaient restreintes. Le budget du gouvernement pour l'ensemble des recherches sur les cultures laticifères dans plusieurs sites des États-Unis et d'ailleurs n'était que de 60 000 dollars, seulement le double de ce que l'EBRC dépensait annuellement pour ses humbles activités de Fort Myers et de West Orange. Pourtant, Richey et Wallace déclarèrent qu'ils étaient «profondément intéressés» par les recherches d'Edison. Ils dépêchèrent le scientifique de l'USDA Loren G. Polhamus à Fort Myers pour en savoir plus.

Malgré les réticences de Mina Edison, l'USDA proposa officiellement de reprendre les opérations d'essais chimiques et de commencer le travail expérimental sur le solidage dans son site d'acclimatation de plantes près de Savannah. Les raisons motivant la décision de l'USDA d'installer les recherches sur le solidage à cet endroit sont loin d'être évidentes, surtout au regard du rejet constant de toutes les propositions provenant de l'IRC en 1933 et 1934. Quoi qu'il en soit, le site de l'USDA de Savannah s'était établi dès le début des années 1930 comme le centre national de la recherche sur le bambou. En sus, le domaine hébergeait 2 500 variétés de plantes étrangères cultivées, dont la chayotte du Guatemala, le citronnier nain de Chine, l'abricotier du Japon et le genièvre d'Afrique du Nord. Bien que la culture de solidage, plante indigène d'Amérique, représentât le départ du calendrier de la station, l'aspect pratique avait aussi son importance. Possédant une maison à quelques kilomètres de là, il semble bien qu'Henry Ford ait utilisé son influence politique pour en sécuriser le transfert à Savannah. En tout cas, le travail collaboratif avec les scientifiques de l'USDA maintint le projet à flot tout en permettant aux scientifiques du gouvernement d'être en contact avec l'homme que Ford engagerait bientôt pour superviser les expériences menées sur ses propriétés de Géorgie, Harry Ukkelberg.

Ignorant les objections de Mina Edison et les hésitations du gouvernement fédéral à reprendre le projet, les responsables de l'EBRC acceptèrent les conditions offertes par l'USDA. En mai 1934, Miller demanda à Ukkelberg de préparer aussitôt le transfert du projet à Savannah. En juillet, 3 500 plants avaient été envoyés à Savannah; en novembre, le total dépassait 22 000. Au printemps 1935, 19 830 nouveaux spécimens des plants de Fort Myers furent adressés aux enquêteurs gouvernementaux. L'USDA reprit également à son compte la médiatisation des avancées du solidage. À titre d'exemple, en 1934, un communiqué affirmait : « le solidage est prévu de devenir la source de caoutchouc commercialisable la plus prometteuse ». Mais ce jour était encore à venir. Après une autre tournée d'extraction de caoutchouc et d'expérimentation début 1934, l'EBRC cumulait un total de 3 kilos de caoutchouc de solidage. Les discussions sans enthousiasme à Washington sur le destin du projet du solidage permettent d'expliquer l'échec des États-Unis à se préparer adéquatement à la crise du caoutchouc de 1942. En janvier 1935, le secrétaire Wallace informa le président Roosevelt que le travail d'Edison « serait réduit à néant » sans un appel de dernière minute pour les ajustements budgétaires. Le président répondit toutefois qu'il ne considérait pas la question des cultures laticifères « suffisamment urgente » pour en faire une ligne spéciale de recommandation. La réticence du gouvernement à continuer le projet fut un véritable camouflet pour la famille Edison.

Dans une lettre à son fils Charles, Mina Edison exprima le regret que « le Botanic nous [ait] été retiré ». Charles Edison fit à nouveau appel au soutien du gouvernement pour les recherches de son père sur le solidage en 1936, engrangeant au passage l'appui d'Eleanor Roosevelt, qui fit à son tour pression sur le secrétaire Wallace. Comme durant l'année précédente, Wallace en appela alors au président Roosevelt, expliquant que les scientifiques du Bureau of Plant Industry affectés au projet étaient prêts à subir « une réduction draconienne des autres lignes importantes de la recherche sur le caoutchouc ». Les chercheurs de l'USDA avaient cependant établi que le résultat d'Edison fréquemment mis en avant de 13 % de caoutchouc d'un plant de solidage ne pouvait être reproduit : la probabilité d'une réelle avancée s'avérait « peu prometteuse ». Pourtant sceptique, Wallace conclut avec un appel direct à un financement supplémentaire pour les recherches sur les cultures laticifères nationales, car il était « concevable que chacune des conditions distinctes » soit en mesure de totalement couper l'accès américain au caoutchouc des Indes orientales, « ce qui serait une véritable catastrophe ». Une fois de plus, le président Roosevelt refusa d'étendre la recherche américaine aux cultures laticifères nationales. Plus tard cette année-là, le département de l'Agriculture focalisa son attention sur l'étude de la maladie de la rouille qui touchait l'hévéa, et le département d'État intensifia ses efforts pour développer les plantations de caoutchouc dans les pays alliés d'Amérique du Sud et d'Amérique centrale.

Si les recherches de l'USDA sur le solidage à Savannah continuèrent avec très peu de moyens, la recherche de l'EBRC sur une culture laticifère acclimatable se poursuivit à Fort Myers sur un fil. En 1934, les ouvriers plantèrent 220 parcelles de solidage, soit 64 % de moins que l'année précédente. Au printemps 1935, Ukkelberg ne planta que 60 parcelles. L'EBRC parvint néanmoins à maintenir ses opérations, grâce notamment à la réticence de Mina Edison de voir le projet se terminer et la conviction de Miller que les recherches d'Ukkelberg conservaient toute leur valeur.

En mai 1936, la veuve d'Edison, mariée depuis peu à Edward Everett Hugues, et son fils Charles consentirent finalement à dissoudre l'EBRC et à mettre un terme au projet de Fort Myers «dès que possible». Miller rencontra sa sœur et son neveu à plusieurs reprises ce printemps avant que la fermeture de la compagnie ne fut unanimement décidée le 29 mai 1936. Une réunion tenue à West Orange le 1er juillet 1936 confirma la dissolution de l'EBRC. Déclarant que les plans de Thomas Edison «avaient été réalisés avec la confirmation absolue que certaines variétés de solidage *(Solidago)* produisaient de l'excellent caoutchouc brut», Miller, Mina Edison Hugues et Charles Edison choisirent de récompenser Ukkelberg «pour son travail consciencieux et de grande qualité», de vendre autant de matériel à Henry Ford qu'il le souhaitait pour ses propres recherches agricoles et d'attribuer à l'USDA le brevet d'extraction de caoutchouc d'Edison. Ainsi, au milieu des années 1930, le projet de solidage d'Edison, les investissements de l'IRC dans le guayule et l'enthousiasme de l'USDA pour le laiteron, *Euphorbia intisy* et les autres plantes laticifères s'étaient réduits comme peau de chagrin. La recherche américaine sur une culture laticifère nationale avait atteint son niveau le plus bas.

Chimiurgie, nationalisme économique et caoutchouc dans la région de Savannah

Or, au même moment, l'agriculture écrasait de sa présence le paysage industriel, scientifique et géopolitique. Le concept de «chimiurgie», selon lequel les Américains devraient produire des ressources agricoles pour fabriquer d'importantes matières premières industrielles, commençait à faire son chemin dans l'opinion publique au milieu des années 1930. Wheeler McMillen, un éminent chimiurgiste et éditeur-adjoint de *Farm and Fireside*, interviewa Ford et Edison en 1928 au sujet de la recherche sur le caoutchouc à Fort Myers. Ford resta ensuite en contact avec McMillen et l'invita souvent à Dearborn, dans le Michigan, pour débattre plus en profondeur de l'utilisation industrielle des cultures agricoles. De son côté, McMillen était persuadé que la chimiurgie prospérerait une fois recueilli le soutien des «trois hommes [qu'il avait] considérés comme les trois plus grands Américains alors en vie… Edison, Ford et Hoover».

L'année 1935 plaça le mouvement sous les feux de la rampe, quand Ford et William Hale, un cadre de la Dow Chemical Company, se résolurent à créer une organisation nationale pour soutenir le concept de chimiurgie. Ils invitèrent de Dearborn différents représentants de l'agriculture, de la science et de l'industrie à la réunion inaugurale de ce qui devint le National Farm Chemurgic Council (NFCC, Conseil agrochimiurgique national), avec Henry et Edsel Ford comme co-animateurs. Dans un décor de mémentos écrits par Edison durant sa carrière, de chaises et de bureaux d'Abraham Lincoln, le tout à l'intérieur de la réplique de l'Independence Hall que Ford avait érigé à Greenfield Village, les chimiurgistes présentèrent en grande pompe une spectaculaire «Déclaration de dépendance au sol». Selon les chimiurgistes, «Quand , dans le parcours de vie d'une nation, ses habitants négligent les lois de la nature, la nécessité les oblige à se tourner vers le sol» et à chercher une «nouvelle frontière » dans la recherche sur les cultures agricoles. Le mouvement chimiurgiste était indubitablement politique. Les éminents chimiurgistes raillaient l'appel de l'administration Roosevelt en faveur des réductions de cultures et de la pénurie artificielle ; ils tournèrent en dérision les programmes du New Deal d'État-providence et d'aide par le travail présentés comme un piètre substitut au « travail honnête » et rappelèrent que les responsables nationaux avaient échoué à apprécier la vulnérabilité américaine au contrôle étranger des matériaux stratégiques. Il était à leurs yeux hors de question de dépendre de l'Allemagne et du Japon, et ils récusaient l'impatience de l'administration Roosevelt d'étendre des relations commerciales bilatérales avec d'autres pays.

Entre-temps, les liens unissant Ford, Edison et la lutte pour la mise en place de sources nationales de matières premières industrielles ne cessaient de s'imbriquer. En mai 1936, Henry Ford recruta Ukkelberg, dégagé depuis peu de ses obligations à Fort Myers, pour diriger le travail agricole expérimental aux fermes Ford de Ways Station, en Géorgie. Bien qu'éloignées de seulement six kilomètres, les installations de recherche agricole de Ford restèrent séparées et distinctes de la station d'acclimatation de plantes de l'USDA. Les archives illustrent les comptes-rendus contradictoires des types de travaux accomplis dans la retraite géorgienne de Ford à la fin des années 1930. Selon Ukkelberg, son patron « souhaitait continuer le travail sur le solidage à Savannah », et lui ne demandait pas mieux. Il obtint de Miller des spécimens de solidage de Fort Myers, environ 10 000 plants en tout, pour démarrer les cultures sur la propriété de Ford, et il transféra une partie du vieil équipement de l'EBRC pour meubler son laboratoire. Ukkelberg planta du solidage peu après son arrivée et demanda à Ford de lui fournir une salle de séchage, une serre et un laboratoire afin de continuer les expériences d'hybridation. Comme le rappela cependant Ukkelberg ensuite, Ford lui annonça dès ce premier hiver : « nous ne continuerons pas le travail sur le solidage. Plantez-en juste un peu pour des raisons sentimentales. J'ai fait cela pendant des années pour me rendre compte au final que cela ne l'intéressait plus ». Ukkelberg se rappelait également avoir réalisé, comme l'avait probablement fait Edison au moment opportun, que le solidage ne pouvait tout simplement pas produire suffisamment de caoutchouc pour constituer une solution en cas d'urgence de guerre.

Pour autant, ces commentaires tranchent avec les documents rescapés qui indiquent clairement que la recherche sur le solidage continuait à l'intérieur des domaines de Ford en Géorgie jusqu'à 1944 au moins, et avec l'implication d'Ukkelberg. Ainsi, en 1937, l'équipe planta 59 variétés de solidage, chacune par rangée de 200 plants. Comme à Fort Myers, Ukkelberg contrôla rigoureusement le pourcentage en caoutchouc, le poids des feuilles, la taille et l'évolution des plantes issues de graines et de boutures. De la même façon, il suivit attentivement les avancées des croisements hybrides qu'il avait lancés à Fort Myers, concluant en 1938 que « la capacité à produire du caoutchouc est une condition héréditaire », justifiant *a priori* ses expériences génétiques sur le solidage. Pourtant, dans leur globalité, ces tests furent modestes et les résultats peu encourageants. Les rendements en caoutchouc tout au long de la fin des années 1930 dépassèrent rarement 7 % ; le plus haut fut un spécimen à 9,13 % sur la saison 1938.

À quelques kilomètres à peine du domaine de Ford, de l'autre côté de l'Ogeechee, l'USDA continuait aussi les recherches sur le solidage sur son site d'acclimatation de plantes près de Savannah. Les chercheurs plantèrent et analysèrent du solidage chaque année, dès 1934, et se concentrèrent rapidement sur quatre variétés de *Solidago leavenworthii*. Les expérimentateurs essayèrent sur le solidage différents régimes de multiplication, sols, contrôles antiparasitaires, fumure, stratégies de récoltes, méthodes de stockage et autres. Sans surprise, ces recherches ne changèrent pas le fait que le caoutchouc de solidage ne pouvait concurrencer économiquement le caoutchouc d'hévéa importé. Les rendements en caoutchouc montaient pourtant régulièrement, et comme l'avait prévu Edison *a priori*, cela n'enlevait rien à l'intérêt de la plante en cas de véritable pénurie de matières premières. Quand ce fut le cas en 1942 pour le caoutchouc, les données répertoriées par les scientifiques de Savannah facilitèrent la mise à grande échelle des opérations en 1943.

Alternatives secondaires

Alors qu'*Euphorbia intisy*, le guayule et le solidage sombraient dans un oubli relatif, un destin similaire se profilait pour les autres plantes laticifères qui avaient retenu l'attention dans les années 1930. L'USDA continuait ainsi la recherche de cultures laticifères à la station d'acclimatation de plantes de Bard, en Californie, une installation à l'image de celle des environs de Savannah. Là, la recherche d'une plante adaptée aux terres arides se centra sur *Asclepias erosa*, une espèce de laiteron que le botaniste californien Harvey Monroe Hall avait mise en avant à la suite de ses recherches initiales du chrysothamnus à caoutchouc. De 1931 à 1934, les scientifiques gouvernementaux de la station de Bard plantèrent plusieurs parcelles tests de laiteron en Californie et en Arizona. La recherche extensive révéla des stratégies optimales de propagation, de culture et de récolte. La plante afficha une germination immédiate, une croissance rapide et ses feuilles récoltées purent être stockées pendant des mois sans perdre leur teneur en caoutchouc. Mieux encore, la plante eut un rendement maximal en caoutchouc de 13 %, avec une moyenne très prometteuse de 8,6 %. Selon un autre rapport, «Les exploitations agricoles de laiteron ne [devraient] pas être difficiles à mettre en place», si l'hévéa venait à perdre son avantage économique concurrentiel.

Une autre culture laticifère américaine fit l'objet d'études approfondies, le poinsettia, *Euphorbia pulcherrima*. Un nombre incalculable de personnes avait suggéré à Edison que la sève gommeuse de la plante rappelait le caoutchouc, même si l'inventeur avait rapidement écarté cette possibilité. Néanmoins, Edgar B. Davis, le magnat autrefois à la tête du plus grand empire financier lié au caoutchouc des Indes orientales, envisagea la plante comme une solution attrayante pour remplacer la monoculture du coton du Sud des États-Unis. À la fin de sa carrière, Davis avait fondé une organisation philanthropique d'un million de dollars, la Luling Foundation, qui s'empressa de tester le guayule et le poinsettia au milieu des années 1930 comme cultures laticifères potentielles pour le Sud du Texas. De la même façon, l'homme d'affaires d'Orlando Chester Kennison persuada le gouverneur de Floride et les responsables agricoles de mener des recherches sur cette plante. Les responsables de la station expérimentale de Floride étaient sceptiques. En fait, Kennison comme Davis découvrirent rapidement que le poinsettia n'offrait pas un grand potentiel, et cette possibilité de culture laticifère fut écartée. Un autre ambassadeur inconditionnel du poinsettia, Herman E. Pitman, apparut sur la scène en 1934 et déclara qu'il pouvait fournir 60 % des besoins en caoutchouc du pays à partir de cette plante. Ces exagérations furent rapidement battues en brèche. Pitman fut arrêté pour fraude, ce qui fut assimilé après coup à un canular. Au cours de cet épisode, un responsable de l'USDA frustré se plaignit : « si seulement les gens savaient quel boulot formidable c'est de courir après une source de caoutchouc purement américaine ! »[6]. Comme toujours ou presque, les pragmatiques gardant un œil sur les sources économiques et sécurisées de caoutchouc d'hévéa importé n'avaient guère de temps à consacrer aux enthousiastes qui continuaient d'en appeler à une culture laticifère nationale.

Caoutchouc et débats sur la préparation à la guerre

Les conflits géopolitiques liés au caoutchouc dans les années 1930 rencontrèrent un autre obstacle de taille. Alors que l'Allemagne, l'Italie et le Japon affichaient leur agressivité sur la scène internationale, le vent politique aux États-Unis tourna en faveur d'un isolationnisme encore plus flagrant. Les responsables du mouvement chimiurgique eurent beau en appeler à une stratégie offensive de nationalisme et d'autarcie économique, les Américains choisirent de se voiler la face devant une conjoncture internationale inquiétante. Les responsables politiques prônant l'isolationnisme soutenaient déjà que toute initiative politique se coupant du passé équivaudrait à accélérer l'intervention américaine dans le conflit mondial. Plus frappant encore, le sénateur du Dakota du Nord, Gerald Nye, accueillit les audiences du Congrès de 1934 à 1936, révélant que les contrats gouvernementaux dans la première guerre mondiale avaient été entachés par les conflits d'intérêt entre responsables militaires et industriels. Aux yeux des critiques de gauche, « les marchands de mort » poussèrent délibérément le pays dans des imbroglios internationaux permettant leur « mercantilisme guerrier ». Les tenants de la préparation à la guerre aux États-Unis se retrouvèrent sur la défensive. Rares étaient ceux à oser prôner la nécessité de se préparer aux pénuries de matériaux stratégiques comme le caoutchouc. Charles Edison constituait une exception en soi. En novembre 1936, le président Roosevelt lui demanda de remplacer Henry Latrobe Roosevelt comme secrétaire adjoint de la Marine, le même poste que Theodore Roosevelt et lui-même avaient utilisé comme tremplin dans leur propre carrière politique. En raison de l'état de santé déclinant du secrétaire de la Marine, Claude Swanson, Edison ne tarda pas à prendre les commandes de la préparation de la marine nationale devant l'éventualité d'une guerre. Ne cachant pas sa conviction en faveur d'une Défense forte, Edison attira naturellement l'attention de Bernard Baruch, l'un des plus fervents défenseurs de la préparation à la guerre. Dénonçant dans ses discours les vues des nazis sur le Mexique et les autres pays d'Amérique latine, il insista sur le fait d'avoir une réserve de caoutchouc pour pouvoir répondre stratégiquement. Le Council of Foreign Relations (Conseil des relations extérieures) se joignit également aux débats, soulignant l'importance du caoutchouc et tirant les leçons du plan Stevenson sur les politiques aveugles et protectionnistes. Au final, l'environnement isolationniste de la fin des années 1930 ne fit qu'éloigner un peu plus le projet des cultures laticifères nationales.

Dans ce contexte, les décideurs politiques américains firent le minimum d'efforts pour se préparer à une éventuelle pénurie de caoutchouc en appliquant des stratégies alternatives. La première s'appuyait sur le caoutchouc de synthèse, censé être à portée de main. À l'automne 1931, en annonçant avoir fabriqué un caoutchouc de synthèse commercialement viable, DuPont s'inscrivait dans cette tendance, qu'un historien a citée comme confirmant la conviction des Américains à venir à bout des difficultés économiques de la Dépression. Plus généralement, les historiens ont identifié un «courant sous-jacent d'optimisme et de triomphalisme américain» derrière la conviction qu'une véritable crise du caoutchouc ne surviendrait pas. Les cadres de la Standard Oil Company of New Jersey (SONJ) renforcèrent ce sentiment en assurant aux journalistes que la compagnie avait des projets en place et pouvait commencer à installer des usines de caoutchouc synthétique «immédiatement» si le gouvernement le lui demandait. Un tel optimisme collait aussi avec l'espoir répandu selon lequel les États-Unis pouvaient éviter d'être pris au piège de la crise mondiale en pleine expansion. Un texte isolationniste vantait ainsi les mérites du caoutchouc de synthèse : «Une chose est sûre : s'il existe quelques raisons d'une guerre incertaine et à distance avec le Japon [...] le caoutchouc [...] n'est pas l'une d'elles». Le principe communément admis que les Américains maîtrisaient la fabrication du caoutchouc de synthèse ne pesait pas lourd à une époque où rien n'était fait pour que l'industrie privée opère un changement structurel nécessaire.

Alors que la guerre en Europe se faisait plus précise, une poignée de décideurs politiques américains se tourna vers une autre stratégie de préparation : le stockage de caoutchouc. À partir de 1936, un petit comité issu des départements d'État, du Commerce, de la Guerre, de la Marine, du Trésor et de l'Intérieur créa officieusement un Comité interministériel des matériaux stratégiques. Dirigé par l'économiste du département d'État Herbert Feis, ce groupe mettait régulièrement en garde contre l'éventualité d'une crise liée aux différents matériaux stratégiques et demanda des stocks de caoutchouc comme élément fondamental dans la stratégie de sécurité nationale de l'Amérique. Pour Feis et ses alliés, la montée en puissance du Japon dans le Pacifique et le déclin de la puissance de l'Empire britannique fit de l'Asie du Sud-Est une zone d'importance stratégique extrême. L'étain, la quinine, l'amidon et d'autres denrées étaient aussi sous la menace. Pourtant, le président Roosevelt freina ces tentatives de stockage de caoutchouc et d'autres matériaux, principalement du fait qu'il préférait remédier au problème du chômage de façon plus directe. Globalement, ni les grandes compagnies de caoutchouc, ni le gouvernement fédéral n'étaient prêts à investir dans des offres complexes de stockage de caoutchouc qui perturberaient les accords internationaux régulant les prix et la production du caoutchouc.

L'imminence de la guerre finit par ouvrir la voie au stockage du caoutchouc. En juin 1939, Feis et Joseph Kennedy Senior, l'ambassadeur américain en Grande-Bretagne et père du futur président, négocièrent un accord controversé autorisant les États-Unis à échanger un surplus d'environ 600 000 balles de coton contre 90 000 tonnes de caoutchouc britannique. Les chemins du secrétaire Wallace et de Charles Edison, désormais secrétaire adjoint de la Marine, se croisèrent de nouveau, car les deux faisaient partie des responsables du transfert, de l'inspection et du stockage du caoutchouc échangé. L'accord fut conclu entre les deux hommes le 25 août 1939, une semaine avant l'invasion de la Pologne.

Dès l'entrée en guerre de la Grande-Bretagne face à l'Allemagne, le programme ne cessa de se compliquer. L'espace pour le fret se réduisit, les Britanniques avaient plus besoin de liquidités que de coton, et les dirigeants du pays prévoyaient d'utiliser le caoutchouc pour se rapprocher des États-Unis. Finalement, en juin 1940, les responsables du mouvement de préparation militaire forcèrent le Congrès à financer la Rubber Reserve Company (RRC, Compagnie de réserve de caoutchouc), une agence gouvernementale chargée d'acheter et de stocker le caoutchouc fourni par l'Asie du Sud-Est, surmontant ainsi les problèmes d'obtention d'espace de chargement dans les bateaux du Pacifique et les chemins de fer transcontinentaux, et de gestion des entrepôts. Les programmes développés à la va-vite de la RRC et les succès modestes offrirent aux isolationnistes une autre raison de croire que l'attaque japonaise dans le Sud-Est asiatique n'affecterait pas les intérêts américains.

La troisième stratégie de préparation, misant sur l'espoir que les pays d'Amérique du Sud pourraient encore fournir les États-Unis en caoutchouc, correspondait à l'approche hémisphérique des questions commerciales de l'administration Roosevelt. Depuis des décennies, la plupart des tentatives de mettre en place une industrie du caoutchouc en Amérique latine, comprenant l'investissement de plusieurs millions de dollars d'Henry Ford dans les plantations brésiliennes, avaient été anéanties par la maladie sud-américaine des feuilles (SALB), endémique à l'hévéa au Brésil. Une des plus grandes chances de régler la question résidait dans la station d'acclimatation de plantes de Chapman Field, dans les environs de Miami. Créé au plus fort du plan Stevenson, ce site s'était essayé au guayule, au cryptostegia et au solidage, mais sa plus grande contribution dans les années 1930 avait été le développement d'un plant d'hévéa résistant à *Microcyclus ulei* dont les défenseurs avaient la conviction qu'il pourrait mener au rétablissement de l'industrie du caoutchouc latino-américain. Dès 1934, 30 000 arbres à caoutchouc poussaient sur cette propriété de Floride.

Wallace et son indispensable conseiller scientifique, Earl Bressman, invoquèrent des raisons géopolitiques pour justifier le choix du caoutchouc d'Amérique latine, en rappelant que les investisseurs allemands, japonais et italiens avaient déjà pris les devants dans leur propre course aux alternatives au caoutchouc asiatique. À en croire les internationalistes comme Baruch et Wallace, les responsables politiques s'opposant aux investissements américains à l'étranger faisaient barrage. Encore plus frustré une fois la guerre commencée en Europe, Wallace confia à Baruch qu'il avait essayé de «ramener à la raison les responsables du Congrès depuis deux ans en vain» sur le fait que les investissements dans l'agriculture et la sylviculture sud-américaines constituaient une stratégie essentielle pour réduire la dépendance aux ressources asiatiques.

Ces trois initiatives – caoutchouc synthétique, stockage et tentative de démarrer la production de caoutchouc en Amérique latine – ne donnèrent pas grand-chose. La plupart des Américains ne s'alarmaient pas outre mesure de l'évolution inquiétante des affaires mondiales, pas plus que leurs dirigeants. Ainsi, un membre du Congrès, Hamilton Fish III, déclara en 1939 : «Je ne peux concevoir aucune guerre qui mettrait un terme à la production de ces matières premières». Le secrétaire d'État Cordell Hull justifia laconiquement cette attitude quand il constata que les cultures laticifères nationales comme les substituts de caoutchouc de synthèse seraient de moindre qualité et plus chers que le caoutchouc d'hévéa importé. Partant de ce postulat, il conclut que toute alternative au caoutchouc porterait préjudice au mode de vie américain. Dans un discours donné devant l'Army Industrial College en novembre 1939 – après que l'Allemagne nazie et l'Union soviétique eurent envahi et démantelé la Pologne, et que le Japon eut pris le gros de l'Asie orientale sous son contrôle –, A. L. Viles, longtemps à la tête de la Rubber Manufacturers' Association (Association des manufacturiers du caoutchouc, anciennement Rubber Association of America), n'exprima *a priori* aucune inquiétude à propos d'une menace éventuelle sur les ressources de caoutchouc américain. Viles ignora les défaillances du programme de caoutchouc synthétique des Allemands sous prétexte de leur «stupidité abyssale», les appels en faveur des cultures laticifères nord-américaines, «certainement inapplicables», et les tentatives de développer les plantations d'hévéa d'Amérique latine jugées trop aléatoires à une époque où «un quidam» du fin fond du Brésil pourrait se retourner contre les intérêts économiques américains pour des raisons politiques. N'entrevoyant aucune interruption possible de la voie d'approvisionnement asiatique, Viles assura aux responsables de la préparation militaire américains : «nos exigences militaires ont toutes les chances d'être satisfaites».

Discussions sur le caoutchouc avant Pearl Harbor

Alors que les armées allemande et japonaise continuent de conquérir pays après pays et colonie après colonie de 1939 à 1941, certains hauts responsables américains rejettent toujours aussi activement l'investissement dans les cultures laticifères nationales. Quatre raisons principales justifient l'opposition à cette alternative : l'influence des isolationnistes qui suggèrent que la véritable préparation militaire est superflue ; l'assurance que les investissements modestes dans le caoutchouc synthétique et le stockage de caoutchouc seraient appropriés ; la conviction dans les efforts entrepris pour encourager la recrudescence naturelle du caoutchouc en Amérique latine comme stratégie à long terme ; la confiance dans les moyens néerlandais et britanniques à résister à l'agression japonaise et à la contenir. Ainsi, J. A. Seiberling, cadre de Goodyear, déclare lors d'un discours en avril 1940 qu'il doute fort que les Japonais soient assez « effrontés » pour attaquer les « îles du caoutchouc ». Durant l'automne 1941, le président Roosevelt va jusqu'à expliquer dans une lettre à sa femme que sa priorité est d'apaiser les Japonais et d'éviter toute perturbation du commerce de l'étain et du caoutchouc. Dans ce contexte, certains experts rejetèrent le stockage de caoutchouc, l'investissement dans les usines de caoutchouc synthétique et l'installation de plantations de caoutchouc en Amérique latine car chaque approche pouvait déséquilibrer et faire double emploi avec une « industrie rentable et établie ».

Nombreux furent ceux qui estimaient que si pénurie il y avait elle serait minime et brève, et pourrait être contenue grâce à un programme relativement modeste de stockage de caoutchouc naturel et de soutien de l'industrie du caoutchouc synthétique. Lors d'une conférence de presse en mai 1940, Roosevelt rassura les Américains sur le fait que la situation n'était pas désespérée et qu'il avait confiance dans les capacités des scientifiques à produire des substituts si la conjoncture l'exigeait. Les chefs de file de l'industrie du caoutchouc s'opposèrent à un investissement important dans le caoutchouc synthétique ou dans des sources alternatives de caoutchouc naturel car les résultats ne feraient qu'exacerber les problèmes de surplus qui nuisaient à l'industrie depuis le début des années 1930. Alors que l'Allemagne nazie et l'Union soviétique s'engageaient massivement en faveur du caoutchouc synthétique tenu pour vital dans leurs efforts de préparation à la guerre, les dirigeants américains eurent une autre approche. Ainsi, en octobre 1940, Jesse Jones, à la tête de la nouvelle RRC, annonça ses plans pour un investissement modeste dans les usines de caoutchouc synthétique dans la perspective de produire 100 000 tonnes. Toutefois, sous la pression de ne pas « projeter la silhouette d'usines de caoutchouc synthétique avant qu'elles ne soient nécessaires », Jones réduisit la production planifiée de 40 000 tonnes, pour en arriver au printemps 1941 à simplement 10 000 tonnes. Avec le recul, les critiques s'empressèrent de reprocher à Jones l'émergence de la crise du caoutchouc en 1942. Pourtant, même le modeste programme de stockage porta ses fruits quand la crise du caoutchouc survint dans le sillage de Pearl Harbor. Quand Singapour tomba aux mains des Japonais en février 1942, les États-Unis parvinrent à sécuriser plus de 600 000 tonnes de caoutchouc, volume certes suffisant mais bien juste pour alimenter le pays jusqu'à ce que débute la production de caoutchouc de synthèse en 1943.

Pendant ce temps, le secrétaire Wallace et ses alliés insistaient sur le fait que la politique nationale du caoutchouc devrait être intégrée à une grande stratégie d'expansion du marché des produits agricoles américains. Ces «internationalistes agricoles» considéraient les plantes à caoutchouc plutôt comme des matières premières d'une importance industrielle et militaire; elles constituaient aussi des outils pouvant être utilisés pour mener à bien les objectifs stratégiques. La solution passait par le développement des plantations d'hévéa sous les tropiques d'Amérique latine, et non par les essais de cultures laticifères sur le territoire. Les investissements dans le caoutchouc latino-américain équilibreraient non seulement le risque de dépendance au marché asiatique, mais permettraient également aux agriculteurs et aux producteurs d'instaurer des accords commerciaux réciproques sur les denrées nécessaires à l'Amérique du Sud. Ces tentatives ignoraient ou sous-estimaient toutefois un point crucial : il faudrait au moins sept ans pour qu'une nouvelle industrie latino-américaine fondée sur le caoutchouc d'hévéa arrive à maturité.

Néanmoins, le 10 mai 1940, le jour même où l'armée allemande envahit les Pays-Bas, exposant ainsi les Indes orientales néerlandaises à une invasion japonaise, Wallace annonça ses plans d'offensive stratégique pour promouvoir la renaissance du caoutchouc produit en Amérique du Sud et dans les Antilles. Dans les mois qui suivirent, les États-Unis signèrent des accords commerciaux avec le Brésil, le Costa Rica, le Nicaragua, le Pérou, la Bolivie et dix autres pays potentiellement producteurs de caoutchouc pour consolider leur accès aux réserves potentielles de caoutchouc latino-américain. Ces accords prévoyaient de couvrir les dépenses initiales du lancement d'une industrie caoutchoutière, englobant une réserve des graines d'hévéa résistant à la maladie produites à Chapman Field. Dès septembre 1940, l'USDA avait rassemblé plusieurs équipes de botanistes et d'agronomes universitaires, qu'on envoya au Brésil, en Colombie, au Honduras, aux Philippines et ailleurs avec instructions d'écumer la campagne en quête de ressources génétiques de plantes laticifères prometteuses.

Face à ce feu nourri d'opposants, les défenseurs du caoutchouc national ne trouvèrent qu'un maigre soutien à l'échelon fédéral. Au département de la Guerre, les experts de la préparation militaire avaient enterré et oublié la recommandation de Dwight Eisenhower en 1930 de planter 1 600 km² de guayule comme réserve de caoutchouc vivante disponible en permanence, à récolter en cas d'urgence de guerre. Au département d'État, les responsables continuèrent d'ignorer les recommandations du petit comité d'Herbert Feis alertant sur les pénuries de caoutchouc en Asie du Sud-Est. Puis au printemps 1940, alors même que l'armée allemande envahissait l'Europe occidentale, la Chambre des représentants entreprit de couper tous les budgets prévus pour la recherche sur les plantes. Convaincu que la recherche sur le solidage et les plantes similaires n'était qu'un «passe-temps de scientifiques», le membre du Congrès du Missouri Clarence Canon voulut supprimer purement et simplement l'enveloppe allouée au Bureau of Plant Industry pour le caoutchouc et les autres plantes tropicales. Bien que le budget final sauvegardât 23 000 dollars pour la recherche sur le caoutchouc à Savannah et à Chapman Field, la culture du caoutchouc sur le territoire était à l'évidence bien loin d'être prioritaire aux États-Unis au printemps 1940.

Pourtant, dans l'atmosphère d'indifférence générale, quelques exceptions apparurent. À titre d'exemple, un rapport non signé de l'USDA datant d'avril 1940 soulignait combien il était «impératif» que les États-Unis agissent afin de réduire leur dépendance à un coin «reculé» du monde pour les réserves de caoutchouc. Quadrillant les principales zones de progrès de la recherche sur le caoutchouc, l'auteur avançait qu'avoir la clairvoyance de planter de l'hévéa dans le Sud de la Floride et du guayule dans le Sud-Ouest aiderait le pays si une crise du caoutchouc devait survenir. En mai 1940, Drew Pearson et Robert Allen utilisèrent leur rubrique nationale «*Washington Merry-Go-Round*» pour critiquer «l'incroyable nonchalance» affichée par les départements de l'Agriculture et d'État sur la problématique du caoutchouc.

Au printemps 1940, les responsables du site californien de Salinas et leurs alliés de Washington lancèrent également un projet pour ressusciter l'industrie du guayule. Au mois d'avril, la chambre de commerce locale adressa un flot de lettres aux journalistes influents, aux membres du Congrès, aux directeurs de cabinets et au président Roosevelt, signalant le guayule comme solution de remplacement. À la Chambre, John Z. Anderson, le membre du Congrès représentant le siège de l'IRC à Salinas, se fit connaître comme l'un des grands ambassadeurs du guayule. En juin, le sénateur de Californie, Sheridan Downey, proposa un décret demandant un financement accru pour contribuer à la défense du pays et de ses alliés de l'hémisphère ouest. Lors des sessions du Congrès sur ce décret, plusieurs experts en caoutchouc et en chimie attestèrent que la solution du caoutchouc de synthèse ne pouvait être garantie. Le sénateur du Texas, Morris Shepard, en rajouta avec l'inquiétante prédiction que «la civilisation ne pouvait continuer sans pneus en caoutchouc» et que «l'actuelle civilisation matérielle américaine ne pourrait durer une année». Pour sa part, Downey avertit ses collègues que ce serait une «négligence criminelle» de ne pas se préparer à la pénurie de caoutchouc et des autres denrées.

Les ambassadeurs du guayule en 1940 recrutèrent également le gourou de la préparation à la guerre, Bernard Baruch. Bien qu'il eût participé à la mise en place de l'échange du coton américain contre le caoutchouc britannique en 1939, Baruch était perturbé par les menaces sur les réserves américaines de caoutchouc et en avait conclu au printemps 1940 que le caoutchouc synthé-tique était encore trop futuriste pour offrir une véritable contribution à l'effort de guerre à venir. Dans son entreprise de promotion du décret de prépara-tion à la guerre, le sénateur Downey livra un discours avertissant des pénu-ries imminentes de caoutchouc, du besoin d'établir des liens plus forts avec le Mexique et des limites du programme sur le caoutchouc de synthèse. Baruch vit les communiqués de presse et écrivit à Downey ce même jour : «Je suis désolé de ne pas vous avoir rencontré pendant ces trois dernières années durant lesquelles je prêchais la préparation. Nous aurions pu faire plus de progrès». Dans le mois qui suit, Baruch amène Carnahan à Washington pour défendre le guayule devant la National Defense Advisory Commission (NDAC, Commis-sion consultative de la Défense nationale), une agence travaillant discrète-ment sur les questions de préparation à la guerre. Le témoignage de Carnahan indique que l'IRC ne pouvait produire plus de 550 tonnes de caoutchouc par année à partir de ses sources mexicaines, soit 0,08 % de la consommation du pays en temps de guerre. Pour un investissement de 112 millions de dollars, cependant, le gouvernement pouvait produire du guayule sur plus de 3 000 km² de terres non exploitées situées à l'ouest pouvant générer 100 000 tonnes de caoutchouc cru de guayule par année, soit 15 % de la consommation normale. Réalisant que l'IRC n'obtiendrait pas du gouvernement américain les types d'accords de redevance et de protection de brevet que le gouvernement italien avait offerts, Carnahan mit une nouvelle offre sur la table : mettre en vente l'ensemble des actifs américains de l'IRC (mais pas ses opérations mexicaines relativement rentables) au gouvernement. Après vingt-huit ans de tentatives d'établir une industrie du guayule aux États-Unis, l'IRC était prête à se retirer, et la menace de guerre lui offrait une opportunité de compenser ses investissements. Comme le disait Carnahan, l'IRC avait «bon espoir de faire rentrer de l'argent», et ce d'une manière impossible dans un marché libre. À partir de là, le véritable programme de l'IRC était de vendre ses actifs de caoutchouc national au gouvernement américain.

La plupart des responsables, toutefois, continuaient d'afficher leur scepticisme quant au guayule. Et très peu pouvaient soutenir l'achat d'une entreprise privée par le gouvernement. À la Chambre, Everett Dirksen, membre du Congrès, fit valoir que l'USDA avait dépensé 400 000 dollars au cours des huit dernières années dans la recherche des cultures laticifères nationales sans pour autant produire de résultats tangibles. En juillet 1940, le secrétaire à l'Agriculture Wallace répondit à ces appels en soulignant l'«attention sympathique» que son département avait donnée aux développements du guayule depuis longtemps. «Il est vrai qu'actuellement il existe une urgence concernant les réserves de caoutchouc aux États-Unis», admit Wallace, même s'il ne pouvait «visualiser» une situation où le caoutchouc de guayule pourrait concurrencer les sources importées. De plus, il avait publiquement et explicitement placé le guayule comme le type de projet que le gouvernement ne pouvait simplement pas soutenir. Carnahan, Baruch, Anderson et Downey intensifièrent leurs efforts pour trouver un soutien fédéral pour le guayule, en vain.

La plupart des responsables gouvernementaux reconnurent qu'aucune urgence liée au caoutchouc ne s'annonçait. La NDAC rejeta la proposition du guayule, convaincue que le guayule n'offrirait «aucune solution» si les sources habituelles venaient à être coupées. Avec optimisme, les responsables du Council of National Defense ne prévirent aucune pénurie de caoutchouc imminente, et ils mirent en avant l'édition d'août 1940 du magazine *Fortune,* qui confirmait la décision du gouvernement de ne pas investir dans les usines de caoutchouc de synthèse avant qu'elles ne soient nécessaires. Même Henry Knight, l'homme chargé des recherches à l'USDA sur l'utilisation industrielle des cultures agricoles, ne pressentit aucune urgence à développer des sources alternatives de caoutchouc. Après une réunion avec des collègues de l'USDA en décembre 1940, Knight inscrivit dans son carnet de bord : «Mon conseil a été de continuer les programmes en Amérique du Sud mais de les réévaluer d'ici à cinq ans.

Les efforts de promotion du guayule s'intensifièrent en 1941. En avril, l'éditorialiste national Damon Runyon vanta les mérites du guayule dans un article qui accusait ouvertement les dirigeants américains d'avoir échoué dans leurs tentatives de préparation à la guerre. Immédiatement après, le membre du Congrès Anderson de Salinas prit à nouveau la parole à la Chambre et dénonça, dans un discours très critique à l'égard des responsables gouvernementaux, leurs politiques «impensables» et «parfaitement ridicules». Prédisant que les réserves de caoutchouc du Pacifique seraient bientôt à sec, Anderson plaida : « Quand allons-nous nous réveiller ?». À la suite des applaudissements de ses collègues, Anderson conclut en appelant à planter une réserve d'urgence de guayule, d'environ 1 600 km², une réserve vivante de caoutchouc pouvant produire quelque 125 000 tonnes.

Le destin du guayule rencontra d'autres obstacles après la mort du président de longue date de l'IRC, George Carnahan, en mars 1941. Reconnaissant qu'il pouvait s'attendre à «une opposition politique violente» face à sa stratégie de renflouement, Henry G. Atwater, nouveau dirigeant de la compagnie, détermina que seule une «campagne soigneusement quadrillée et soutenue encore à définir» pouvait réussir. Convaincu que les actionnaires de l'IRC méritaient quelque 3,5 millions de dollars comme juste retour de leurs investissements de trente ans dans une ressource stratégique, Atwater entreprit de faire pression sur les responsables de Washington chaque semaine. Plusieurs responsables convinrent que l'IRC méritait une compensation pour ses graines et son expertise, mais aucun ne pouvait se rappeler un précédent ou imaginer un programme pour un tel sauvetage. De plus, la plupart des responsables de l'USDA conservèrent leur engagement envers le caoutchouc sud-américain. En avril, Claude Wickard, successeur de Wallace au secrétariat de l'Agriculture, avertit le président Roosevelt que la médiatisation récente autour de la solution du guayule avait été quelque peu exagérée. Uniquement dans le cas d'une «extrême urgence» entraînant une «coupure complète» des réserves de caoutchouc en provenance d'Asie, les États-Unis devraient se tourner vers une culture nationale. Le président prit l'avis de Wickard à cœur.

Une fois encore, les défenseurs du guayule adaptèrent leur stratégie. Du fait que les sceptiques avaient remis en cause la faisabilité des projets sur 1 600 km² et 3 156 km², le membre du Congrès Anderson déposa un nouveau projet de loi demandant au gouvernement d'acheter ou de louer les ressources américaines de l'IRC et de commencer la production de guayule sur seulement 180 km². Au cours des nombreuses discussions sur le guayule et ses possibilités, plusieurs responsables de l'USDA donnèrent leur avis. Le 6 juin 1941, Elmer W. Brandes livra une analyse simple des avantages et des inconvénients de la plante, rendant hommage aux recherches approfondies de l'IRC et à sa «machinerie ingénieuse». Si la guerre du Pacifique devait durer jusqu'en 1947, prédisait Brandes, les États-Unis pouvaient espérer obtenir plus de 60 % de leur caoutchouc à partir du guayule mais seulement 12 % à partir de sources synthétiques. Loren Polhamus, l'expert ès cultures laticifères du département, conclut que le guayule offrait une « assurance certaine » en cas de crise du caoutchouc, mais que le gouvernement n'avait « aucun plan » d'investir ou d'offrir une aide financière à ceux qui souhaiteraient s'y consacrer. À l'opposé, un autre responsable de l'USDA avança que la surcapacité de caoutchouc aux Indes orientales prouvait que personne n'investirait sérieusement dans le guayule. Même si les sources indo-orientales étaient coupées, une « quantité quasi illimitée » de caoutchouc était réalisable à partir du synthétique comme des sources latino-américaines.

Toujours est-il que le projet de loi d'Anderson cala. Malgré ses efforts hebdomadaires de pression, Atwater, de l'IRC, n'arriva pas à persuader les experts de la préparation à la guerre de l'Office of Price Administration, du département de la Marine, de la RRC et d'autres agences de respecter la stratégie. Il dut souvent faire avec des fonctionnaires partis en congé, *a priori* loin d'être inquiets au sujet de l'invasion nazie de l'Union soviétique ou des avancées des Japonais en Indochine, à même de menacer les intérêts américains. Plusieurs membres du Congrès et responsables du bureau du Budget demandèrent pourquoi l'IRC souhaitait vendre ses actifs en Californie mais pas au Mexique. D'autres discutèrent du concept et des implications futures d'une aide gouvernementale en faveur d'une compagnie privée américaine comme l'IRC. Firestone et la plupart des autres grandes compagnies de caoutchouc rejoignirent les responsables fédéraux en exprimant leur peu d'intérêt dans le caoutchouc de guayule. La Reconstruction Finance Corporation (RFC, Société de reconstruction financière) renvoya une évaluation qui n'était « pas indulgente ». En septembre 1941, une autre agence gouvernementale étudia la question et conclut qu'un investissement dans le guayule serait bien plus rentable que le caoutchouc de synthèse, mais elle écarta les deux possibilités car elle n'y voyait aucune utilité ou justification pour l'intervention du gouvernement dans l'industrie privée du caoutchouc.

Seuls quelques experts au-delà de la Salinas Valley portèrent haut la parole du guayule et d'autres cultures alternatives. L'un d'eux était Ernst Hauser, professeur associé d'ingénierie chimique au MIT. Hauser alertait les Américains sur l'éventuelle crise du caoutchouc depuis 1935, l'année où il émigra aux États-Unis. Lors d'un discours en juin 1941, il remit en cause directement la foi des politiciens sur la question du caoutchouc. Étudiant les alternatives, Hauser conclut que le guayule pourrait être considéré comme la « réserve nationale idéale ». Même si l'ingénieur chimiste Hauser était plutôt disposé à soutenir le caoutchouc de synthèse – ce qu'il fit en 1942 –, il admit que le temps nécessaire pour développer à la fois le caoutchouc de synthèse et celui des plantations d'Amérique latine serait encore plus long que celui nécessaire au guayule. Hauser railla ceux qui doutaient encore du guayule : « Nous avons trop attendu au cours de nos études systématiques du caoutchouc produit localement ; n'attendons pas trop longtemps dans notre entreprise du caoutchouc cultivé au pays ».

Le guayule trouva une autre voix d'influence en la personne de William O'Neil, président de la General Tire and Rubber Company. «Pourquoi copier Hitler avec du caoutchouc synthétique coûteux?», lança-t-il, alors que le guayule promettait d'être une solution plus économique, plus fiable et cultivée à domicile. C'est ainsi qu'à la fin de l'année 1941, avant même Pearl Harbor, O'Neil et le publicitaire de sa compagnie, W. H. Mason, parcoururent le pays pour promouvoir le guayule. O'Neil et Mason prédirent qu'une pénurie de caoutchouc était imminente et que les investissements dans le guayule seraient moins coûteux, détourneraient moins de matériaux importants de la production de guerre, et offriraient des bénéfices plus intéressants sur le long terme pour l'économie américaine que n'importe quel investissement dans le caoutchouc de synthèse.

Malgré les avertissements de Baruch, Hauser, O'Neil et autres, peu de responsables politiques, industriels ou simples citoyens américains s'inquiétaient outre mesure d'une pénurie imminente de caoutchouc. Le caoutchouc n'était pas encore en première ligne, et les rapports diffusés affichaient un message optimiste et complaisant. Ainsi, le *Dallas Morning News* approuvait les efforts du gouvernement de développer les projets de caoutchouc dans les pays d'Amérique latine comme des signes que «l'Oncle Sam […] est un investisseur futé». Ce journal vantait aussi le caoutchouc de synthèse dérivé des sources pétrolières comme une industrie en expansion au Texas, déclenchant ainsi une autre motivation chez ceux qui croyaient plus au synthétique qu'aux cultures expérimentales comme le guayule. Les articles de la presse populaire soulignèrent également la simplicité, la rapidité et la fiabilité de convertir le pétrole en caoutchouc et assuraient aux automobilistes que les stocks de pneus et de caoutchouc seraient importants.

Fin 1941, la revue professionnelle *Chemical and Metallurgical Engineering* prédit que la production de caoutchouc synthétique en 1942 pourrait atteindre 90 000 tonnes, soit un huitième des besoins du pays. Entre-temps, Goodyear publia une série d'annonces intitulées «Rapport sur la situation du caoutchouc», qui louait les programmes gouvernementaux et les progrès du caoutchouc de synthèse, et laissa entendre qu'il y aurait assez de pneus pour tout le monde. Et les étudiants qui avaient entendu la prédiction de vastes réserves de caoutchouc de A. L. Viles en 1939 avaient quitté l'université; l'Army Industrial College avait fermé ses portes en décembre 1941, et ses étudiants étaient réquisitionnés pour l'effort de guerre. Au final, la concordance de la complaisance gouvernementale, des dispositions inédites du décret Anderson et de l'opposition active des responsables gouvernementaux et industriels entrava tout intérêt dans les cultures laticifères nationales à la fin des années 1930 et au début des années 1940, alors même qu'une guerre mondiale se propageait en Europe et en Asie.

Chapitre 5

Cultures en temps de guerre
La recherche sur les plantes laticifères à grande échelle

Le dimanche 7 décembre 1941, sous le titre « Les États-Unis cultivent leur propre latex », le *New York Times* publia un article détaillé présentant le guayule comme la culture capable de libérer le pays de sa dépendance au caoutchouc importé. Le jour de sortie de cet article était une pure coïncidence, si l'on en juge par le nombre important d'articles de même teneur publiés occasionnellement dans les journaux et magazines américains au cours des deux dernières décennies. L'article pointait l'éventualité de véritables pénuries de caoutchouc liées à la guerre avec le Japon et laissait entendre que le Congrès devrait adopter le projet de loi prévoyant la plantation de 18 000 hectares de guayule sous le contrôle du gouvernement fédéral. L'article ne suggérait toutefois pas qu'une crise du caoutchouc, lourde de menaces pour l'ensemble des efforts de guerre des Alliés, fût imminente.

Ce que l'actualité du jour même s'empressa de démentir. Avec l'attaque sur Pearl Harbor, les Japonais déclenchèrent une vague d'attaques se terminant par la saisie des plantations, entrepôts et bateaux liés à l'industrie du caoutchouc dans tout le Pacifique et l'Asie du Sud-Est. La chute de Singapour en février 1942 coupa les États-Unis et ses alliés d'au moins 95 % de leurs réserves de caoutchouc. En l'espace de quelques semaines, les États-Unis furent privés de leur principal bien d'importation d'origine agricole, cette denrée naturelle économiquement indispensable sur les plans militaire, social et industriel. Malgré les alertes répétées de la part de Thomas Edison, Henry Ford, Dwight Eisenhower, Bernard Baruch et de tant d'autres durant les dernières décennies, le pire des scénarios se produisit. Dans les jours suivant l'attaque de Pearl Harbor, les dirigeants américains reprirent espoir de trouver une solution aux pénuries imminentes de caoutchouc offerte par l'agriculture nationale. Les programmes et autres projets en faveur des cultures laticifères nationales précédemment rejetés revinrent au premier plan. La plupart privilégiaient le guayule, seule culture à afficher un bilan positif.

D'autres plantes, comme le solidage, le laiteron, le cryptostegia et le chrysothamnus, firent aussi l'objet d'une attention renouvelée. Et un nouveau candidat apparut sur scène, le kok-saghyz, ou pissenlit de Russie, offrant *a priori* une solution particulièrement prometteuse en temps de crise. D'autres plantes improbables telles que le poinsettia, l'euphorbe feuillue, les patates sauvages, l'oranger des Osages, le sureau et bien d'autres furent présentées par des citoyens ordinaires comme la panacée. Et d'autres encore, comme nous le verrons dans le prochain chapitre, assurèrent que des céréales communes pouvaient être transformées directement en caoutchouc synthétique, faisant de tout céréalier américain un producteur de caoutchouc potentiel. La guerre et l'agronomie avaient, de toute évidence, fini par lier leurs destinées dans la perspective de libérer le potentiel des cultures laticifères nationales.

À la différence des projets isolés, à petite échelle et éphémères qu'Edison et d'autres adeptes des cultures laticifères avaient menés dans les années 1920-1930, l'émergence de la guerre mondiale imposa une approche plus offensive et plus approfondie. Le gouvernement fédéral s'impliqua dans la politique agricole et industrielle de façon plus marquée qu'il ne l'avait fait quelques années auparavant, en explorant des domaines où l'industrie privée était inefficace. Si la première guerre mondiale avait généré des rapports ambigus entre science et guerre, les obstacles précédents avaient été éliminés au début des années 1940. De nombreux Américains faisaient désormais confiance à la communauté scientifique pour trouver une solution agricole nationale à la crise du caoutchouc, ce qui par la même occasion relançait les perspectives de carrière de milliers de scientifiques. Comme le déclara John Collyer, président de la F. Goodrich Company, au plus fort de la crise du caoutchouc, les chercheurs universitaires et les ingénieurs étaient les « rangers et commandos militaires » dont on avait besoin pour gagner la seconde guerre mondiale. Au final, c'est le caoutchouc de synthèse dérivé du pétrole, et non les cultures laticifères nationales, qui apporta les changements les plus significatifs aux politiques économiques du caoutchouc. Dans l'environnement actuel, où l'on procède à des recherches de solutions high-tech et synthétiques pour n'importe quel problème, ce résultat n'aurait rien de surprenant. Il convient toutefois de rappeler que la seconde guerre mondiale fut à l'origine de ce courant de pensée. Dans le sillage de Pearl Harbor, la terre était l'objet de toutes les attentions, et de nombreux Américains cherchaient une source intérieure de caoutchouc naturelle et durable.

Un large engagement national destiné à mobiliser la science, l'industrie et l'agriculture vit le jour sous l'appellation « Emergency Rubber Project » (ERP, Programme d'urgence du caoutchouc). Créé en mars 1942, l'ERP émergea comme l'équivalent du projet Manhattan pour les sciences végétales, relativement comparable en termes de taille, d'urgence et de cadre interdisciplinaire. Entre 1942 et 1945, plus d'un millier de phytopathologistes, physiologistes, généticiens, agronomes, entomologistes, forestiers et ingénieurs agricoles œuvrèrent à trouver une solution agricole à l'urgence du caoutchouc américain. Des dizaines de milliers d'ouvriers agricoles, de travailleurs du bâtiment, d'agents administratifs et d'autres salariés solidaires se joignirent également à l'effort. En fait, l'ERP permit quelques-unes des recherches les mieux financées et les plus axées sur l'agriculture dans toute l'histoire de la nation. Ironiquement, l'ERP et les recherches qui en découlèrent firent du guayule la plante cultivée la plus abondamment étudiée n'ayant toujours pas de marché commercial d'importance.

Après Pearl Harbor

Avec le caoutchouc de synthèse techniquement réalisable bien que toujours à mille lieues de la réalité en termes de production de masse, nombreux furent ceux qui ne virent comme choix restreint que de se tourner vers le guayule et autres cultures méconnues. Avant même que la fumée ne se soit dissipée au-dessus de Pearl Harbor, les responsables publics qui avaient virtuellement ignoré la question du caoutchouc depuis des années s'empressèrent de se mobiliser. Moins de trois jours après le bombardement de Pearl Harbor, le gouvernement mit en garde sur un rationnement probable du caoutchouc. Le 10 décembre, le sénateur californien Sheridan Downey apporta 2 152 dollars, nouvel appel au gouvernement américain afin d'acquérir l'intégralité des brevets nationaux et des droits de l'IRC, de planter 18 000 hectares de guayule en 1942 et de financer les pépinières, les études et les autres projets nécessaires au soutien de l'industrie du guayule en temps de guerre. Pour éviter les abus, l'Office of Price Administration (OPA, Bureau de contrôle des prix) demanda le 13 décembre que le prix du guayule soit gelé à son niveau du 6 décembre 1941. Ce même jour, dans une nouvelle tentative de vendre leur savoir-faire sur le guayule au gouvernement fédéral, les dirigeants de l'IRC rencontrèrent le secrétaire au Commerce, Jesse Jones.

Entre-temps, les instances agricoles du Texas et de l'USDA dépêchèrent des agents dans l'Ouest du Texas pour dresser un état des champs de guayule que l'IRC avait abandonnés dix ans avant. Il fut aussi demandé aux scientifiques basés à Savannah d'arpenter les environs pour trouver suffisamment de plantes sauvages en graine permettant une expansion rapide du projet du solidage. Le 16 décembre, le sous-secrétaire à l'Agriculture, Paul Appleby, répondit enfin à une demande datant de juin 1941 sur l'évaluation de la législation sur le guayule, HR 5030, proposée par le membre du Congrès Jack Anderson. Comme le suggéra Appleby, le décret était « souhaitable » et s'inscrivait bien dans « un plan global d'utilisation progressive du caoutchouc naturel à partir de diverses sources ». Anderson loua les efforts pour faire avancer cette proposition, qui avait « accumulé la poussière sur les différentes étagères des bureaux du centre-ville ». Malgré cette nouvelle urgence, le décret d'Anderson resta pourtant « au fond d'un casier » de la Chambre tandis que le Sénat étudiait le décret Downey. Aucune proposition sur le guayule n'émergea du Comité avant la clôture des travaux du Congrès en 1941.

Le scepticisme demeurait de mise. Bien que la situation semblât désespérée, certains responsables gouvernementaux affichèrent leur prudence devant l'idée. Et le financement du Congrès pour les cultures laticifères nationales ne devait pas se faire avant plusieurs mois. Le dirigeant de l'USDA, Elmer Brandes, certifia que le guayule était une culture ayant certainement fait ses preuves sur le plan agronomique, ce qui ne l'empêcha pas de rallier la préférence gouvernementale de développer une industrie du caoutchouc latino-américaine. Le vice-président Henry A. Wallace (ex-secrétaire de l'USDA) prévint le secrétaire au Commerce, Jesse Jones, que le guayule était surévalué et peu susceptible de contribuer à l'effort de guerre avant 1946. Jones, pour sa part, minimisa l'importance de la crise du caoutchouc dans son ensemble, affirmant : « Je ne me suis pas senti inquiet pour le caoutchouc ».

Les auditions et les débats publics sur la législation du guayule reprirent dès le début de l'année 1942. Au sein du Comité de l'agriculture de la Chambre, plusieurs membres du Congrès virent la législation proposée comme le simple sauvetage gouvernemental d'une industrie non rentable, qui plaça les cadres de l'IRC, C. L. Baker et Henry G. Atwater, sur la défensive. Rechignant à déclarer le montant exact des subventions qu'ils escomptaient recevoir pour leurs graines, brevets et autres ressources américaines non rentables, Baker et Atwater admirent néanmoins qu'ils n'avaient aucunement prévu de vendre leurs actifs rentables au Mexique. Forcés d'admettre la réalité botanique selon laquelle le guayule et sa croissance lente ne contribueraient vraisemblablement que peu à l'effort de guerre en volume de caoutchouc avant 1946, ils révélèrent également que l'IRC avait rémunéré ses investisseurs d'importants dividendes au cours des dernières années. De plus, malgré les allégations selon lesquelles l'IRC avait à cœur les intérêts patriotiques, de nombreux bénéficiaires du sauvetage proposé vivaient aux Pays-Bas, du fait qu'une société de participation néerlandaise détenait 63 % des stocks. Plusieurs membres du Congrès trouvèrent étrange que les cadres de l'IRC insistent sur le fait que le gouvernement pourrait mieux exploiter le guayule qu'une société avec trente-cinq ans d'expérience dans le secteur. Le membre du Congrès Adolph Sabath, de l'Illinois, ajouta de l'huile sur le feu en affirmant qu'il n'existait pas de pénurie de caoutchouc du tout ; mieux, il suspectait que les réserves étaient « contrôlées par un petit nombre dans le but d'escroquer le peuple américain ». Au bout du compte, la proposition fleurait bon le mercantilisme guerrier.

D'autres problématiques vinrent aussi enliser les débats sur les cultures laticifères nationales. Le sénateur du Missouri, Harry Truman, entre autres, demanda à connaître les résultats des expérimentations d'Edison sur le solidage. Plusieurs membres du Congrès en utilisèrent la tribune pour reprocher à l'administration Roosevelt son manque de préparation. Ce fut le cas du membre du Congrès Hampton Fulmer, de Caroline du Sud, qui n'eut de cesse d'enfoncer la politique « de bon voisinage » de Roosevelt, démontrant que le département d'État, en privilégiant « un autre pays dont nous serions amoureux », bafouait les intérêts des agriculteurs américains. Quelques semaines plus tard, Fulmer déplora que l'investissement dans le guayule s'apparente à verser de l'argent dans « un trou à rats ». Il prédit – et les évènements lui donnèrent raison – que de puissants intérêts exigeraient d'y mettre un terme une fois l'urgence passée.

La nécessité d'endiguer la crise obligea néanmoins le Congrès à faire adopter un projet de loi sur le guayule. Le chimiste du caoutchouc du MIT, Ernst Hauser, se trouva à nouveau au centre des débats. Dans une lettre soutenant sans ambages le décret Anderson, Hauser raillait l'optimisme et la détermination de Jesse Jones de miser sur un investissement de 700 millions de dollars dans le caoutchouc de synthèse. Même l'Allemagne, le pays maîtrisant le mieux la production, reconnut que le caoutchouc de synthèse ne pouvait se substituer au caoutchouc naturel dans un certain nombre d'applications militaires ; en fait, les Allemands venaient d'entreprendre un vaste effort d'acquisition de caoutchouc naturel auprès de leurs alliés japonais. Pour Hauser, les États-Unis possédaient un avantage important, car ils pouvaient développer une source alternative ayant fait ses preuves à l'intérieur de leurs frontières. Selon ses propres mots, ne pas investir dans le guayule revenait à « commettre un crime » susceptible de prolonger la guerre, voire de coûter la victoire finale aux États-Unis. Il ajouta que la stratégie japonaise en Asie du Sud-Est conduirait à des perturbations d'après-guerre dans le secteur du caoutchouc naturel et envisageait le guayule comme solution sur le long terme.

Les débats au Congrès soulignèrent à la fois l'urgence du problème et le coûteux et dangereux précédent du renflouement de l'IRC. Le membre du Congrès John Flannagan, de Virginie, reconnut que l'IRC « tirait avantage de la situation dans laquelle nous sommes » mais considérait comme « une négligence criminelle pour le bien-être de notre pays » de ne pas faire adopter la législation immédiatement et de ne pas « encourager la production du caoutchouc de guayule le plus possible ». Invoquant l'image des Marines américains morts courageusement en défendant Wake Island en décembre 1941, Flannagan appela ses pairs à faire adopter le décret même si « aucun monument » ne serait construit pour les responsables politiques corrigeant les erreurs de ceux qui avaient échoué à préparer le pays à la guerre. Les termes de ce décret étaient déterminants. Contrairement à la demande d'origine de l'IRC d'environ 3,5 millions de dollars pour ses actifs américains, la législation définitive limitait les dépenses du gouvernement à 2 millions de dollars. Après des négociations approfondies, la compagnie dut payer environ 1,7 million ; le vice-président de l'IRC, Atwater, intima les autres membres du conseil à accepter l'offre et reconnaître qu'ils pouvaient s'estimer heureux d'être « sortis d'un mauvais pas ». Début février, le Congrès fit adopter à l'unanimité un décret autorisant l'USDA à louer 30 000 hectares de terres pour planter immédiatement du guayule à l'intérieur des frontières américaines. Avec plusieurs responsables de l'USDA déjà à Salinas pour préparer la saison 1942, le journal local déclara « courue d'avance ou presque » la signature du président en faveur de la législation.

Pourtant le président Roosevelt opposa son veto au décret. En un geste révélateur de l'interprétation de la crise du caoutchouc par le gouvernement, Roosevelt répondit que le pays devait promouvoir toute culture possible, « que ce soit à l'intérieur ou à l'extérieur des États-Unis ». En raison de la clause limitant les recherches sur les cultures laticifères aux frontières des États-Unis, Roosevelt prit le décret comme une gifle pour ses propres efforts diplomatiques à l'égard des pays d'Amérique latine. Ce veto frustra énormément le sénateur Downey, qui déplora que les « processus démocratiques » menacent de retarder tout le projet. Alors que l'échéance pour planter les graines de la saison 1942 approchait, Downey avertit que toute la pagaille du caoutchouc pourrait avoir des « conséquences sur notre mode de vie et la sécurité nationale confinant à une tragédie inimaginable autant qu'indescriptible ». Toujours est-il que Downey et Anderson introduisirent une nouvelle version du décret, dépourvu de la clause désobligeante, qui fut adoptée au Congrès le 28 février.

Le 5 mars 1942, une édition spéciale du *Salinas Index-Journal* afficha en gros titre « Le décret du guayule signé ». Le décret donnait officiellement naissance à l'IRP, autorisait le gouvernement à acquérir tous les actifs américains de l'IRC et à procéder au transfert des brevets, de la propriété, des machines, des employés et surtout des 10 tonnes de graines de la compagnie à l'US Forest Service (USFS). À midi ce même jour, les représentants du gouvernement, déjà présents à Salinas, avaient planté 37 000 graines des pépinières de l'IRC. La nouvelle selon laquelle Roosevelt avait signé le décret du guayule le matin même transforma le Salinas's Guayule Rubber Day (Journée du caoutchouc de guayule de Salinas) – un événement déjà prévu pour le 5 mars – en une célébration encore plus marquante. Les responsables politiques, les commerçants, les constructeurs, les hôteliers et autres membres de la chambre de commerce félicitèrent chaleureusement William O'Neil de la General Tire et les membres du Congrès locaux qui avaient activement participé à l'adoption du décret.

Les festivités continuèrent jusqu'au banquet du soir, au cours duquel l'expert David Spence expliqua que, grâce à un semis dense et une irrigation intensive, il serait possible d'accélérer considérablement la production de caoutchouc de guayule et de réduire les besoins urgents du pays en caoutchouc dès 1944. D'autres affirmèrent que le caoutchouc de guayule était en passe de devenir une culture rentable permanente de la vallée. En quelques semaines, le Congrès avait aussi réglé les questions budgétaires nécessaires au soutien de l'ERP : alors que 23 000 dollars avaient été dépensés durant l'année fiscale 1941 pour la recherche sur le caoutchouc à l'intérieur du pays, plus de 22 millions de dollars furent affectés pour soutenir l'ERP sur les années fiscales 1942 et 1943. Quatre-vingts jours après l'attaque de Pearl Harbor, et après des décennies d'indifférence aux plaidoyers incessants de l'IRC pour obtenir un soutien gouvernemental, l'avenir de l'industrie du caoutchouc de guayule semblait ensoleillé. Alors qu'à peine un an avant l'intérêt pour les cultures laticifères nationales était au plus bas, l'industrie nationale du caoutchouc atteignait un nouveau zénith.

Mobilisation nationale en faveur des cultures laticifères nationales

La mobilisation de guerre nationale relança également la recherche de sources alternatives de caoutchouc sur le terrain. C'est ainsi qu'Hallie Leyda, de Shreve, dans l'Ohio, demanda au secrétaire de l'USDA, Claude Wickard, d'investir dans le guayule plutôt que dans le caoutchouc d'importation ou de synthèse. «Pourquoi ne pas permettre aux agriculteurs américains de recevoir une part de revenu du caoutchouc», demanda-t-elle, «au lieu de le donner aux barons du caoutchouc en Malaisie?». Elizabeth Hobson, de Great Notch, dans le New Jersey, assura au secrétaire du Commerce, Jesse Jones, que «tous les enfants et tous ceux d'entre nous» lui enverraient deux boisseaux de laiteron pour contribuer à l'effort de guerre. Âgée de 11 ans, Marlene Leda, du Milwaukee, écrivit au président Roosevelt qu'elle avait observé une substance caoutchouteuse au fond du baril de vin de sureau que son père fabriquait. Les fonctionnaires du gouvernement répondirent poliment que leurs propres essais sur les sureaux ne s'étaient pas avérés probants.

Les adeptes de la chimiurgie et des autres formes de développement agricole firent aussi valoir le potentiel des cultures laticifères nationales. L'éditorialiste du *Dallas Morning News,* Victor Schoffelmeyer, écrivit en décembre 1941 qu'il était «grand temps» pour les Américains de prendre au sérieux le message des chimiurgistes, rappelant aux lecteurs son propre engagement en faveur du guayule presque vingt ans auparavant. Dans des travaux ultérieurs, Schoffelmeyer reconsidéra plusieurs expérimentations effectuées par l'État sur cette culture au cours des dernières décennies, invitant les Texans à «se remuer» pour accéder à une partie du programme du guayule qui semblait destiné à la région de Salinas, en Californie. Dewitt Hicks, maire de Waco, au Texas, et revendeur de produits en caoutchouc lui-même, conclut après avoir fait le tour des champs de guayule dans les régions reculées de l'Ouest du Texas que la plante pouvait se développer du côté de Waco. À leur meeting annuel de Waco début janvier 1942, les travailleurs agricoles du Texas envoyèrent au secrétaire Wickard une résolution ébauchée par Schoffelmeyer demandant que soit reconnue aux Texans une «juste part» des efforts entrepris pour répondre à l'urgence de guerre *via* la production de guayule.

Des représentants d'autres États espéraient aussi toucher une part du nouveau pactole américain. Le membre du Congrès James Scrugham, qui avait tenté de développer une industrie du caoutchouc de chrysothamnus alors qu'il officiait comme gouverneur du Nevada dans les années 1920, menait désormais une nouvelle campagne visant à rapidement récolter la plante. Une émission radiophonique diffusée sur un réseau de stations de l'Ouest américain vanta la plante comme liée au futur de la liberté de la nation. «Quand cette guerre sera enfin gagnée, affirmaient les commentateurs, nous verrons sans doute qu'une bonne part du crédit de la victoire revient aux sciences botaniques». Thomas H. Goodspeed, botaniste californien et collègue d'Harvey Monroe Hall dans la recherche sur le chrysothamnus durant la première guerre mondiale, usa à nouveau de son influence pour récolter rapidement les tonnes de caoutchouc à portée de main dans les déserts de l'Ouest américain. Samuel Doten, à la tête de la Nevada Agricultural Experiment Station depuis la précédente vague d'enthousiasme pour le chrysothamnus en 1925-1926, déclara que le temps était venu de récolter la réserve vivante de caoutchouc du Nevada une bonne fois pour toutes. Au final, les plants de chrysothamnus furent laissés sur place en raison du manque d'équipements de transformation. Mais grâce à l'influence de Scrugham, la formule « et les autres cultures » avait été ajoutée au décret fédéral sur le guayule, ce qui donna autorité à l'ERP pour conduire les recherches sur le solidage, le chrysothamnus, le kok-saghyz, le cryptostegia et d'autres cultures au potentiel laticifère pendant l'urgence de guerre.

La passion des cultures laticifères gagna le Minnesota, un autre État loin d'être programmé pour la production de caoutchouc. Là, les agronomes se rappelèrent une lettre qu'ils avaient reçue en 1940 de Carl Pfaender, un ouvrier de New Ulm, travaillant au Civilian Conservation Corps (CCC), qui s'était enthousiasmé du potentiel laticifère de l'euphorbe feuillue, *Euphorbia esula*. En fait, les scientifiques universitaires avaient conclu que la plante produisait bien du caoutchouc, et d'une qualité tout à fait honorable. Pourtant, le sujet était loin d'être prioritaire en 1940-1941, et Pfaender réalisa vite que l'euphorbe feuillue n'aurait pas sa place tant qu'une « catastrophe » liée au caoutchouc ne frapperait pas le pays. D'autres responsables agricoles du Minnesota, considérant l'euphorbe feuillue comme une mauvaise herbe, avaient tout fait pour l'éradiquer. De fait, à l'automne 1941, les dirigeants du CCC obligèrent Pfaender en personne à appliquer de l'herbicide sur plusieurs hectares de plantes dont il s'était lui-même occupé au titre de culture laticifère potentielle.

La situation changea dès lors que les botanistes et autres experts en plantes entreprirent de se mobiliser pour l'effort de guerre. Ross A. Gortner, chef de la division de biochimie à l'université du Minnesota, se mit en quête de collègues désireux de propager, et non d'éradiquer, les derniers peuplements restants des plantations d'État d'euphorbe feuillue. Lors d'une réunion en date du 20 janvier 1942, Gortner suggéra que la mauvaise herbe puisse devenir « une nouvelle culture pour une agriculture permanente » dans les terres marginales et en régénération du Nord du Minnesota et du Dakota du Nord. Les scientifiques prédirent que l'euphorbe feuillue pourrait produire 170 à 220 kilos de caoutchouc à l'hectare. Quand le *Minneapolis Morning Tribune* annonça trois jours plus tard que Gortner avait prévu 150 à 198 tonnes de caoutchouc à l'hectare, des centaines de citoyens du Minnesota réagirent en offrant leur terre et leur travail pour transformer l'euphorbe feuillue en une nouvelle culture agricole d'État. Toute l'affaire s'avéra bientôt être d'un embarras insurmontable pour les partisans des cultures laticifères quand l'évidence de faibles rendements et les problèmes de propagation de la plante émergèrent.

L'un des exemples les plus marquants de la mobilisation pour le caoutchouc produit sur le territoire national en temps de guerre eut lieu à l'université Cornell. Le 9 mars 1942, la compagnie B.F. Goodrich offrit à l'université une subvention de 10 000 dollars pour la recherche sur des plantes pouvant produire du caoutchouc sur le sol américain. À peine trois jours plus tard, Cornell organisa une « Conférence sur les plantes produisant du caoutchouc », où plusieurs responsables de Goodrich débattirent des questions liées aux plantes laticifères avec nombre de taxonomistes, cytologistes, biochimistes, physiologistes et cytogénéticiens. En une semaine, le Dr Lewis Knudson et tout le département de botanique s'engagèrent sur le projet ; Knudson annonça même à mi-semestre que le sujet et les travaux principaux de son séminaire sur la physiologie des plantes seraient remplacés par la physiologie des plantes laticifères. Début avril, Knudson et ses collègues se rendirent aux bureaux de l'USDA à Washington pour recueillir les données des études précédentes (essentiellement à partir des notes d'Edison), dont ils avaient besoin pour lancer leur propre programme de recherche. Pour motiver les partenaires à l'échelon local, les équipiers de Cornell contactèrent les sections locales « 4-H »[1] et les clubs Future Farmers of America pour recueillir les graines d'autres plantes au potentiel laticifère dans la partie nord de l'État de New York. La recherche de cultures laticifères s'étendit aux autres campus. À Cornell également, Herbert Whetzel, l'un des phytopathologistes les plus éminents d'Amérique, décida d'étudier une cousine de la pomme de terre, *Apios tuberosa,* comme source possible de caoutchouc. Il consulta d'abord un universitaire de Princeton University puis une « vieille guérisseuse seneca » de la réserve Oneida proche, avant de conclure que le tubercule ne pouvait résoudre la crise. Début 1943, les scientifiques de Cornell avaient étudié une dizaine de milliers de plantes de 1 200 espèces différentes pour leur teneur en latex.

À Clemson College, le scientifique J. H. Mitchell examina les plantes ramenées du Nord de l'État de Caroline du Sud. Comme Edison, il accorda au solidage le destin le plus prometteur. Au Virginia Polytechnic Institute, William Jones, étudiant en ingénierie chimique, étudia de près l'espèce *Solidago,* originaire du fin fond de la Virginie et de la Virginie occidentale, concluant qu'elle n'offrait aucune solution pratique ou économique. Les agronomes du Dakota du Sud et de l'Oregon testèrent le guayule, le laiteron, l'épurge *(Euphorbia lathyrus),* le céanothe velouté *(Ceanothus velutinus),* la scarole *(Lactuca scariola)* et autres plantes suggérées tant par les scientifiques que par les citoyens ordinaires. Dans l'Utah, le président de l'université, Brigham Young, accepta de collaborer avec le gouvernement iranien dans la perspective d'évaluer le potentiel du guayule dans les deux régions. Plusieurs chercheurs revendiquèrent que le coton, le soja et le pin pourraient produire du caoutchouc cultivé sur le sol américain. Et à Hawaï, le gouverneur Ingram Stainback soutint un projet destiné à inciser les quelques milliers d'arbres à caoutchouc répartis sur les différentes îles, survivants d'une tentative d'établissement d'une industrie du caoutchouc trente ans plus tôt. En enrôlant des bagnards pour la mise en place, le gouverneur espérait qu'Hawaï fournirait la bagatelle de 8 tonnes de caoutchouc d'hévéa pour contribuer à l'effort de guerre.

La crise en temps de guerre raviva aussi l'intérêt accordé aux commentaires du scientifique George Washington Carver, rendus publics pendant la première guerre mondiale, selon lesquels la patate douce pouvait être une source de caoutchouc. Avec les souvenirs encore récents de la collaboration entre Ford et Edison, le bruit courait que Carver était devenu le nouvel allié de Ford dans le projet du caoutchouc. Carver reçut également de nombreuses lettres en provenance de responsables du War Production Board (WPB, Comité de production de la guerre) et de citoyens ordinaires, avides de conseils sur le potentiel du laiteron, de l'oranger des Osages, de la patate douce et d'autres cultures représentant une source potentielle de caoutchouc, rehaussant son statut mythique de héros afro-américain. Ces efforts à l'échelon local étaient à mille lieues du modèle que les historiens ont labellisé «Big Science». Si l'ERP par la taille, le degré d'urgence et le savoir-faire agro-scientifique ressemblait au projet Manhattan, ces épisodes brefs soulignent l'abondance et la variété des sources intérieures de caoutchouc en 1942.

Mobilisation à Salinas

Avant même que la législation sur le guayule ait passé les délais administratifs du Congrès et le véto présidentiel, des dizaines de responsables gouvernementaux étaient descendus à Salinas pour lancer la recherche américaine d'une solution agricole intérieure à la crise imminente du caoutchouc. Ayant carte blanche pour organiser le projet, Christopher Granger, directeur adjoint de l'USFS, choisit son collègue forestier le major Evan W. Kelley pour diriger les opérations de Salinas. Granger et Kelley avaient tous deux été exposés à la guerre et aux problématiques de ces ressources tout en servant dans le Tenth Forestry Engineers Regiment (10e régiment des ingénieurs forestiers) pendant la première guerre mondiale. Pour répondre aux énormes besoins logistiques des produits du bois, les militaires envoyèrent des forestiers en France pour utiliser les ressources en bois disponibles sur place. Pour Kelley, Granger et les autres, l'expérience fit clairement apparaître la priorité de sécuriser les matières premières pendant la guerre.

Kelley arriva à Salinas en février 1942 et envoya immédiatement ses collègues sur le terrain pour dénicher d'éventuels sites de culture, se procurer l'équipement nécessaire, inventorier les domaines de l'IRC et mobiliser une force de travail non habituée à la recherche sur les plantes à caoutchouc. Sa tâche la plus difficile fut de gérer les rares ressources génétiques – environ dix tonnes de graines de guayule – que le gouvernement prévoyait d'acheter à l'IRC. Un garde armé montait la garde devant les tonneaux contenant le précieux matériel, les mêmes graines qui étaient destinées à renforcer la cause de l'ennemi dans le cadre des accords avec l'Italie fasciste. Au fur et à mesure que le projet prenait de l'ampleur, Kelley et d'autres responsables de l'ERP demandaient régulièrement conseil auprès d'ingénieurs et d'experts du management extérieurs, et ils durent admettre que les responsables gouvernementaux pouvaient gérer le projet plus efficacement et plus professionnellement que ne le pouvait l'entreprise privée. Alors même que l'affectation officielle du projet attendait encore l'aval du Congrès et du président, Kelley mobilisa les entrepreneurs locaux afin d'obtenir l'aide requise à la préparation des plantations de printemps et assurer l'hébergement en vue de l'arrivée des nouveaux employés du secteur du caoutchouc.

Plus connue sous le nom de «saladier de l'Amérique»[2], Salinas devint une ville champignon grâce au caoutchouc durant le printemps 1942. Sans prêter attention aux dépenses, et à un rythme qui reflétait la nature urgente

Figure 12. La ville champignon de Salinas, en Californie, illustrant la mobilisation de l'ERP en mars 1942. Photographie de Carl A. Taylor. National Archives.

du projet, les centaines de nouveaux résidents bâtirent restaurants, garderies, routes, bureaux et installations expérimentales. Les constructions englobaient également de nouveaux systèmes d'électricité, d'eau et d'évacuation, 240 kilomètres de tuyaux d'irrigation et un réseau de plus de 13 000 kilomètres de « caillebottis » (pour permettre aux ouvriers et aux machines d'avancer sur un sol meuble). En avril, environ 400 hectares de champs furent plantés de graines de guayule, première étape vers les 40 000 hectares autorisés par le Congrès. Sans doute plus important encore, quasiment toutes les graines restantes furent aussitôt plantées dans des pépinières pour préparer la récolte de l'année suivante, car les transplantations depuis les pépinières semblaient mieux se développer que celles venant des graines. Au cœur de cette activité, la chambre de commerce locale prépara du matériel qui présentait les pépinières et les champs de guayule comme une attraction pour les visiteurs témoignant d'une mobilisation importante pour la guerre.

L'urgence concernait tout particulièrement la main-d'œuvre. L'ERP avait besoin de 1 900 travailleurs supplémentaires pour les plantations et les transplantations à effectuer pour le mois de mai. À l'instar d'autres programmes de défense, l'urgence de guerre exerçait une pression énorme sur la main-d'œuvre locale. Les difficultés furent encore plus grandes dans la région de Salinas, car mars 1942 marqua aussi le début de la déportation des Américains d'origine japonaise y résidant, ouvriers agricoles pour la plupart, dans différents camps d'internement rapidement construits loin de la côte, dans des régions isolées. Ainsi, au même moment où les travailleurs bâtissaient à la hâte des baraquements pour héberger des dizaines de milliers d'Américains de souche japonaise à Manzanar et dans d'autres camps d'internement, des responsables gouvernementaux autorisaient l'installation de baraquements similaires à Salinas et dans d'autres villes californiennes afin d'héberger des milliers de nouveaux scientifiques, d'ouvriers du bâtiment et de travailleurs agricoles associés à l'ERP.

La demande de main-d'œuvre redoubla en mai quand des mauvaises herbes apparurent au milieu des jeunes plants de guayule. Au bout de deux jours de considérations, les responsables de l'ERP estimèrent que « des femmes devraient pouvoir assurer » ce travail. Et, sans tarder, des centaines de femmes venant des lycées et universités des environs se trouvèrent à travailler dans les champs. Comme on pouvait s'y attendre, les responsables locaux usèrent d'un langage sexiste pour louer le « travail manuel délicat et rapide » des femmes et leur dévouement patriotique à travailler manuellement et à genoux pour 50 cents de l'heure sous le soleil californien. Les articles de journal donnaient de ces femmes une image de travailleuses de choc de l'ère soviétique, vantant les nouveaux records de productivité des jeunes désherbeuses-semeuses de guayule. Au bout du compte, presque 3 000 femmes et filles contribuèrent au désherbage des parcelles de caoutchouc de la région de Salinas en 1942. Pendant ce temps, les dirigeants de l'ERP trouvèrent divers types d'activité pour les lycéens, dans les pépinières de guayule. L'année suivante, les responsables se targuèrent que le passage au désherbage chimique et thermique pour combattre les mauvaises herbes permettrait d'achever l'ensemble du projet avec seulement 300 travailleurs. Les femmes, si indispensables au projet national du caoutchouc en 1942, furent jugées superflues dans l'année qui suivit.

Figure 13. Plants de guayule dans une pépinière irriguée, Salinas, Californie, 1942. National Archives.

Dans le même temps, comme les accords avec les agriculteurs locaux stipulaient que pas plus de 300 ouvriers ne pouvaient être pris parmi la main-d'œuvre locale, l'IRP se tourna vers les centres-villes et les *braceros*, ressortissants mexicains recrutés en hâte comme ouvriers agricoles pendant la guerre. Bien que l'histoire passe sous silence la dépendance alors croissante de la Californie aux ouvriers mexicains et à leurs descendants, le besoin de main-d'œuvre dans le secteur du caoutchouc de guayule à Salinas fut déterminant. L'arrivée soudaine de travailleurs mexicains dans les champs de guayule provoqua un bouleversement social considérable : cuisiniers de réfectoire obligés d'apprendre la cuisine mexicaine, gardes nationaux devant empêcher les immigrants de manger les fruits dans les vergers d'agrumes, ou encore cas extrêmement graves et avérés de tensions raciales. Les ressortissants mexicains constituaient 40 % des 4 300 ouvriers en 1943, témoignant si besoin de l'impact du projet du caoutchouc dans le nouveau paysage social de Salinas Valley et au-delà.

Manzanar et le caoutchouc

L'aspect politique de la recherche en faveur de cultures laticifères nationales apparut au grand jour quand un grand nombre de scientifiques et d'humanitaires californiens se mobilisèrent pour le projet du guayule. Robert Millikan, lauréat du prix Nobel de physique et président du California Institute of Technology (Caltech, Institut technologique de Californie), était l'une de ses figures de proue. Le biologiste James F. Bonner, le botaniste Frits W. Went et le phytopathologiste Robert Emerson – tous trois de Caltech – se rallièrent à la cause. Peu après le début de la guerre en Europe en 1939, Went et Bonner rencontrèrent George Carnahan, de l'IRC, et passèrent des accords signés s'engageant à entreprendre des recherches sur la biochimie, la génétique et la physiologie du guayule. Les scientifiques de Caltech constatèrent que le guayule constituait un « cas d'espèce » dans l'histoire de l'agriculture, qui voyait les scientifiques en savoir plus que les agriculteurs sur une plante relativement méconnue. Went était aussi convaincu que le guayule offrait une plus grande fiabilité que le caoutchouc de synthèse face à la crise du caoutchouc et que cette recherche devrait être reconnue dans le cadre de la Défense nationale. Leur travail débuta en octobre 1940. En septembre 1941, on passa aux essais de plein champ, en coopération avec l'IRC à Salinas. Quand l'ERP reprit les installations de l'IRC en mars 1942, les dirigeants firent valoir que les contrats avec Caltech étaient désormais nuls et non avenus. Ils étaient en tout cas convaincus que la priorité des priorités était la production de caoutchouc, et non la recherche en physiologie des plantes.

Ce chapitre de la recherche à tout crin d'une production nationale de caoutchouc n'en était pourtant qu'à ses prémices. Sitôt reçue la lettre officialisant la fin de l'accès à l'ERP, les responsables de Caltech lancèrent leur propre projet. Robert Emerson en prit les rênes ; en plus d'être un expert du processus de la photosynthèse, c'était un quaker engagé, en plus d'être pacifiste. Suivi par Hugh H. Anderson, autre quaker de Pasadena et militant proche des scientifiques de Caltech, Emerson ne tarda pas à répliquer à l'internement forcé de plus de cent mille Américains de souche japonaise vivant près de la côte du Pacifique. Emerson et Anderson critiquèrent tous deux les inégalités inhérentes au système capitaliste, et Anderson soutint de toute sa passion les coopératives rurales et de consommateurs pour remplacer ce système. Les deux reconnurent aussi que de nombreux Américains de souche japonaise avaient réussi dans le secteur des pépinières en Californie; d'ailleurs, des groupes comme les White American Nurserymen (Pépiniéristes blancs d'Amérique) de Los Angeles avaient appuyé l'internement des Américains de souche japonaise à cause de leur réputation de jardiniers compétents et consciencieux. Millikan s'était lui aussi opposé aux internements. Comme il l'avait déclaré dans un autre contexte, il ne souhaitait pas voir de talentueux scientifiques américano-japonais « emprisonnés dans le camp de concentration [de Manzanar] où ils n'auraient rien d'autre à faire que la vaisselle ». Se projetant au-delà de la problématique immédiate, Millikan y vit aussi l'occasion de développer le potentiel économique des déserts américains et, avec Bonner, tous deux mirent en garde contre l'essor d'une industrie du caoutchouc synthétique fondée sur du pétrole non renouvelable, qui nuirait aux intérêts du pays sur le long terme.

Millikan fit ainsi pression sur les dirigeants de l'ERP pour obtenir de l'aide, avançant que la « clairvoyance » de ses collègues de s'investir dans le caoutchouc « ne devrait pas être infléchie juste au moment où elle prenait toute sa valeur ». Fin avril, le directeur de l'ERP reconnut qu'aider les chercheurs de Caltech ne posait pas de problèmes, et Emerson se rendit à Manzanar dans le but de trouver le moyen pour Caltech de parrainer le travail scientifique des Américains de souche japonaise. Dès avril 1942, Emerson enrôla Anderson et d'autres pour aider à transporter 14 sacs de toile de jute remplis de boutures – les meilleures parmi 25 000 jeunes plants de guayule – à Manzanar.

Quelques jours suffirent au projet pour tourner à plein régime. Après bien des efforts pour obtenir l'autorisation des différents responsables militaires et gouvernementaux, Emerson sollicita un budget ridicule de quelques centaines de dollars pour régler l'équipement agricole, le matériel de cuisine, le carburant et – ironie du sort – des pneus de rechange. Plusieurs problèmes se posèrent : destruction par la tempête d'une des maisonnettes à claire-voie construites à la hâte, invasion de rats, fourmis et insectes dans les pépinières, jeunes plants dévorés par les lapins. Emerson fit venir quelques lévriers de Los Angeles pour chasser les rongeurs. Quoi qu'il en soit, en juin 1942, les Américano-Japonais avaient planté quelque 169 000 plants de guayule issus de boutures. Selon une source indulgente, « l'ingéniosité japonaise vint à la rescousse » du Poston War Relocation Center dans l'Arizona, malgré les « températures suffocantes » [...] et les tempêtes continuelles de poussière » de l'été de l'Arizona occidental.

Emerson mobilisa également les scientifiques et les pépiniéristes de talent affectés à Manzanar ainsi que dans d'autres camps d'internement. À titre d'exemple, il persuada l'un de ses anciens étudiants avancés, le Dr Shimpe

Nishimura, qui était sur le point de retourner au Japon plutôt que d'endurer les camps, de rester aux États-Unis et de reprendre les rênes de la recherche à Manzanar. Emerson put par ailleurs organiser le transfert à Manzanar d'un chimiste expérimenté dans le secteur du caoutchouc de synthèse depuis le centre de rassemblement de Santa Anita. Des universitaires californiens répondirent favorablement à la demande d'Emerson et consorts de venir présenter derrière les barbelés de Manzanar la génétique du guayule, la chimie du caoutchouc et autres sujets connexes. Les chimistes Kenzie Nozaki et Frank Hirosawa, le Dr Masuo Kodani, cytologiste, les pépiniéristes Walter T. Watanabe et George Yokomizo, les horticulteurs Tomoichi « Green Thumb » (mains vertes) Hata et Frank Akira Kageyama, les ingénieurs mécaniciens Homer Kimura et Joe Iwamasa, le statisticien Shuichi Ogura et plusieurs autres finirent par former une équipe de chercheurs spécialisés en guayule.

Figure 14. Le Dr Shimpe Nishimura, scientifique américano-japonais interné au Manzanar War Relocation Center d'Owens Valley, Californie. Avec l'aimable autorisation du comté d'Inyo, Eastern California Museum.

Le fait avéré que ce petit groupe de scientifiques américano-japonais, en travaillant avec des budgets modestes dans des laboratoires de fortune et sur de minuscules parcelles expérimentales, eut plus de succès que les grosses écuries bien huilées de l'USDA enclencha une nouvelle dynamique éminemment politique au cœur des débats sur la recherche américaine d'une culture laticifère nationale. Quelques semaines après l'arrivée des internés, *Science News Letter* publia un bref article vantant le travail compétent, innovant et patriotique des hommes «confinés dans l'intérieur aride de la Californie». En juin 1942, la photographe Dorothea Lange, déjà bien connue pour ses sympathies à l'égard des Américains opprimés, vint illustrer l'expérience de Manzanar pour la War Relocation Authority (WRA, autorité chargée de superviser les camps d'internement sur le territoire américain). Dans une photographie particulièrement évocatrice, elle immortalisa un ouvrier américano-japonais s'occupant de plants de guayule sous un abri ajouré. L'image qui en résulta, figurant des trainées de lumière sur la silhouette, donnait l'impression que le chercheur interné portait un uniforme de prisonnier. Comme ces photographies ne correspondaient pas à l'image positive que souhaitaient faire passer les responsables gouvernementaux, la plupart d'entre elles restèrent officiellement inaccessibles durant des décennies.

Figure 15. Prisonnier américano-japonais dans une maisonnette à claire-voie en train de trier des plants de guayule destinés à être transplantés, 1942. Photographie de Dorothea Lange. National Archives.

Entre-temps, la journaliste et militante quaker Grace Nichols livra un article détaillé vantant les mérites du travail des scientifiques comme «humble» démonstration de leur patriotisme et volonté de «rendre service au pays leur ayant refusé le droit à la liberté». Puis, le 9 septembre 1942, le *Washington Post* publia un long article sous le titre «Deux pépiniéristes japonais entreprennent de résoudre la pénurie de caoutchouc en cultivant du guayule». Neil Naiden, l'auteur de l'article, rendait un vibrant hommage aux scientifiques américano-japonais en citant leur «patience incroyable», leur «compétence exceptionnelle» et leur volonté de prouver leur loyauté aux États-Unis. Au regard du succès de cette expérience que d'autres chercheurs avaient déclarée irréalisable, l'article concluait que «jamais auparavant de telles énergies ne se sont rassemblées en une offensive similaire à l'expérience de Manzanar».

Une telle nouvelle était à même de gêner aux entournures toute personne impliquée dans les recherches officielles de l'ERP sur le guayule à Salinas. Fred McCargar, secrétaire de la chambre de commerce de Salinas et ambassadeur de longue date des projets sur le guayule, contacta le directeur du FBI, J. Edgar Hoover, pour lui signifier verbalement sa vive objection à l'article du *Washington Post*. D'après McCargar, si un article décrivant les recherches de Manzanar en des termes aussi élogieux pouvait être balayé comme simple «propagande», il pouvait s'avérer bien plus dangereux en temps de guerre. McCargar en profita pour rappeler que ses collègues de Salinas craignaient depuis longtemps que des alliés du gouvernement japonais essaient de mettre la main sur les graines de guayule, tout en assurant qu'aucune n'était arrivée en leur possession. Il expliqua aussi à Hoover combien l'IRC s'était investi dans la recherche sur le guayule par le passé, soulignant les progrès accomplis depuis la mainmise de l'ERP en mars 1942. McCargar doutait fort qu'une poignée de Japonais puissent faire aussi bien que les centaines de scientifiques et techniciens de l'USDA travaillant sur le guayule, suggérant un stratagème permettant aux Américano-Japonais de réclamer leur ancienne propriété malgré le «sentiment quasi unanime» selon lequel ils ne devraient «jamais» être autorisés à retourner s'établir sur la côte californienne.

Cette pression s'avéra efficace : la coopération du gouvernement avec les sites de recherche sur le guayule dans les camps d'internement américano-japonais s'étiola rapidement. À Manzanar, les responsables coupèrent l'alimentation d'eau permettant d'irriguer les parcelles expérimentales de guayule. À l'insu du directeur du camp, Kageyama et Ogura maintinrent en vie les plants de guayule pendant plusieurs semaines en les arrosant de nuit. Pendant ce temps, les instances de la WRA avisèrent la journaliste Grace Nichols qu'elle ne pourrait pas publier son article sur la recherche à Manzanar, car cela créerait une «image déformée» en comparaison avec l'énorme travail effectué par les chercheurs de Salinas. Son article, censuré, ne fut jamais publié. La réponse du gouvernement affecta aussi les chercheurs de Caltech. Dillon Myer, à la tête de la WRA, rappelait régulièrement qu'Emerson n'avait aucune autorisation officielle pour mener des recherches qui n'iraient pas dans le sens des efforts de l'ERP.

En novembre 1942, Emerson avait été privé de son autorisation de voyage, de son titre autoproclamé de «consultant non rémunéré», et du droit d'entrée dans les camps d'internement en Arizona. Un dirigeant lui glissa qu'il aurait aimé que les Japonais n'aient jamais été autorisés à pénétrer aux États-Unis. Un autre demanda à Emerson de déposer un brevet afin qu'il puisse, lui plutôt que les Américano-Japonais, en tirer «tout crédit ou avantage financier» qui découlerait des nouvelles techniques d'extraction du guayule. Un autre responsable de l'USDA rendit hommage à la volonté d'Emerson d'aider les Américano-Japonais «dans le contexte difficile actuel» et de leur trouver des postes après la guerre dans des secteurs non concurrentiels de l'économie agricole. « De telles préoccupations sociologiques et humanitaires sont dignes d'éloges », mais ne cadraient pas avec la mission de guerre gouvernementale. Pour Emerson, les nouvelles politiques équivalaient à un « effort organisé de réduire les Japonais en esclavage » et de les entretenir comme « domestiques, serviteurs et main-d'œuvre docile ».

Réévaluation des recherches sur les cultures laticifères

La crise du caoutchouc continuait entre-temps d'occuper en boucle la une des actualités nationales. Le livre *Rationed Rubber and What to Do About It (Rationnement du caoutchouc : que faire ?),* préparé en catastrophe, reflétait les angoisses du moment. Co-écrit par le journaliste Williams Haynes et le professeur en génie chimique Ernst Hauser, il signalait : « notre situation actuelle par rapport au caoutchouc est grave, extrêmement grave, bien plus grave que nombre d'entre nous le croient ». Bien que Hauser soit toujours convaincu que le guayule pourrait offrir une solution à long terme pour se préparer à la guerre et offrait une « bonne protection contre les pressions d'après-guerre », il pensait – de même qu'Haynes – que la crise était arrivée à un tournant. Seul le caoutchouc de synthèse pouvait remédier au problème immédiat. Surtout, Haynes et Hauser firent savoir que ni l'opinion publique américaine ni les responsables politiques ne s'étaient préparés à la pénurie imminente de caoutchouc.

Le président Roosevelt se tourna vers l'ancien homme d'État Bernard Baruch pour mettre un peu d'ordre dans le chantier du caoutchouc. De début août à mi-septembre 1942, Baruch, le président du MIT, Karl Compton, le président de l'université d'Harvard, James Conant, et d'autres se retrouvèrent jour et nuit pour passer le caoutchouc au crible. Ils convoquèrent de nombreux témoins experts, reprirent nombre de rapports et retracèrent rapidement les découvertes d'Henry Ford et de Thomas Edison, de l'IRC, du comité Truman (étudié en détail dans le chapitre 6) et d'autres qui s'étaient investis dans de nombreux procédés de production de caoutchouc à partir de sources naturelles ou synthétiques. Le comité Baruch centra son travail sur le caoutchouc de synthèse, y compris sa possible production à partir de ressources agricoles durables, et se pencha également sur les autres possibilités de cultures laticifères. Hauser, du MIT, démontra le potentiel du guayule et du cryptostegia. Le comité entendit les rapports prometteurs sur le travail de l'USDA à Salinas et sur les clefs du succès des recherches à Manzanar, mais aussi les avertissements selon lesquels le projet du guayule pourrait devenir « un autre scandale public » si les obstacles administratifs demeuraient. En coulisses, Baruch s'employait à faire sauter ces obstacles.

Le rapport Baruch final, diffusé le 10 septembre 1942, est connu à juste titre pour son évaluation sincère de la crise du caoutchouc. Reflétant comme il se doit l'importance des cultures stratégiques en temps de guerre, le rapport affirmait que la pénurie de caoutchouc présentait une véritable «menace pour la sécurité de notre pays et le succès de la cause alliée». Et l'exprimait sans faux-fuyants : «Si nous échouons à sécuriser rapidement une nouvelle réserve importante de caoutchouc, notre effort de guerre et notre économie nationale s'écrouleront». Avec l'urgence du ton et la sincérité de l'évaluation sur l'état des avancées du caoutchouc de synthèse qui le caractérisaient, le rapport convainquit les consommateurs américains de prendre au sérieux la situation du caoutchouc. Il jugeait en outre les comptes-rendus sur le potentiel des cultures laticifères «sur-optimistes» et n'incluait pas la moindre trace de caoutchouc naturel issu de sources intérieures dans son évaluation pour venir à bout de la crise. Pourtant le rapport Baruch contenait une évaluation positive du cryptostegia comme du guayule; il prévoyait aussi de mettre un terme aux limitations de superficie et des autres ressources permises pour le projet du guayule. Hauser, quant à lui, était ravi que les agences gouvernementales aient finalement reçu le «coup de pouce» nécessaire pour répondre au besoin de caoutchouc naturel. Le rapport Baruch étant considéré comme la bible de la politique du caoutchouc aux yeux de nombre de citoyens et stratèges politiques, ses recommandations eurent naturellement un effet immédiat. Le sénateur Downey déposa un décret de loi augmentant la superficie permise pour le guayule de 30000 à 200000 hectares pour la saison 1943. Cette législation fut adoptée par les deux Chambres sans problème. Aux dires d'un membre du Congrès, les États-Unis avaient tiré les enseignements de «l'imbécillité de dépendre de pays à l'autre bout de la planète» pour des matériaux stratégiques. En novembre, le Congrès avait fait bénéficier l'IRP de quelque 19 millions de dollars supplémentaires pour l'année fiscale 1943.

L'urgence du rapport Baruch amorça un immense élargissement des territoires affectés au projet du guayule de l'ERP. Les directeurs du projet durent immédiatement préparer une quantité suffisante de graines pour la saison 1943. L'ERP ouvrit sans tarder dix nouvelles pépinières en Californie, en Arizona, au Nouveau-Mexique et au Texas, ce qui impliqua un investissement important dans de nouveaux locaux, de nouveaux réseaux d'irrigation, des clôtures et de l'équipement agricole. Des centaines de nouveaux ouvriers (y compris des gardes armés) durent y être hébergés et restaurés, et les responsables planifièrent de recruter 50000 personnes pour la récolte 1943. L'ERP affina aussi sa stratégie offensive en trouvant de nouveaux sites, en convainquant les propriétaires et administrateurs de prisons, d'exploitations fruitières, de ranchs, de stations expérimentales, de jardins botaniques et de centaines d'autres propriétés d'y planter du guayule.

Le changement majeur survint toutefois quand les responsables de l'ERP dénichèrent les surfaces les plus intéressantes et les mieux irriguées en plein cœur des terres arables californiennes. Les fonctionnaires de l'ERP ne considéraient plus désormais le guayule comme une culture expérimentale pour les agriculteurs désireux de s'essayer à une nouveauté sur quelques hectares inexploités. Ils exigeaient désormais un véritable engagement de la part des agriculteurs, qui devaient saisir leur chance en appliquant un programme gouvernemental non productif avant quatre ans. Et le caoutchouc devait aussi se faire sa place en termes d'espace, de main-d'œuvre et de ressources en eau au milieu des cultures les plus privilégiées du pays qu'étaient le coton, les fruits, les légumes et la betterave à sucre. Comme nous le verrons, de nombreux propriétaires demeuraient sceptiques quant à l'intérêt de la culture du guayule sur le long terme. Il en fut de même pour de nombreux Californiens, et l'expansion excessivement enthousiaste de l'ERP précipita sans doute son déclin.

La fièvre du kok-saghyz

En Union soviétique, l'histoire des expérimentations du kok-saghyz, ou pissenlit russe, témoigne d'un autre exemple fâcheux de l'échec américain à se préparer à une pénurie de caoutchouc. Une plante similaire avait été découverte en 1929, lorsque l'un des explorateurs associés à l'expédition de l'éminent botaniste soviétique N. I. Vavilov en Asie centrale remarqua un montagnard kirghize en train de mastiquer de la racine de « tau-saghyz », comme s'il mâchait du chewing-gum. Au cours d'une expédition complémentaire dans les monts Tien Shan en 1931, un autre collègue de Vavilov découvrit le kok-saghyz. En 1932, les Soviétiques annoncèrent avoir résolu la question du caoutchouc avec le tau-saghyz et s'engagèrent à en planter 100 000 hectares. À la fin de la décennie, les efforts des Soviétiques s'étaient portés sur le kok-saghyz et ils s'étaient lancés dans la recherche et la plantation à outrance en les intégrant au troisième plan quinquennal de la production économique socialiste. De la Sibérie à l'Ouzbékistan en passant par la Biélorussie, ils établirent un réseau de fermes expérimentales, de laboratoires d'État dédiés aux technologies d'extraction et des sites de construction de machines pour la plantation et la récolte mécanisées des cultures laticifères. À en croire le premier secrétaire, Joseph Staline, « Il y a de tout dans notre pays, sauf du caoutchouc. Mais d'ici quelques années, nous en aurons aussi ». Exception faite de la tendance soviétique à l'hyperbole, la jeune nation socialiste réalisa de plus grandes avancées sur la recherche du caoutchouc que ne le firent les États-Unis pendant les années 1930. À la différence qu'aux États-Unis, toutefois, le tau-sagyz et le kok-saghyz n'étaient que deux plantes laticifères secondaires, connues seulement des spécialistes.

La situation changea du tout au tout avec l'épisode de Pearl Harbor. Le 20 décembre 1941, J. W. Pincus, un ingénieur qui représentait les intérêts soviétiques aux États-Unis, offrit à l'USDA ses services pour trouver des semences de kok-saghyz. Les Américains montrèrent peu d'enthousiasme au départ car ils considéraient le guayule comme une bien meilleure source, et les précédentes tentatives d'obtenir des graines de kok-saghyz avaient fait chou blanc. Encouragés à profiter de la nouvelle alliance avec l'Union soviétique, les responsables politiques et scientifiques accordèrent une grande attention à cette quête. Le Dr Paul Klachov, directeur de la recherche et du développement de la distillerie de Seagram, s'imposa comme le chef de file de la croisade en faveur du kok-saghyz. Dans une succession de discours et de communiqués de presse, dont la plupart émanaient du National Farm Chemurgic Council, Kolachov annonça qu'une solution à la crise du caoutchouc avait été trouvée. D'après Kolachov, le grand avantage de la plante était sa capacité à atteindre un niveau de production de caoutchouc en une année alors qu'il en fallait quatre à cinq pour le guayule, voire sept ou plus pour l'hévéa. « Vous pouvez planter ce pissenlit en avril et avoir des pneus en octobre », promettait-il. Il alla plus loin en suggérant que les États-Unis pourraient satisfaire l'intégralité de leur demande grâce à une culture nationale durable de kok-saghyz. Ses partisans avancèrent que le kok-saghyz offrait un autre avantage important : contrairement à la plupart des substituts au caoutchouc, il pouvait être cultivé dans une grande variété de climats tempérés, ce qui eut l'heur de séduire les responsables américains et canadiens, avides de développer une nouvelle culture dans les régions peu exploitées des Grandes Plaines et à l'ouest des montagnes Rocheuses.

La plante, par ailleurs, semblait convenir aux pratiques agricoles américaines du fait que les machines à semer, planter et récolter utilisées pour la betterave à sucre et la pomme de terre étaient à priori adaptables au pissenlit de Russie. Début 1942, les efforts désespérés d'importer des graines de kok-saghyz en Amérique furent au cœur d'un drame médiatisé qui mit à l'épreuve l'alliance américano-soviétique. Les défenseurs du kok-saghyz associèrent leur campagne à un organisme appelé Seed Committee for Russian War Relief, qui en appelait à l'aide américaine en faveur des citoyens russes affamés par l'avancée des armées allemandes. Les agronomes américains, sans faire preuve de subtilité particulière, y participèrent en faisant don de plants d'avoine, de blé et de graines de soja à leurs collègues soviétiques en échange de la garantie de recevoir des graines de kok-saghyz. Pendant ce temps, les plus hauts responsables des départements d'État, du Commerce et de l'Agriculture ainsi que d'autres diplomates négocièrent tous des graines avec les responsables soviétiques. Le 9 mai, enfin, deux précieux sacs de toile de jute – discrètement estampillés « R1 » et « R2 » – arrivèrent aux États-Unis après un voyage dantesque depuis Kuibyshev, siège temporaire du gouvernement soviétique, *via* Téhéran, Le Caire, Khartoum et Lagos. Plusieurs autres sacs de graines débarquèrent sur le sol américain après un périple en bateau depuis Bassorah jusqu'à Bombay, où le précieux colis fut soigneusement subdivisé en paquets distincts expédiés sur différents bateaux, en cas d'incidents en mer. Les discours publics ne manquèrent pas de mentionner l'escale des graines, illustrant la contribution à l'effort de guerre de la part des nouveaux alliés de l'Amérique. Le 22 juin 1942 – « Journée nationale d'aide à la Russie » –, les Américains remercièrent officiellement les Soviétiques pour leur participation importante à la recherche d'une nouvelle culture laticifère nationale.

La géopolitique du caoutchouc eut autant d'impact en Union soviétique qu'aux États-Unis. La nation socialiste mobilisa ses experts agricoles, botaniques et industriels dans la perspective de trouver une alternative. En 1925, les experts soviétiques avaient visité les parcelles expérimentales de cryptostegia de Ford, en Floride, et avaient suivi les recherches sur le solidage avant et après la mort d'Edison. La recherche soviétique sur le guayule avait commencé en 1927 avec des parcelles expérimentales au-delà du Caucase, en Azerbaïdjan, et une recherche génétique intense à l'Institut Vavilov de Leningrad. Les scientifiques de l'USDA, Walter Swingle, Elmer Brandes et d'autres, supervisèrent les expérimentations soviétiques des cultures laticifères et Brandes se déplaça pour inspecter les progrès soviétiques en 1937. Brandes revint de ce déplacement fort d'une expérience « instructive » avec les pneus à base de caoutchouc de synthèse soviétique : « Partis avec cinq pneus neufs (…), nous avons eu cinq crevaisons, pour finalement passer la nuit dans le désert entourés de chacals hurlants ». Les Soviétiques se maintinrent aussi au courant des avancées grâce au projet du guayule de l'IRC à Salinas, aux tentatives d'acclimatation d'*Euphorbia intisy* en Arizona et à la recherche sur d'autres cultures laticifères aux États-Unis. Comme pour la plupart de ceux qui la sollicitèrent, l'IRC refusa de partager ses précieuses graines de guayule avec les experts soviétiques.

Les événements prirent une autre tournure quand la crise du caoutchouc touchant les États-Unis coïncida avec l'émergence de Trofim D. Lysenko comme référence en matière de phytogénétique en Union soviétique. Le kok-saghyz se coulait parfaitement dans le moule car il permit à Lysenko de promouvoir ses méthodes peu orthodoxes de phytophysiologie. Il démontra que le kok-saghyz s'accordait avec sa théorie de la vernalisation, à savoir que les taux de germination pouvaient être grandement améliorés si les graines étaient conservées à l'humidité sous la glace ou la neige pendant quinze à vingt jours avant de les planter. Selon Lysenko, les graines ayant subi ce traitement seraient en mesure de s'adapter rapidement à la rigueur du climat soviétique. Malgré l'image ultérieure de Lysenko, qui symbolisa les erreurs de la science soviétique, la vernalisation s'imposa largement tant aux États-Unis qu'en Union soviétique. Vavilov lui-même valida la méthode pour mener les expérimentations de sélection de nouvelles lignées, et Brandes, de l'USDA, donna des instructions explicites à ses collègues du projet kok-saghyz pour qu'ils emploient cette méthode.

C'est ainsi que les scientifiques américains travaillant sur le caoutchouc se retrouvèrent avec Vavilov et Lysenko au cœur de l'un des débats, quoique informel, les plus importants dans l'histoire de la science du XXe siècle. Depuis le milieu des années 1930, Lysenko, l'éminent porte-parole de l'idéologie scientifique soviétique, avait vigoureusement contesté les théories génétiques de Vavilov en s'appuyant sur le fait qu'ils représentaient les valeurs « bourgeoises », « antidialectiques » et « idéalistes » de l'Occident capitaliste. À en croire un historien, Lysenko accusa le système Vavilov de représenter le « penchant bourgeois pour la stabilité » plutôt que le potentiel révolutionnaire de la science soviétique. Avec le soutien de Staline, Lysenko fut porté au pinacle de la communauté scientifique soviétique. Vavilov, comme des centaines de rivaux politiques et scientifiques, se retrouva en grand danger. Emprisonné en 1940 puis condamné à mort malgré les plaintes de ses défenseurs qui soulignaient sa grande connaissance des plantes d'importance stratégique, Vavilov mourut de malnutrition dans un camp de prisonniers en 1943. Il représente aujourd'hui l'une des plus grandes victimes du système soviétique et compte parmi les martyrs les plus célèbres de l'histoire de la science.

Entre-temps, les nouvelles vantant le potentiel du kok-saghyz déclenchèrent un élan d'enthousiasme et d'optimisme parmi les industriels, les scientifiques et les ingénieurs qui y voyaient matière à prouver leur engagement dans l'effort de guerre. Au printemps 1942, un employé d'Henry Ford utilisa un aspirateur portable pour recueillir des graines de pissenlits poussant sur le terre-plein central d'une route de Dearborn, juste au cas où la variété locale serait aussi intéressante que celle de Russie. À l'université Cornell, les scientifiques espéraient mettre la main sur 400 kilos de graines, quantité suffisante pour ensemencer 83 hectares et fournir 100 000 tonnes de latex afin de contribuer à l'effort de guerre. Les dirigeants de l'État de Washington prédirent que le kok-saghyz pourrait vite devenir une culture de base et ainsi mettre un terme aux problèmes de surproduction de blé. Les entrepreneurs indépendants inondèrent les responsables gouvernementaux de requêtes pour obtenir les précieuses graines sous prétexte qu'ils pourraient eux aussi apporter leur contribution exceptionnelle face à l'urgence. Alors que les informations sur la recherche, transcrites du russe, arrivaient au compte-gouttes, des douzaines de questions sur l'anatomie, la cytologie, la physiologie, la phytopathologie, les besoins en irrigation et les technologies d'extraction du caoutchouc attendaient d'être réglées. Certains scientifiques, comme G. Ledyard Stebbins, de l'université de Californie, découvrirent au cours de leurs expérimentations des perspectives génétiques particulièrement attrayantes. Contrairement au guayule, acclimaté et soigneusement amélioré depuis la première décennie du XXe siècle, le kok-saghyz venait d'être arraché à son environnement naturel. Il estimait donc tout à fait envisageable que les généticiens américains parviennent à de rapides progrès au moyen de techniques de croisement et de polyploïdie.

Si l'investissement de l'ERP pour le kok-saghyz s'avéra bien plus décentralisé que celui pour le guayule, il fut tout aussi sérieux. Les responsables fédéraux distribuèrent des graines de kok-saghyz «comme si c'étaient des diamants» à des dizaines de stations expérimentales, à des universités spécialisées en sciences de la terre et aux parcelles expérimentales de compagnies de caoutchouc. Au final, environ deux cents physiologistes, phytopathologistes, agronomes, entomologistes et autres spécialistes du sol canadiens et américains travaillèrent sur le projet du kok-saghyz. Pendant l'été 1942, des scientifiques dans toute l'Amérique du Nord, y compris l'Alaska, testèrent le pissenlit de Russie sur différents types de sol et avec des méthodes de fertilisation variées. Ils comparèrent le «bain de Lysenko» avec d'autres méthodes de préparation des graines, répertorièrent les taux de germination et les niveaux de profondeur des graines, et réfléchirent aux techniques de mécanisation de la culture, de la récolte et de l'extraction du caoutchouc. Selon les experts de l'USDA, «dans l'étendue de la conception, tant à un niveau géographique que dans l'intensité du programme de recherche et d'expérimentation mené avec la contrainte du temps», le travail sur le kok-saghyz était «inédit dans les annales de l'acclimatation de plantes».

D'autres motifs contribuèrent à l'enthousiasme autour du kok-saghyz dans le monde entier. Au Canada, des experts prédirent que la plante pourrait résoudre la question, vieille de plusieurs décennies, du sous-emploi et de l'infertilité des terres «à régénérer» du Nord. Au Chili, les agronomes américains espéraient que la culture jouerait un rôle utile dans la politique de bon voisinage[3]. Et en Allemagne, le régime nazi fit du kok-saghyz la pierre angulaire des projets de gestion des cultures laticifères. Après avoir récupéré la plupart des installations de recherche sur le caoutchouc et du germoplasme du kok-saghyz auparavant sous contrôle soviétique, Albert Speer mit au point un programme de culture de plantes laticifères sur 350 000 hectares dans l'Europe occupée par les nazis. Hermann Göring, Heinrich Himmler et d'autres responsables SS encadrèrent une équipe de botanistes, d'agronomes et de chimistes pour mener un grand nombre de recherches sur le kok-saghyz, effectuées pour la plupart par des prisonniers du camp de concentration d'Auschwitz. Bien que les tentatives des nazis pour produire du caoutchouc aient été un échec, le cas du kok-saghyz offre une nouvelle illustration de l'énorme investissement du pays en faveur des cultures laticifères nationales en 1943, espoirs toutefois vite déçus.

L'essor du cryptostegia

La pénurie en temps de guerre raviva également l'intérêt porté au cryptostegia, cette liane qu'Edison, Ford et d'autres avaient adoptée dans les années 1920 avant de changer leur fusil d'épaule en faveur du solidage. De fait, durant trois décennies, le chimiste américain Charles S. Dolley avait tenté de convaincre tout un chacun que le cryptostegia constituait une source pratique et économique de caoutchouc pouvant pousser facilement dans l'hémisphère ouest. Formé à l'université de Pennsylvanie, Dolley commença ses recherches sur les cultures laticifères en 1906, travaillant sur des projets de guayule au Mexique par l'intermédiaire de Bernard Baruch et d'une filiale de l'IRC. En 1912, il se retrouva aux Bahamas, où il passa l'essentiel de sa carrière au service de la couronne britannique, affecté aux Jardins botaniques de Nassau. Pendant la première guerre mondiale, il fit pousser plusieurs milliers de plants de cryptostegia dans une plantation des Bahamas. L'enthousiasme de Dolley pour la liane l'amena à être en contact avec Edison, Ford et les scientifiques de l'USDA dédiés aux cultures laticifères dans les années 1920, même s'ils établirent rapidement que le cryptostegia n'offrait pas une réelle solution face aux autres possibilités de caoutchouc naturel. Les chercheurs du secteur privé furent les premiers à se mobiliser une fois la crise du caoutchouc commencée. En mai 1942, H. L. Trumball, un chimiste expert en caoutchouc de la B. F. Goodrich Company, remit un rapport confidentiel aux responsables gouvernementaux qui plaçait le cryptostegia *a priori* comme la plus prometteuse des cultures laticifères nationales. Puis l'United States Rubber Company dévoila ses plans pour mettre en place des plantations expérimentales près de Yuma, dans l'Arizona, et utiliser la technologie des rayons X pour déterminer la teneur en caoutchouc des plantes. Brownsville, au Texas, fut un autre centre de la recherche sur le cryptostegia. Peter Heinz, un ancien scientifique de l'USDA en poste autrefois au Mexique, apporta une variété indigène de la plante chez lui, au Texas, où il lança une recherche financée par ses soins en 1940, bien avant que ne survienne la crise du caoutchouc.

Convaincus que les résultats obtenus à partir des expérimentations menées au cœur des années 1920 n'étaient pas probants, de nombreux scientifiques de l'USDA avaient ignoré la liane. Or, au plus fort de la crise du caoutchouc, durant l'été 1942, la question du cryptostegia offrit pourtant une nouvelle occasion à ses détracteurs de reprocher au gouvernement son échec manifeste à développer des cultures laticifères nationales. En juin, Drew Pearson et Robert S. Allen, auteurs de la rubrique nationale *Washington Merry-Go-Round*, relatèrent que Heinz avait « bombardé » Jesse Jones et les autres fonctionnaires de « piles » de lettres vantant les mérites de la liane. En fait, Heinz aurait proposé de donner des graines aux agriculteurs s'ils s'engageaient à en cultiver sur 4 hectares et il promit de payer aux cultivateurs 22,80 dollars l'hectare chaque récolte prête au bout de 90 jours. Le *Chicago Tribune* et le *New York Daily News* annoncèrent qu'ils mèneraient leurs propres recherches sur le caoutchouc au cours d'une compétition amicale distinguant deux possibilités. À cette fin, le journal de New York lança un projet de 8 hectares de cryptostegia à Brownsville, au Texas, tandis que celui de Chicago étudiait une méthode pour obtenir du caoutchouc à partir des déchets de l'industrie du papier. Néanmoins, Jones semblait toujours engagé dans le programme du caoutchouc de synthèse à base de pétrole, alors que le vice-président Wallace militait pour une approche prudente, en attendant d'autres résultats.

Le journaliste Charles Morrow Wilson lança une offensive particulièrement violente, déclarant que les responsables britanniques et américains avaient ignoré le travail de Dolley, de Heinz et consorts car ils s'estimaient redevables envers les négociants néerlandais et britanniques qui contrôlaient le commerce international de caoutchouc. Pour Wilson, le cryptostegia était idéal : il s'épanouissait sous tous les climats, il pouvait se reproduire aisément à partir de boutures, ses graines étaient « exceptionnellement vigoureuses », il ne craignait aucun insecte ou presque, ne nécessitait aucun engrais et pouvait produire plus de caoutchouc de grande qualité que n'importe quelle autre plante annuelle. L'éditorialiste du *Dallas Morning News*, Victor Schoffelmeyer, posa des questions du même ordre : « On est obligé de se demander pourquoi [...] quand l'avenir d'un pays est en jeu, carte blanche n'est pas donnée pour tous les processus connus sur le caoutchouc [...] que ce soit pour le pétrole, le maïs, le blé ou la patate douce, l'armoise ou le cryptostegia ».

L'enthousiasme pour le cryptostegia grimpa en flèche. Les scientifiques de la compagnie, John McGavack et H. L. Trumball, en appelèrent à la mise en œuvre immédiate d'un projet de 100 000 dollars financé par le gouvernement fédéral qui testerait le cryptostegia dans pas moins de cinq États du Sud. Trumball donna aussi un discours devant l'American Chemical Society (Société américaine de chimie), déclarant que le caoutchouc du cryptostegia était de bien meilleure qualité que celui du guayule et pouvait être récolté trente fois dans l'année avec une taille régulière. Entre-temps, Dolley fit pression sur l'héritier de la couronne britannique, le duc de Windsor, pour investir dans le cryptostegia, un moyen pour les colons aux Bahamas de contribuer efficacement à l'effort de guerre au côté des Alliés. Le comité Baruch prit acte du soudain enthousiasme pour le cryptostegia. Son rapport de septembre 1942 comprenait des commentaires prometteurs sur le potentiel de la liane, puisqu'il y avait «peu à perdre et beaucoup à gagner à poursuivre le programme avec vigueur». En quelques semaines, les responsables nationaux se mobilisèrent en faveur de la recherche sur le caoutchouc de cryptostegia. Le vice-président Wallace adhérait désormais à la cause du cryptostegia et œuvra activement en ce sens pour obtenir des contrats avec l'United Fruit Company et d'autres partenariats pouvant contribuer à développer la production. Il l'expliqua ainsi au président Roosevelt : «Nous progressons rapidement [...] M. Baruch estime que ce pourrait être notre 'grand espoir' sur le front du caoutchouc naturel dans les deux ans à venir». Au final, le Board of Economic Warfare (Bureau de la guerre économique), que dirigeait Wallace, ne se contenta pas des cent mille dollars que prévoyait le projet proposé par les grands industriels du caoutchouc, mais dépensa des millions. Le gouvernement et l'United States Rubber Company utilisèrent la Shada (Société haïtiano-américaine de développement agricole), une entité appartenant exclusivement au gouvernement haïtien mais intégralement financée par les États-Unis, pour obtenir des suppléments et faire du cryptostegia cultivé en Haïti un point central des efforts entrepris pour faire face à la crise du caoutchouc. Sous la houlette de Thomas A. Fennel, un employé de l'USDA proche de Wallace et David Fairchild, la Shada passa du statut de projet destiné à relever au départ l'économie d'exportation haïtienne dans son ensemble à celui d'un projet totalement dédié au cryptostegia.

La mobilisation immédiate de la Shada ne tarda pas à transformer l'économie rurale haïtienne. Avec l'appui du président Elie Lescot, déterminé à porter haut l'engagement de son pays dans l'effort de guerre, l'organisation s'appropria rapidement des milliers d'hectares de terrains privés. Ce qui n'empêcha pas certains Haïtiens de résister avec fracas à ces expropriations. Fennel, craignant pour sa vie, demanda à être autorisé à porter un révolver de calibre 38. Comme la Shada offrait d'excellents salaires, soit 30 cents par jour (20 cents pour les femmes), nombreux furent les Haïtiens à adhérer au projet. Pour contribuer au bon départ du projet, les paysans recueillirent des dizaines de kilos de graines par jour – 17 tonnes en tout – à partir des lianes poussant à l'état sauvage. Entre-temps, l'United Fruit Company fournit des graines de cryptostegia sauvage poussant à proximité des bananeraies d'Amérique centrale, et le Boyce Thompson Institute engagea des scientifiques pour favoriser la propagation des plants de cryptostegia grâce à des traitements hormonaux innovants. L'USDA avait rallié Dolley à sa cause et l'envoya en expédition dans l'Ouest américain et mexicain en quête de différents spécimens de la plante.

Les premiers rapports étaient prometteurs. Le cryptostegia poussait facilement et rapidement sous quasiment n'importe quel climat, la qualité de

Figure 16. Défrichage de terrains en Haïti dans le cadre du projet de caoutchouc de cryptostegia pour la Shada, 1943. Photographie de Thomas A. Fennell. Avec l'aimable autorisation de Thomas Dudley Fennell.

son caoutchouc testé valait *a priori* celui de l'hévéa, et ses produits dérivés constituaient une source de fibres, de médicaments et d'autres déchets utilisables. Bien que les questions relevant de l'efficacité des récoltes et des techniques d'extraction fussent toujours d'actualité, l'espoir que la plante offrît la promesse d'une réserve d'urgence de caoutchouc demeurait élevé. Un rapport de M. D. Knapp, un consultant américain qui visita les installations de la Shada en mars 1943, minimisa toute forme de problème lié à l'acquisition de terrains, au logement, à la maladie ou au contrôle du travail (parce que le « paysan haïtien semble ouvert à la discipline »). John McGavack, de l'United States Rubber Company, inspecta les opérations haïtiennes en mai 1943 et conclut que la production de 100 à 150 kilos de caoutchouc par hectare était réalisable en douze mois. Dolley en convint, écrivant en août 1943 que le cryptostegia pouvait produire plus à l'hectare à moindre coût que les autres plantes : « Mes efforts persistants pour rendre le cryptostegia productif en caoutchouc à grande échelle vont être enfin récompensés pour de bon ».

La plante promettait également de servir un but politique en renforçant le régime d'un allié américain. Lors d'une série de discours donnés devant presque cinquante mille ouvriers impliqués dans le projet en juillet 1943, le président haïtien Lescot prédit que le succès présumé du projet garantissait que les « barbares » de l'Axe échoueraient dans leur but de rétablir l'esclavage au pays. La publication officielle de la Shada reprit aussi la métaphore, en demandant à chaque paysan haïtien de devenir un « soldat dans la bataille de production du caoutchouc des Nations unies ». À l'été 1943, quelque 500 millions de plants issus de pépinières étaient prêts à être transplantés. Selon Fennel, le projet mené par les Américains en Haïti pourrait produire 10 % des besoins en caoutchouc naturel de la nation d'ici 1944. Une fois de plus, les scientifiques semblaient sur le point de découvrir une solution agricole à la crise du caoutchouc du pays.

Relance des recherches sur le solidage pendant la seconde guerre mondiale

Les recherches sur le solidage *(Solidago leavenworthii)* à la station d'acclimatation de plantes de Savannah s'étaient poursuivies tout au long des années 1930, bien qu'à un modeste niveau, financier comme pratique. Sur place, les chercheurs réduisirent le nombre de variétés du solidage présentant un intérêt de 400 à 4, toutes issues de *Solidago leavenworthii*. Dès 1939, les scientifiques gouvernementaux déclaraient pouvoir obtenir régulièrement 6 à 8 % de rendement en caoutchouc avec ces variétés. L'année suivante, Harlan Hill, de la station de Savannah, déclara que le solidage avait été développé jusqu'à produire 550 kg de caoutchouc à l'hectare, bien au-delà des niveaux atteints à Fort Myers. Pourtant, avec seulement « quelques grammes » de caoutchouc de solidage à disposition dans les années 1930, personne n'aurait certainement imaginé que la plante redeviendrait une priorité nationale à peine quelques années plus tard.

Au lendemain de Pearl Harbor, David Bisset, de la station de Savannah, reçut des instructions pour considérablement augmenter la production de solidage. Il s'empressa de recruter une équipe de douze femmes pour accélérer la récolte de graines et de boutures à partir des plantes restant en plein champ. Comme l'expansion des cultures était limitée sur le site de Savannah, il proposa que le gouvernement rappelle Harry Ukkelberg comme conseiller et qu'un partenariat soit établi avec la plantation toute proche d'Henry Ford pour y planter du solidage sur certaines parcelles. Toujours est-il qu'en 1942 le projet avait pris de l'ampleur. Le budget de la recherche en faveur du solidage explosa, passant de 8 000 dollars pour l'année fiscale 1942 à 301 000 dollars en 1943. Pour répondre à cette expansion, le personnel de Savannah commença à chercher des propriétaires de terrains souhaitant louer leurs terres et entreprit de mettre à disposition l'équipement nécessaire pour gérer ces niveaux supérieurs de production. Une assistante fut également engagée, Dorothy Druggers, pour s'occuper des 140 000 plants de solidage constituant la base des futures exploitations.

Au final, quelques hectares de solidage furent plantés sur les propres terrains de la station de Savannah, de même qu'une soixantaine d'hectares supplémentaires sur des terres louées à des fermiers des environs. En 1942, les conditions de sécheresse donnèrent lieu à une récolte des plus faibles et les chercheurs n'eurent à s'occuper que d'une trentaine d'hectares de plantes en piètre état. Ces résultats ne ruinèrent pas pour autant les espoirs d'amplifier le projet du solidage pour la saison 1943. En l'état, les tests sur la qualité du caoutchouc de solidage étaient prometteurs : selon le Southern Regional Research Laboratory de l'USDA, le caoutchouc de solidage fut crédité d'une résistance à la traction de 1 300 kg/cm² et d'un allongement à la rupture de 700 à 800 % (contre 3 800 kg/cm² et 900 % pour le caoutchouc d'hévéa). Parmi les experts du caoutchouc industriel, une voix revendiqua l'expansion immédiate du projet du solidage. Puis, dans le sillage du rapport de Baruch en appelant à une réponse urgente à la crise du caoutchouc, plusieurs scientifiques de l'USDA se retrouvèrent à Savannah en septembre 1942. Ils espéraient tout simplement faire du solidage une culture laticifère permanente et durable, qui aurait un impact continu sur la demande en caoutchouc du pays et bousculerait la longue tradition de la monoculture du coton dans le Sud.

En janvier 1943, une équipe scientifique de l'USDA mit sur la table une proposition qui allait bien au-delà de l'échelle et de l'ampleur de tous les efforts entrepris jusque-là. Les experts du solidage proposaient tout simplement de passer des 30 hectares cultivés en 1942 à une superficie de 3 200 à 4 800 hectares en 1943, pour dépasser les 400 000 hectares en 1944. La saison 1943 prévoyait un rendement d'environ 165 tonnes de caoutchouc, mais ils proposèrent à la place qu'elle soit utilisée comme base végétale pour la saison 1944, qui fixait un rendement d'environ 21 000 tonnes de caoutchouc, soit 3,5 % de la consommation du pays en temps de paix. Pour parvenir à ce résultat, il faudrait y consacrer du temps, de l'énergie et de l'argent. Tout d'abord, plusieurs nouvelles techniques devaient être mises en place : modifier les transplanteurs de céleri pour implanter les cultures en plein champ, utiliser une nouvelle moissonneuse-batteuse pouvant prélever la plante et en détacher les feuilles, placer un grand nombre de machines à sécher les feuilles dans les champs à la saison de la récolte, entre autres. Des véhicules et du matériel agricole en abondance seraient nécessaires entre 1942 et 1944, ce qui impliquait en toute logique d'utiliser un nombre considérable de matériaux de guerre précieux comme le fer, l'acier, le cuivre et bien sûr le caoutchouc.

Pendant ce temps, d'autres chimistes durent perfectionner les techniques utilisées dans les applications industrielles, espérant par ailleurs que les ingénieurs seraient en mesure de transformer les magasins d'approvisionnement naval et les sites d'extraction de térébenthine en usines d'extraction de caoutchouc. Sans surprise ou presque, les stratèges gouvernementaux allaient devoir trouver 25 000 ouvriers agricoles pour la saison 1944. Une «troupe de choc» de 600 experts se retrouva sur le terrain en 1943 pour «présenter intelligemment le programme» aux agriculteurs du Sud. Aussi vaste que semblât ce projet, l'équipe avait bon espoir que le solidage puisse pousser sur une grande variété de sols du Sud, que son expansion ne nuirait pas à la récolte du coton et aux autres cultures, qu'une main-d'œuvre abondante composée d'Américains de souche africaine et de femmes était disponible et que le coût du caoutchouc obtenu baisserait rapidement. En fin de compte, l'urgence politique exigeait une approche du problème ignorant les grandes lignes théoriques des traditions locales et de la réalité du marché. Comme nous le verrons toutefois dans le chapitre 7, le projet réalisé ne fut pas à la hauteur de ces objectifs.

La recherche sur les cultures laticifères
à son apogée

À la fin de l'année 1942, le combat des États-Unis en faveur d'une culture laticifère nationale connut son plein essor. L'agronomie et l'effort de guerre avaient atteint un niveau inédit. Quelques semaines après l'attaque de Pearl Harbor, un bien de consommation important était devenu une denrée de guerre indispensable et la recherche sur le caoutchouc était passée contre toute attente de la sphère privée au secteur public. S'appuyant sur l'ERP, le gouvernement avait réquisitionné des terres, de la main-d'œuvre et du capital à grande échelle dans la perspective de développer des cultures servant l'effort de guerre américain. Sans aucune garantie que ces projets produisent des résultats immédiats pour l'économie de guerre, ou contribuent à inverser la tendance sur les champs de bataille, l'espoir que les ressources agricoles de caoutchouc se développent sur le territoire était pourtant partagé par le plus grand nombre. Des dizaines de milliers de personnes comprenaient l'importance des recherches sur les cultures laticifères : responsables politiques opposés à l'intervention gouvernementale dans le secteur privé disparaissant du paysage, diplomates œuvrant à l'amélioration des relations du pays avec l'Union soviétique, Haïti et autres partenaires inattendus s'impliquant dans la recherche sur le caoutchouc, journalistes rapportant ouvertement les échecs du gouvernement à se mobiliser plus rapidement, Américains de souche japonaise parqués derrière les barbelés s'acharnant à poser des questions demeurant en suspens au sein de l'énorme ERP et citoyens ordinaires s'engageant à planter du guayule, à désherber des rangs de kok-saghyz et à proposer au président Roosevelt et aux autres dirigeants leurs propres conceptions d'une culture laticifère appropriée.

La crise souligna le rôle crucial des botanistes et des autres scientifiques de l'agriculture à l'effort de guerre. Ils furent environ un millier à travailler dans les laboratoires de l'USDA, les stations expérimentales agricoles, les universités, grandes écoles d'agriculture et institutions similaires dans le cadre d'une étude intensive et confortablement financée sur la physiologie, la génétique, l'agronomie et le potentiel économique des cultures laticifères agricoles. Chez les « quatre grandes » compagnies de caoutchouc et dans les laboratoires régionaux de recherche de l'USDA, les chimistes des polymères, les ingénieurs du caoutchouc et autres techniciens étudièrent comment transformer le latex tiré de ces plantes en quelque chose d'utile à l'échelle industrielle. En gros, la recherche intensive du caoutchouc à partir du guayule, du kok-saghyz, du solidage et du cryptostegia était passée de projets hypothétiques et mal financés entre les mains d'une poignée d'inconditionnels du caoutchouc à une priorité nationale soutenue par des millions d'individus.

Engouement qui fit long feu. Fin 1942, les premiers signes de démarrage du programme du caoutchouc de synthèse démontrèrent que le synthétique prenait le pas sur le caoutchouc agricole en offrant une meilleure solution aux besoins du pays. Les espoirs mis dans les cultures laticifères nationales s'envolèrent quand physiciens et chimistes industriels remplacèrent les agronomes comme héros. Le guayule, le kok-saghyz, le cryptostegia et le solidage dévoilèrent un par un des écueils agricoles, scientifiques, techniques, économiques et géopolitiques que même l'immense engagement sur de multiples fronts de l'ERP ne pouvait contenir. Pourtant, la mobilisation intensive en faveur des cultures laticifères qui marqua les douze mois suivant Pearl Harbor révéla que la solution à la crise du caoutchouc se trouvait bel et bien dans le sol.

Chapitre 6

Le caoutchouc durable issu du grain

Le comité Gillette et les combats autour du caoutchouc de synthèse

La crise s'amplifia au fur et à mesure que le caoutchouc se révélait indispensable à la guerre moderne. Chaque char d'assaut Sherman – dont les États-Unis finirent par produire 50 000 exemplaires – nécessitait environ une demi-tonne de caoutchouc et chacun des 30 000 bombardiers lourds une tonne entière. Chaque navire de guerre contenait plus de 20 000 pièces de caoutchouc, soit un poids total de 72 tonnes par bateau. Rien qu'en 1944, les Américains produisirent 1,4 million de pneus d'avion. Les soldats américains portaient 45 millions de paires de bottes, 77 millions de paires de chaussures avec semelles en caoutchouc et 104 millions de paires de chaussures avec talons en caoutchouc. Chaque installation industrielle contenait des tapis roulants et des rouleaux en caoutchouc ; chaque hôpital abritait des kilomètres de tubage en caoutchouc et autres équipements en caoutchouc. Toute personne familiarisée avec la logistique de la guerre moderne comprenait que l'accès au caoutchouc ainsi qu'aux autres ressources tropicales, de même que la protection des couloirs de transport reliant les tropiques aux États-Unis étaient indispensables dans la préparation à la guerre.

Au regard des exigences du produit, même les milliers d'Américains engagés activement avec l'ERP n'attendaient pas autre chose du caoutchouc agricole qu'une modeste contribution aux besoins immédiats du pays en temps de guerre. Seul le caoutchouc de synthèse offrait de réels espoirs. Pourtant, à la différence de l'Allemagne nazie et d'autres pays ayant investi dans le caoutchouc synthétique dans les années 1930, les États-Unis durent repartir de zéro dans les mois suivant Pearl Harbor. Le caoutchouc de synthèse est une substance complexe pouvant être produite de multiples façons et à partir de différentes matières premières. Or, à l'été 1942, cette problématique de chimie organique se réduisait à une bataille publique, éminemment passionnelle et politique entre les pro-alcool et les pro-pétrole. Pour faire court, dans le premier cas, l'alcool est dérivé du grain, de la mélasse ou de produits agricoles, pour être d'abord converti en butadiène, puis en caoutchouc. Dans le second cas, le pétrole est converti en butadiène, puis en caoutchouc. Pour compliquer les choses, la plupart des distilleries industrielles du pays subissaient des pénuries de leur matière première de base, la mélasse, et tournaient en sous-capacité. Pourtant, au même moment, les silos du Midwest étaient remplis de grains et les perspectives d'une récolte abondante semblaient similaires à l'épisode de 1942.

Cette situation généra un débat public et des investigations du Congrès orientées autant vers l'attribution de responsabilité que vers la découverte de solutions à la crise. Les récits historiques de la soi-disant « pagaille du caoutchouc » mentionnent les timides prises d'initiative, les conflits de personnalités et les joutes administratives retardant les solutions, ou soulignent le triomphe final de l'industrie du caoutchouc de synthèse, clef de voûte de l'économie de guerre américaine. La recherche américaine d'une source intérieure de caoutchouc fut aussi au cœur du débat, car cette source intérieure, renouvelable et durable était en passe de devenir réalité. Au printemps et à l'été 1942, le sujet occupait les unes de tous les grands journaux américains. À l'initiative du sénateur de l'Iowa Guy Gillette et du sous-comité qu'il présidait, toute une palette de politiciens, fonctionnaires, personnalités des médias et citoyens ordinaires se querellait sur la possibilité de fabriquer du caoutchouc synthétique à partir de grain américain. Pourtant, alors que les chefs de file de l'industrie, le gouvernement, les fonctionnaires, et jusqu'au président Roosevelt lui-même, continuaient, semble-t-il, d'envoyer promener cette éventualité fascinante, des voix de protestation s'élevèrent en s'opposant directement aux instances stratégiques et administratives de la période de guerre. Le débat sur l'économie politique du caoutchouc devint ainsi l'une des questions nationales les plus importantes de la guerre, qui allait se résoudre lentement grâce à l'adhésion du pays à une politique d'austérité pour les consommateurs et aux investissements du gouvernement dans l'industrie du caoutchouc de synthèse. L'épisode met également en lumière les premiers débats sur le développement des ressources renouvelables face à celles non renouvelables, sur la valeur d'une approche nationaliste ou internationaliste du développement économique, et sur la position de l'agriculture au confluent de l'industrie, de la science et de la géopolitique.

Origines du débat

L'idée que le grain américain puisse résoudre la crise du caoutchouc surgit à l'improviste. Après une décennie de prix bas du caoutchouc importé et de laborieux efforts pour contrôler le prix et les stocks de grains du pays, rares étaient ceux qui envisageaient qu'une solution à la dépendance américaine au caoutchouc importé passe par les champs de céréales du Middle West. Les rapports laconiques en provenance de Pologne, d'Italie, d'Allemagne et d'Union soviétique indiquant que les céréales pouvaient véritablement être la matière première du caoutchouc synthétique ne suscitaient qu'un faible intérêt parmi les responsables gouvernementaux et industriels. L'éminent chimiurgiste Billy Hale, dont l'essai de 1936 *Prosperity beckons (La prospérité est pour bientôt)* présentait l'alcool industriel comme le «roi des produits chimiques» et l'«industrie des industries», ignorait *a priori* le potentiel en caoutchouc que représentaient les céréales. En 1938, Albert F. Swanson, de l'Iowa, fit campagne pour le Congrès sur une plateforme symbolisant la transformation du maïs en caoutchouc synthétique. Les dirigeants de l'USDA n'accordaient que peu d'intérêt à ces programmes car l'aide gouvernementale aux petites distilleries pourrait nuire au secteur de l'alcool industriel, déjà associé aux grandes entreprises de la côte est qui se procuraient leur matière première auprès des distilleries de sucre.

En 1938, l'USDA reconnut discrètement certains arguments avancés par les chimiurgistes et mirent en place un réseau de quatre laboratoires régionaux de recherche. Placés sous l'autorité du Bureau of Agricultural Chemistry and Engineering (BACE, Bureau de la chimie et de l'ingénierie agricoles), ils devinrent rapidement des fiefs de la recherche dédiée à l'utilisation industrielle des ressources agricoles. Si les stratèges du BACE placèrent sur un même plan l'étude des ressources naturelles permettant de produire du caoutchouc, qu'il soit d'origine synthétique ou végétale, celui-ci ne s'imposa jamais dans leurs programmes de recherche. Le directeur du BACE, Henry Granger Knight, rencontra le secrétaire de l'USDA, Henry A. Wallace, et des experts de l'industrie du caoutchouc. Après avoir reçu l'assurance que l'industrie du pétrole pouvait rapidement fournir du caoutchouc synthétique en cas de nécessité, le groupe décida de faire du caoutchouc issu de ressources renouvelables du pays une priorité secondaire. Seule exception à ce programme, l'émergence en juillet 1940 d'un nouveau programme de recherche sur les agents de renforcement du caoutchouc tirés des huiles végétales et sur l'alcool servant à fabriquer le caoutchouc de synthèse, lancé par William Sparks, du Northern Regional Research Laboratory (NRRL) de Peoria, dans l'Illinois. Sa proposition remettait en cause les ambitions gouvernementales sur des projets dans le monde entier alors que la solution se trouvait peut-être dans les cultures du Midwest, et il y développait une vision de durabilité avec la conviction que le caoutchouc de synthèse puisse être issu de «stocks de matières premières agricoles produites en continu».

En 1941, une poignée d'experts alerta les autorités sur d'imminentes pénuries d'alcool industriel, dont l'impact, avançaient-ils, pouvait être atténué par l'utilisation accrue des céréales du Midwest. En février 1941, R. E. Buchanan, chargé de la station expérimentale de l'Iowa State College, rencontra l'économiste John Kenneth Galbraith, alors à la National Defense Advisory Commission (NDAC, Commission consultative de la Défense nationale), l'entité la plus à même de préparer le pays à une économie de guerre. Buchanan convainquit Galbraith de l'importance de l'alcool dans la fabrication du caoutchouc et, en avril 1941, les programmes de stockage d'alcool étaient en place. Quelques mois plus tard, l'expert en alcool de grain Leo Christensen, de l'université d'Idaho, contacta Edward Ray Weidlein, figure éminente du Mellon Institute of Industrial Research de Pittsburgh, pour en savoir plus sur les dernières avancées de la technologie du caoutchouc synthétique. Weidlein, dont le bienfaiteur, la famille Mellon, régnait aussi sur le Mellon Institute of Industrial Research, avait conclu que le pétrole offrait la matière première la plus économique et la plus adaptée aux projets futurs de caoutchouc synthétique, analyse ancrée dans la politique et les programmes gouvernementaux pour les mois à venir.

Hors de Washington, plus rares encore étaient les Américains à prendre au sérieux la menace d'une crise du caoutchouc et ce malgré la guerre mondiale faisant rage autour d'eux. Les communiqués de presse laissaient entendre que le programme de stockage de caoutchouc était un succès, que les efforts volontaires de limiter la consommation de caoutchouc produisaient leur effet, que le négoce du caoutchouc avec les Indes orientales demeurait suspendu et que les autres solutions pour contrer toute pénurie de caoutchouc étaient à portée de main. D'autres communiqués et annonces du secteur industriel assuraient que le caoutchouc synthétique était pour bientôt, réduisant l'éventualité des pénuries. En toute logique, les médias soulignèrent les avancées et les derniers développements de la recherche sur le caoutchouc de synthèse, sans pour autant mentionner – ou si peu – les limitations, les écueils ou le temps nécessaire à un réel impact sur la demande en caoutchouc du pays. En 1940, la Standard Oil Company of New Jersey (SONJ) assura qu'elle pourrait passer à une production « à très grande échelle » dès que le gouvernement le lui demanderait. J. J. Newman, vice-président de la B. F. Goodrich Company, loua la clairvoyance des programmes gouvernementaux de stockage et prédit qu'une industrie du caoutchouc synthétique s'imposerait rapidement et regarnirait les stocks.

En mars 1941, A. L. Viles, de la Rubber Manufacturers' Association, prévit que l'expansion du caoutchouc de synthèse ferait baisser les prix des deux types de caoutchouc pour le bien de tous. En septembre 1941, l'United States Rubber Company fit valoir que sa nouvelle usine de caoutchouc synthétique de Rhode Island constituait un garde-fou sérieux en cas d'urgence. La Goodyear Tire and Rubber Company tenta de rassurer l'opinion publique américaine avec une série de publicités dans les journaux faisant la part belle aux derniers progrès faits sur le caoutchouc de synthèse en matière de conservation et de qualité. Et rares étaient ceux à oser contester l'idée que les Américains pouvaient produire rapidement du caoutchouc de synthèse si besoin était. Le cas d'Ernst Hauser, expert en caoutchouc du MIT, en est un exemple frappant. En août 1940, lors d'un discours prononcé à l'université du Wyoming, Hauser mit en garde sur le risque de perdre l'accès aux matières premières essentielles telles que le caoutchouc. Il critiqua l'inefficacité du gouvernement à se préparer, tout en valorisant l'action de ses confrères. Si l'urgence devait survenir, selon lui, les chimistes avaient mis au point les méthodes pour produire « tout le caoutchouc dont nous avons besoin » à partir du charbon, du pétrole et du gaz naturel. Prenant également fait et cause pour le guayule, il mit en garde dès juillet 1941 contre les communiqués vantant l'imminence du caoutchouc de synthèse. Il rejetait la propagande des compagnies pétrolières et affirmait que le caoutchouc synthétique demeurait de piètre qualité. « Même observé avec le plus beau des prismes », affirmait Hauser, le caoutchouc de synthèse « ne peut être considéré comme une réponse satisfaisante à notre problème de caoutchouc ».

Pearl Harbor et le début de la pagaille du caoutchouc

À l'évidence, le pays ne pouvait se permettre d'attendre quatre ans pour résoudre le problème. Quelques jours après l'attaque japonaise, la crise du caoutchouc devint une réalité. Les débats sur la politique du caoutchouc passèrent des revues spécialisées comme *India Rubber World* et *Rubber Age* aux unes des journaux américains. L'Office of Production Management (OPM, Bureau de gestion de la production) suspendit la production de pneus le 10 décembre, puis gela la production automobile et interdit la vente publique de pneus en caoutchouc. En février 1942, le gouvernement contrôlait la vente de quasiment tous les articles en caoutchouc. Le FBI prévint que des vols de pneus étaient à craindre, et de nombreux responsables débattirent de la possibilité de limiter la vitesse, de rationner le carburant et de choisir quels groupes d'intérêt seraient exemptés de ces restrictions.

Dans ce nouveau contexte, les fonctionnaires de la préparation à la guerre s'empressèrent de lancer la construction d'usines de caoutchouc synthétique. Ils avaient même sécurisé un montant illimité pour financer ces installations. Au printemps 1942, la Reconstruction Finance Corporation (RFC) avait établi un budget de 650 millions de dollars pour agrandir et développer 31 usines, dont la plupart suivraient les procédures du secteur pétrolier développées par la SONJ. Malgré l'enthousiasme croissant pour le guayule, le caoutchouc d'Amérique du Sud et le caoutchouc synthétique à base de produits pétroliers, seuls quelques experts rappelèrent la possibilité de fabriquer du caoutchouc à partir de céréales. En janvier 1942, le vice-président Henry Wallace remarqua que les spécialistes du caoutchouc négligeaient la source pratique et économique des céréales sur le territoire. Pendant ce temps, Charles Friley, président de l'Iowa State College, demandait activement à ses chimistes de relancer la recherche sur la fabrication du caoutchouc à partir de produits dérivés du maïs que Leo Christensen avait laissé inachevée durant son mandat à l'université au début des années 1930.

Les réponses multiples et précipitées ne vinrent pas confirmer que le gouvernement américain avait une véritable solution face au problème du caoutchouc. Les organismes officiels impliqués, à savoir le WPB, la Rubber Reserve Company (RRC), la RFC, l'USDA et d'autres, semblaient travailler à contre-courant et le président Roosevelt ne s'exprimait pas clairement sur la solution à privilégier. Il devint donc d'usage de railler les responsables gouvernementaux sur la question du caoutchouc, même dans une période de guerre où critiquer les affaires militaires et étrangères était tabou. Les républicains au Sénat critiquèrent ouvertement le gouvernement pour son échec face à la crise, le Comité agricole de la Chambre tint audience sur la pénurie de guayule, et ses membres interrogèrent Henry Knight sur les échecs du bureau à poursuivre sérieusement les recherches sur le caoutchouc de synthèse. Le Comité spécial de recherche du programme de Défense nationale du sénateur Henry Truman dévoila plusieurs erreurs du programme de préparation et les révéla au grand jour. Le comité se concentra en particulier sur l'échec du gouvernement à se préparer correctement aux pénuries de caoutchouc. En mars, l'assistant du procureur général Thurman Arnold révéla à quel point la SONJ, en passant des accords avec le cartel chimique allemand IG Farben, avait perturbé la préparation à la guerre.

En fait, dès le début des années 1930, la Standard Oil avait convenu de suspendre les processus de fabrication de caoutchouc synthétique en échange d'un accord avec la firme allemande de ne pas concurrencer le marché américain du pétrole. Malgré de nombreux signes montrant les liens d'IG Farben avec l'effort de guerre nazi, la SONJ s'engagea dans ce qu'un universitaire appelait une «politique consciente de déception» et évita les démarches qui auraient pu profiter aux fabricants américains pour développer une industrie nationale. Fait marquant, les compagnies réaffirmèrent leur partenariat en septembre 1939 lors d'une réunion secrète tenue aux Pays-Bas, alors même que la guerre en Europe avait éclaté. Les compagnies affinèrent leurs accords pour s'adapter aux circonstances de la guerre, et IG Farben accepta de transférer des centaines de brevets et de laisser l'accès aux marchés à l'entreprise américaine, y compris ceux pour le caoutchouc buna[1] breveté par le cartel allemand. IG Farben n'acceptait toutefois toujours pas de transférer le véritable savoir-faire nécessaire pour compléter l'opération. Par ailleurs, la SONJ accorda à la firme allemande, et non aux compagnies américaines, le procédé de fabrication du caoutchouc de butyle qu'elle avait développé.

Ces accords stipulaient en outre que les compagnies continueraient leur partenariat même si les États-Unis et l'Allemagne entraient en guerre, les entreprises américaines et allemandes prévoyant même de redistribuer les bénéfices de la guerre une fois les hostilités terminées. Alors que les nouvelles concernant ces accords parvenaient au Comité Truman et à la presse en 1942, les sénateurs et les journalistes exprimèrent leur consternation devant le comportement manifestement antipatriotique de la SONJ. La compagnie échappa néanmoins à une lourde sanction car elle avait finalement accepté de s'engager avec vigueur dans un programme en faveur du caoutchouc synthétique qui utilisait la matière première de principe.

Présentation du comité Gillette

En mars, le Sénat autorisa le sénateur de l'Iowa Guy Gillette à former un sous-comité au sein du comité de l'Agriculture et de la Forêt pour étudier la production d'alcool industriel, d'alcool synthétique et de caoutchouc synthétique. Le sous-comité axa son travail exclusivement sur la production de caoutchouc à partir de surplus de céréales du Midwest. Durant les mois suivants, le comité Gillette suscita l'attention du pays au quotidien pour avoir mis en évidence la réticence du gouvernement à adopter une solution renouvelable et durable face à la situation de guerre.

Les traits personnels et politiques des cinq membres du comité Gillette contribuèrent à la volatilité de la question du caoutchouc. Chacun des membres, originaire de l'Ouest du Mississippi, pouvait revendiquer une tradition progressiste et indépendante issue des milieux politiques et possédait un bagage suggérant la préférence d'une solution agricole et durable à la crise du caoutchouc. Le président, Guy Gillette, un démocrate de l'Iowa, avait construit sa réputation en 1937 lorsque, de l'intérieur du parti, il releva le défi de mener à bien la proposition du président Roosevelt de « remplir » la Cour suprême de candidats bien disposés à son égard. Roosevelt avait répondu en faisant tout son possible pour battre Gillette à la primaire démocrate de l'Iowa en 1938, en vain. Depuis lors, Gillette s'était opposé aux plans du président, qui visait un troisième mandat, inédit en 1940, et il fit de même en 1944. Burton Wheeler, démocrate du Montana, avait acquis sa célébrité nationale en 1924 comme candidat à la vice-présidence sous l'étiquette du Progressive Party de Robert La Follette. En 1940, Wheeler était devenu l'opposant le plus virulent du Sénat à l'entrée des États-Unis dans la guerre. Il s'était tout simplement posé comme pouvant remplacer Franklin D. Roosevelt et aurait pu gagner l'investiture démocrate à la présidence si Roosevelt avait renoncé à se lancer dans un troisième mandat. Elmer Thomas, un démocrate progressiste de l'Oklahoma, fit campagne sans relâche en faveur de la remonétisation de l'argent comme stratégie d'expansion de la masse monétaire afin d'aider les fermiers endettés. Au fait de la problématique du caoutchouc, Thomas avait autrefois utilisé l'arme de l'obstruction parlementaire pour défier les grandes compagnies pétrolières qu'il accusait de faire du tort aux petits producteurs de pétrole indépendants de son État. Le républicain du comité, Charles McNary, de l'Oregon, officia comme chef de file de l'opposition au Sénat et ce, malgré son statut d'électron libre. En 1940, il fut candidat à la vice-présidence pour les républicains, placé là pour contrebalancer les pouvoirs du réseau de l'Est du candidat Wendell Willkie. Après sa défaite, Roosevelt lui offrit un poste dans son cabinet mais McNary le refusa pour rester un représentant des intérêts progressistes de l'Ouest. Le membre le plus connu fut sans doute George Norris, du Nebraska, dont les nombreuses réalisations comprennent l'aval du projet de la Tennessee Valley Authority (TVA). Après une longue carrière comme républicain, Norris se déclara progressiste indépendant, pour finalement devenir le poil à gratter des deux partis.

Le comité Gillette ouvrit ses délibérations en examinant le cas de George E. Johnson. Allié au sénateur Norris, Johnson était un ingénieur travaillant au projet « Little TVA » qui mettait en place dans le Nebraska des systèmes d'irrigation financés par le gouvernement. À cette époque, les élus du Nebraska demeuraient engagés dans l'usage industriel des produits agricoles, même si le mouvement chimiurgiste avait disparu de la scène nationale. En 1941, l'assemblée du Nebraska finança un « projet chimiurgique », qui convainquit le scientifique de l'alcool Leo Christensen, originaire de l'Idaho, de travailler comme chef d'un nouveau département de chimiurgie à l'université du Nebraska. Plus tard dans l'année, avec Christensen comme partenaire technique, Johnson mit au point un programme de construction de petites usines dans les campagnes du Nebraska pour fournir l'alcool de grain transformé au final en caoutchouc synthétique. Le 6 décembre 1941, Christensen introduisit un recours pour l'alcool industriel et le caoutchouc synthétique auprès du secrétaire de la Marine, le colonel Frank Knox, un ancien détracteur de Roosevelt qui faisait partie des fondateurs du mouvement chimiurgiste en 1935. Au cours de cette réunion, qui se tint la veille de Pearl Harbor, Knox (qui succéda à Charles Edison en tant que secrétaire de la Marine) ignora les avertissements sur l'imminence d'une crise du caoutchouc.

À Washington, les représentants du gouvernement continuaient de bloquer les propositions de Johnson de produire du caoutchouc à partir de sources renouvelables et intérieures, même après Pearl Harbor et la progression japonaise dans les zones de production du caoutchouc d'Asie du Sud-Est. En janvier 1942, avec le soutien du bureau du sénateur Norris, Johnson et ses collègues vinrent à Washington pour obtenir les permis de construire de leurs usines d'alcool. Donald Nelson, à la tête du WPB, rejeta systématiquement les tentatives de Johnson, qu'il estimait infondées au regard des nombreuses usines du pays en capacité de produire de l'alcool industriel. Le témoignage de Johnson se fondait sur l'obstination de Frazer Moffett, un fonctionnaire chargé de la distribution de matériaux stratégiques pour le WPB. Étant aussi président de l'United States Industrial Chemical Company, une filiale de la Standard Oil contrôlant 16 % du marché industriel de l'alcool, Moffett était soumis aux critiques selon lesquelles les conflits d'intérêt l'empêchaient de soutenir un nouveau système décentralisé pour produire de l'alcool industriel. Pourtant Johnson et son groupe n'hésitèrent pas à risquer leurs propres deniers et ce, sans aucun soutien du gouvernement ; ils demandèrent la permission d'obtenir seulement 150 tonnes d'acier et d'autres matériaux stratégiques extrêmement contrôlés. Le WPD continua pourtant de rejeter les demandes de Johnson.

Le « procédé polonais »

Le comité Gillette rallia ensuite la cause de Waclaw Szukiewicz, un réfugié scientifique polonais, auteur en 1926 d'une méthode à base d'alcool pour fabriquer des produits en caoutchouc à partir de pommes de terre. Ses expérimentations avaient atteint l'étape de l'usine pilote en 1935 et quand la guerre éclata dans son pays natal, en 1939, il maîtrisait un procédé de production viable. Les déplacements de Szuckiewicz dans les années qui suivent s'apparentent à un roman d'espionnage, ou à ce que le représentant de l'Office of Price Administration (OPA) Leon Anderson appelait « un genre de romance gouvernementale ». En 1939, devant l'avancée allemande, il détruisit spectaculairement son usine et se réfugia en France. Le gouvernement polonais en lambeaux, alors en exil, coopéra avec la France de Vichy pour l'envoyer en Italie, où il se laissa leurrer par un diplomate. Ce dernier espérait que, si les Polonais partageaient leur technologie du caoutchouc à base d'alcool avec les Italiens, le gouvernement de Mussolini pourrait se laisser convaincre de faire la paix avec la

Pologne plutôt que de se rallier à l'effort de guerre nazi. Les représentants de la Publicker Commercial Alcohol Company de Philadelphie, le plus grand producteur d'alcool de grain du pays, essayèrent également d'entrer en contact avec lui peu après le début des hostilités en Europe, mais sans succès.

L'histoire parvint jusqu'aux oreilles de l'économiste John Kenneth Galbraith, qui, en tant qu'adjoint du commissaire à la Défense, reconnut le potentiel du processus pour réduire les surplus de cultures pérennes qui diminuaient les revenus de l'agriculture. Galbraith encouragea Knight, de l'USDA, à poursuivre dans cette voie. Entre-temps, Szuckiewicz fut expédié au Brésil et en Argentine, et les dirigeants américains – et sans doute le réseau d'espionnage de la British Security Coordination – tentèrent de le suivre à la trace. En juin 1941, un responsable du ministère des Affaires étrangères polonais alors en exil à New York contacta William Lacy, de l'OPA, à propos de la disponibilité du chimiste. Lacy contribua à l'obtention du visa et aux formalités administratives pour permettre à Szuckiewicz d'immigrer aux États-Unis. L'insaisissable chimiste du caoutchouc atterrit enfin à New York en novembre 1941.

Lacy emmena aussitôt Szukiewicz à Washington mais ce dernier rechignait à divulguer les détails de sa méthode aux responsables américains sans une protection avérée. Ensuite, Szuckiewicz et son collègue polonais, M. M. Rosten, rencontrèrent Henry Knight. Ils échangèrent perspectives et autres clefs de sa méthodologie sur le caoutchouc à base d'alcool mais refusèrent de révéler le catalyseur secret permettant la conversion de l'alcool en butadiène. Knight rejeta catégoriquement les conditions d'aide offertes par les Polonais. Il note dans son agenda du 14 novembre 1941 : « Je les ai informés qu'en ce qui concerne le département de l'Agriculture nous ne sommes pas intéressés par un procédé secret de fabrication de caoutchouc. »

En janvier 1942, Szuckiewicz et Rosten se rendirent au NRRL à Peoria, qui avait intensifié ses efforts de production de caoutchouc à partir d'alcool. Les Polonais refusèrent à nouveau de révéler le catalyseur sans l'assurance d'une protection avérée, qu'ils sollicitèrent ce mois-là. À la même époque, Szuckiewicz reçut un télégramme d'un conseiller de l'Office of Production Management (OPM, Bureau de gestion de la production), qui voyait un conflit potentiel dans le fait d'attribuer un brevet à un ressortissant étranger au milieu des efforts de guerre américains. L'OPM diffusa une « ordonnance de secret » officielle, qui invitait les Polonais et tous ceux qui étaient au courant du plan à « garder le silence » sur leurs méthodes. L'OPM demanda à Szuckiewicz et Rosten de quitter Peoria sur le champ pour retourner à Washington afin d'y rencontrer les représentants du gouvernement. Après consultation avec Weidlein, conseiller en chimie auprès du RRC, le gouvernement leva le secret le 11 février en se fondant sur le fait que la crise du caoutchouc serait résolue grâce au pétrole plutôt qu'en s'appuyant sur les stocks agricoles. Ainsi, après une intrigue et des efforts considérables pour intégrer les chimistes polonais à l'effort de guerre, les responsables américains abandonnèrent brutalement cette opportunité de développer une solution potentielle à la crise du caoutchouc fondée sur les cultures nationales renouvelables et durables.

Le comité Gillette constata que l'histoire ne s'arrêtait pas là. Abandonnés à leur sort dans le secteur privé, Szuckiewicz et ses collègues convinrent de coopérer avec la Publicker Company à Philadelphie. En avril, les représentants de Publicker étaient persuadés que le processus polonais était tellement sûr qu'il était à peine nécessaire de le soumettre à l'étape de l'usine pilote ; ils prévoyaient un rendement d'une tonne quotidienne de butadiène dès le 15 mai. Le 30 avril 1942, le président de Publicker, le Dr Lewis Marks, assura devant le comité Gillette que le processus pourrait bientôt fournir environ 70 % des besoins du pays. Le jour suivant, le consultant en ingénierie chimique John W. Weiss donna son aval aux demandes de Publicker selon lesquelles le procédé d'alcool polonais méritait une priorité immédiate sur le procédé du pétrole « Jersey » lié à la SONJ. Le rapport Weiss était largement diffusé auprès des agences de planification de la guerre, des comités du Congrès et des éditorialistes, ce qui alimenta une bataille publique sur la politique du caoutchouc et apporta son lot régulier d'embarras à l'administration Roosevelt. Même après que la décision du gouvernement eut été prise, le sénateur Gillette raviva les tensions en accusant sans ménagement les agences de Washington qui voulaient empêcher « l'agriculture de s'imposer » d'avoir demandé à Szuckiewicz de simplement « la fermer ».

Caoutchouc et sionisme

Entre-temps, le dirigeant sioniste et biochimiste Chaim Weizmann vint aux États-Unis depuis la Grande-Bretagne pour presser les Américains d'accélérer le développement du caoutchouc synthétique. Scientifique connu pour ses engagements, ayant contribué à la victoire britannique lors de la première guerre mondiale, Weizmann avait prédit la gravité des pénuries imminentes de caoutchouc bien avant que n'éclate la seconde guerre mondiale. Comme nous l'avons vu dans le premier chapitre, Weizmann avait mis au point sa propre méthode de production de caoutchouc synthétique à partir d'alcool avant même la première guerre mondiale. Pendant la seconde guerre mondiale, le ministère de l'Approvisionnement lui octroya un petit laboratoire à Londres pour poursuivre ses recherches. Plus tôt en 1942, l'ambassadeur américain en Grande-Bretagne, John C. Winant, demanda à Weizmann de consulter le président Roosevelt et les Américains à propos de la crise du caoutchouc. Cette action, souligna Winant, offrirait à Weizmann la chance d'avancer subtilement sur le long terme la cause du sionisme tout en se concentrant sur les problématiques immédiates de la guerre.

Weizmann arriva aux États-Unis en mars 1942 et put immédiatement rencontrer les chefs de file de la politique du caoutchouc. Même si les représentants du département d'État n'y virent que peu d'intérêt, les deux initiatives de Weizmann, à savoir le développement du caoutchouc à partir des produits agricoles et la fondation d'une patrie pour le peuple juif en Palestine, intriguèrent le vice-président Wallace, qui entrevit que l'opportunité d'une fabrication de caoutchouc à partir d'alcool de grain était encore réalisable, et il fit en sorte que Weizmann rencontre Knight et d'autres représentants de l'USDA à plusieurs reprises entre avril et mai 1942. Weizmann ne cessait de revendiquer que sa méthode pourrait produire du caoutchouc à grande échelle en quelques mois. Pourtant, il fut vite « dégoûté » par l'aspect politique de la question du caoutchouc aux États-Unis et déplora que les instances pétrolières fussent, semble-t-il, déterminées à contrôler l'industrie du caoutchouc synthétique, malgré la probabilité que les carburants à haute teneur en octane et les autres besoins de guerre n'entament les ressources pétrolières. Il reprocha au gouvernement de se fier à l'analyse du chimiste Weidlein, du Mellon Institute, qu'il accusa d'être « le porte-parole des préoccupations du pétrole » et quelqu'un en qui il n'avait « absolument aucune confiance ». Convaincu que ce serait « extrême-ment dangereux » de s'appuyer uniquement sur le processus à base de pétrole, Weizmann en appela directement à Wallace pour saper les plans de Nelson et Weidlein visant à développer un tel processus. Selon le conseiller principal de Wallace, Earl Bressman, les débats sur le choix du caoutchouc se tenaient quasiment tous les jours à tous les coins de rue, dans des clubs privés et chez le vice-président.

La pagaille du caoutchouc s'amplifie

Quand Nelson, le chef du WPB, suggéra que le caoutchouc de synthèse pourrait pourvoir à tous les besoins futurs du pays en caoutchouc, Wallace et Bressman passèrent à l'action. Ils convinrent que les commentaires de Nelson étaient « ridicules » du point de vue de la technologie du caoutchouc, nuisibles du point de vue des efforts de développement de la part des alliés sud-américains produi-sant du caoutchouc, et que les retards de réalisation du caoutchouc d'alcool étaient « tragiques d'un point de vue de l'effort de guerre ». Les responsables de l'USDA organisèrent des réunions spécifiques, avec entre autres le repré-sentant de l'OPM, George Ball, pour protéger l'information que contesteraient Nelson, Weidlein, le directeur de l'Office of Scientific Research and Deve-lopment (OSRD, Bureau du développement et de la recherche scientifiques), Vannevar Bush, et ceux qui privilégiaient le procédé à base de pétrole. Pour Carl Hamilton, jeune étudiant de l'Iowa servant d'assistant à Claude Wickard, le nouveau secrétaire à l'Agriculture, l'épisode confirma que les « hommes de main » travaillant pour le WPB ne méritaient pas leur réputation de patriotes. Leur véritable priorité, conclut-il, était de contrôler les centaines de millions de dollars à dépenser pour le caoutchouc synthétique.

Malgré la situation désespérée du caoutchouc et les nombreuses exigences demandées aux ressources pétrolières, Hamilton constata que les fonctionnaires du WPB rappelaient sans cesse que les produits pétroliers étaient les seuls à offrir une solution. Bressman eut vent de rumeurs selon lesquelles les respon-sables avaient été avisés de « rester à distance de cet homme Weizman *(sic)* » et que les liens de Weidlein avec la famille Mellon et la Gulf Oil montraient qu'il n'avait «aucune intention» d'autoriser le démarrage d'un procédé de transformation de l'alcool. Hamilton fit remarquer que les représentants du WPB n'admettaient la faisabilité d'un processus de transformation d'alcool que lorsqu'ils devaient témoigner en public devant le comité Gillette. Au final, Hamilton devint «absolument convaincu» de la conclusion qu'il qualifiait de «consternante» : ces hommes plaçaient égoïstement leurs propres intérêts avant l'effort de guerre, même au prix de la vie de soldats.

Les membres du Congrès eurent d'autres preuves de la résistance du gouvernement aux programmes de production de caoutchouc. Sans surprise, certains des témoignages les plus sensationnels furent l'œuvre du flamboyant chimiurgiste Billy Hale, alors président de la National Agrol Company. Au Congrès, Hale proclama que «cette guerre ne [pouvait] être gagnée sans la pleine contribution de la chimiurgie», estampillant «œuvre de l'Antéchrist» les efforts des «pseudo-économistes» de bloquer l'usage industriel des produits fermiers. Hale soulignait notamment que les intérêts gouvernementaux et pétroliers tentaient d'étouffer tous les projets de carburant et de caoutchouc à base d'alcool. Il rappela que le caoutchouc d'alcool se vendrait bientôt à 10 cents le kilo, soit moins de la moitié du prix bas du caoutchouc naturel en temps de paix. Il raillait sans pitié le travail du «comité impartial» du RFC, composé de représentants d'au moins cinq compagnies pétrolières majeures, qui avait virtuellement attribué aux instances pétrolières le budget de 650 millions de dollars du projet gouvernemental de caoutchouc.

Lors d'un autre témoignage devant le House Mining Committee, Hale proposa d'installer une centaine de nouvelles usines d'alcool censées produire assez de butadiène pour répondre en moins d'un an aux besoins en caoutchouc du pays, pour un coût équivalant à un sixième du budget prévu pour les usines utilisant le pétrole. Il écarta la ligne officielle selon laquelle les nouvelles usines d'alcool nécessiteraient d'importants volumes de matériaux stratégiques et déclara : «nous pouvons construire des usines à partir de trois fois rien». Seulement, la compagnie pétrolière «Les cohortes d'Hitler», qui, accusa Hale, ne voulait pas gagner la guerre, bloquait la distribution des matériaux stratégiques nécessaires à la mise en œuvre de sa proposition. Le seul espoir, estimait-il, était d'arriver à montrer au président Roosevelt la valeur du procédé de fabrication de caoutchouc à base d'alcool. Le comité Gillette eut écho d'autres personnes confirmant les obstacles rencontrés lors de leur recherche sur un stock de caoutchouc naturel et renouvelable. L'une d'elles était Clarence Bitting, président de la United States Sugar Corporation (USSC), de Floride, qui se targuait de pouvoir produire jusqu'à 100 000 tonnes de caoutchouc synthétique à partir des déchets végétaux des Everglades mais avait été avisé par les représentants du RRC que les firmes pétrolières tenaient ces contrats bien «au chaud».

Autre exemple, celui du sénateur Thomas, qui décrivit le cas d'investisseurs désirant monter une petite usine de caoutchouc à Seminole, dans l'Oklahoma, en utilisant cette fois le pétrole local comme matière première. Le cas était semblable à ce qu'avait vécu Johnson avec son projet du Nebraska : même si les investisseurs offraient d'employer leur propre capital et avaient aligné quasiment tout l'équipement et les matériaux stratégiques nécessaires, il leur était impossible d'obtenir le feu vert gouvernemental pour aller au bout du projet.

Le comité Gillette découvrit un nouvel obstacle à la production de caoutchouc tiré de l'alcool de grain. Les entreprises d'alcool dépendaient à l'origine de la mélasse originaire de Cuba et d'autres sites des Caraïbes utilisée comme matière première, mais les besoins liés à la guerre renforcèrent les contrôles de l'espace de chargement. Les membres du comité Gillette estimèrent que les surplus de grain offraient une solution de remplacement manifeste comme source de matières premières glucidiques. D'autres témoignages attestèrent que de petites usines d'alcool pouvaient en fait minimiser l'usage des matériaux stratégiques et simplifier l'accès ferroviaire, rapprochant ainsi les usines des silos. Les déchets des usines d'alcool de grain pouvaient aussi être facilement reconvertis en aliments pour le bétail. Par ailleurs, Thurman Arnold, l'assistant du procureur général qui avait exposé les accords de cartel entre IG Farben et la SONJ, s'attaquait maintenant à un autre chapitre de l'«histoire ancienne et ennuyeuse» du monopole, cette fois au cœur de l'industrie de l'alcool. Arnold déplora que les «cinq grandes» manufactures d'alcool installées pour la plupart sur la côte est aient le contrôle virtuel du marché et n'aient ainsi aucune envie de nuire aux jeunes concurrents du Nebraska et d'ailleurs dans le Midwest. Arnold dévoila également une nouvelle forme de collusion entre l'industrie du pétrole et les principaux manufacturiers d'alcool industriel, où les firmes pétrolières contrôlaient les brevets permettant la production d'alcool à partir des hydrocarbures de pétrole. Au final, les agriculteurs ne perdaient pas seulement le moyen d'obtenir un nouveau marché pour les surplus et déchets agricoles, mais se trouvaient aussi sur le point de perdre le marché existant des produits agricoles dérivés pour une solution non renouvelable.

Alors que les comités Truman et Gillette relevèrent diverses maladresses et négligences dans la politique du caoutchouc appliquée par le gouvernement, le débat public sur la question du caoutchouc s'échauffa au point de devenir politiquement nuisible, voire violent. Divers politiciens et journalistes accusèrent certains fonctionnaires de protéger des intérêts particuliers, notamment les compagnies pétrolières, au risque d'entraver l'effort de guerre. Les éditorialistes louèrent la volonté du comité Gillette d'y mettre un peu d'ordre, les caricaturistes raillèrent la politique gouvernementale du caoutchouc et des journalistes d'investigation comme I. F. Stone et Drew Pearson exigèrent des explications sur l'échec du pays à se préparer à l'urgence. Le chef du parti républicain, Thomas Dewey, s'en prit à l'administration Roosevelt pour son cafouillage et ses défaillances sur la question du caoutchouc. Le sénateur Ellison Smith, de Caroline du Sud, président du comité de l'agriculture au Sénat, glissa sous forme de boutade que WPB signifiait « *we pass the buck* » [se renvoyer la balle]. Ces plaintes causèrent problèmes à Gillette, qui constata que son comité se « réunissait avec l'opposition dans certains cercles très puissants et haut placés ». Jesse Jones, le secrétaire au Commerce, chargé du programme du caoutchouc, s'énerva particulièrement des critiques à son encontre. En avril, Jones eut une vive altercation avec Meyer, le rédacteur en chef du *Washington Post* au prestigieux Alfalfa Club de Washington. Exaspéré par les éditoriaux au vitriol et les railleries verbales, Jones attrapa Meyer par le col, brisant ses lunettes. Meyer tenta de répliquer par un coup de poing mais ses amis l'en empêchèrent. Jones regagna son hôtel sans heurts.

De manière significative, la réponse du président Roosevelt à cette saga – il fit part aux journalistes de « ses espoirs qu'il n'y ait pas un deuxième round » – suggéra à nouveau une certaine nonchalance vis-à-vis de la crise du caoutchouc. Pourtant, les signes d'une non-résolution de la problématique du caoutchouc eurent un sérieux impact politique. Henry Knight, de l'USDA, exhorta le directeur de la chambre de commerce à doucher l'enthousiasme pour le caoutchouc d'alcool de grain. Le vice-président Wallace reçut des rapports selon lesquels les nouvelles usines de caoutchouc de synthèse seraient bientôt prêtes, alors que l'on manquait de pétrole et de toute autre matière première nécessaire pour fabriquer du caoutchouc. Le 9 mai, Ferdinand Eberstadt, de l'Army-Navy Munitions Board, avertit que, si le caoutchouc de synthèse n'était pas disponible en juillet 1943, le pays « n'aurait certainement pas d'autre solution que de dire adieu à toute l'affaire [la seconde guerre mondiale] ». Fin mai, le conseiller du président, Isador Lubin, mit en garde le directeur du WPB, Donald Nelson, sur « l'état inquiétant du moral de l'opinion » si un procédé de transformation de l'alcool n'était pas financé. Aux dires de Lubin, les dollars ne seraient « guère utiles en cas de défaite ». Son rapport demandait explicitement à Nelson de passer le programme du caoutchouc d'alcool de 60 000 à 300 000 tonnes, d'admettre que les matériaux stratégiques ne constituaient pas une excuse pour retarder la construction d'usines de caoutchouc d'alcool et enfin de former un comité, peut-être dirigé par le président de l'université d'Harvard, James Conant, pour apporter une solution à la crise du caoutchouc. Alors que l'urgence se faisait sentir, l'attitude décontractée du président Roosevelt apparut déplacée. Lors d'une conférence de presse tenue le 27 mai 1942, le président prédit en toute confiance qu'un nouveau pneu en caoutchouc synthétique serait disponible avant que ne survienne une véritable crise.

À la fin du printemps 1942, les cinq membres du comité Gillette reconnurent unanimement leur déception. Le sénateur Thomas conclut : « il y a quelqu'un au cœur de […] ce que j'appellerai le « monopole du caoutchouc » qui bloque toute alternative au programme du caoutchouc de synthèse. « J'ignore ce que c'est, mais je le sens », ajouta Thomas, impliquant que les instances pétrolières étaient de mèche avec des fonctionnaires de l'époque de guerre que même les sénateurs américains ne pouvaient identifier. Le sénateur Norris accusait les représentants du « contrôle monopolistique » de s'opposer aux programmes de production de caoutchouc qui en permettaient le contrôle et la propriété à l'échelon local. Le sénateur Wheeler était *a priori* d'accord, car il mélangeait métaphores et racisme dans son accusation du WPB selon laquelle celui-ci avait rejeté les tentatives inutiles d'installer des usines d'alcool de grain dans le Nebraska : « Je ne sais pas où se trouve le 'nègre dans le tas de bois' mais [...] je dis qu'il y a quelque chose de pourri au royaume du Danemark». Le sénateur Gillette laissa entendre que les instances pétrolières s'opposaient au caoutchouc renouvelable «soit par négligence soit par volonté déterminée de contrôler le programme». Pour le sénateur McNary, la période d'écoute des témoignages était arrivée à son terme. «Même si nous perdons tout», affirma Norris, le temps était venu d'ébaucher une législation pour financer le programme de caoutchouc à base d'alcool de grain. C'est ainsi que, fin juin, le projet de loi du comité Gillette, qui prévoyait une nouvelle agence gouvernementale pour produire du caoutchouc de synthèse à partir de sources renouvelables, avait fait son chemin *via* le Comité agricole du Sénat et fut présenté à la tribune.

Malgré la pression du comité Gillette, le gouvernement ne céda pas en faveur du procédé à base d'alcool. Le 5 juin, les fonctionnaires les plus impliqués rencontrèrent Roosevelt pour instaurer une «causerie informelle» sur le caoutchouc et mettre un terme aux polémiques du moment. Le président étonna le groupe en demandant des recherches supplémentaires. «Personnellement», admit-il, «je ne suis pas inquiet pour le caoutchouc». Hésitant à engager le pays dans la perspective d'un rationnement de carburant, Roosevelt annonça une vaste campagne de récupération de caoutchouc. S'appuyant sur une grosse opération médiatique, le travail de milliers d'organisations civiques et de leurs membres, et les efforts de relations publiques du Petroleum Industry War Council – dont les membres espéraient retarder le rationnement de carburant –, la campagne du caoutchouc de juin et juillet 1942 mit en évidence l'un des premiers symboles visibles de l'engagement du pays dans l'effort de guerre. Au final, plus de 500 000 tonnes de caoutchouc furent récoltées, suffisamment pour alimenter les usines à caoutchouc pour les mois à venir. Les responsables avaient une fois encore réussi à atténuer l'impact public de la crise du caoutchouc, et l'industrie pétrolière continuait à vendre du carburant non rationné aux automobilistes.

Mais la campagne de récupération de caoutchouc n'endigua pas les critiques croissantes à l'encontre du procédé à base de pétrole. Alf Landon, le candidat républicain à la présidence en 1936, également producteur de pétrole indépendant, critiqua vertement Jones et surtout Roosevelt pour les obstacles qui retardaient la fabrication du caoutchouc à partir d'alcool. Francis Townsend, à la tête du controversé mais néanmoins influent mouvement Townsend Old Age Pension, poussa les agriculteurs à exiger du caoutchouc synthétique fabriqué à partir de grain. Howard Doane, dirigeant une entreprise qui gérait les grandes exploitations agricoles, disait du caoutchouc tiré des cultures que c'était la «plus belle opportunité jamais donnée aux agriculteurs américains», notamment parce qu'elle impliquait la suppression des subventions pour l'agriculture. L'État devait choisir : aider les agriculteurs ou les compagnies pétrolières. Dans une lettre ouverte publiée le 10 juillet par le *Fort Dodge (Iowa) Messenger*, Edward Breen, cadre d'une station radio de l'Iowa et candidat au Congrès, exprima son inquiétude de voir le vice-président Wallace ignorer que la question du caoutchouc fût perçue par les gens ordinaires comme un scandale. Breen salua la couverture médiatique du sénateur Gillette de « stupidité sans nom, incompétence à la limite de la trahison ».

Les implications politiques de la crise du caoutchouc ne cessaient de s'intensifier. Ne se réduisant plus seulement à la question de l'alcool ou du pétrole comme meilleure base de production du butadiène, la pagaille du caoutchouc s'était transformée en un embarras politique pour le gouvernement et une menace potentielle pour l'économie de guerre. Fin juin, après un long entretien avec Wallace, Fulton Lewis Junior, journaliste de radio d'envergure nationale, en fit le thème de six de ses émissions quotidiennes. Lewis, connu pour son style offensif à l'égard de l'administration Roosevelt, approuvait l'essentiel des découvertes du comité Gillette et jugeait les retards et alibis du gouvernement comme « fadaises à 99 % ». « Produire du caoutchouc synthétique est en fait aussi simple que mettre des patates à mijoter », déclara Lewis, signifiant que les hypocrites à la tête du gouvernement étaient coupables d'un degré scandaleux de favoritisme envers les intérêts pétroliers. L'émission de Lewis enregistra la bagatelle de 3 millions d'auditeurs et la station de radio déclara que l'enthousiasme suscité dépassait tout ce qui avait été fait ces cinq dernières années.

Les théories du complot foisonnèrent. « Ding » Darling, caricaturiste politique pour le *Des Moines Register*, fit part à un ami d'un « rapport secret » impliquant la signature du président Roosevelt sur un document s'avérant très gênant. George Johnson, promoteur du programme du Nebraska pour les nouvelles usines d'alcool, accusa la Standard Oil de « préférer voir le pays perdre la guerre plutôt que de perdre elle-même le contrôle du nouveau secteur en plein développement de la fabrication du caoutchouc ». Selon l'historien et journaliste Bruce Catton, « La température émotionnelle à Washington fin juin était impossible à mesurer avec un simple thermomètre conçu par l'homme ».

Au-delà des séances d'audition du Sénat, la polémique brûlante provoqua un vif intérêt pour une production nationale de caoutchouc à l'échelon local. Les émissions de Lewis réveillèrent un prohibitionniste convaincu, George H. Halbert, qui en appela à la conversion des distilleries « whiskey trust » en usines de caoutchouc plus utiles. Rex Price, président du Watherville (Washington) Commercial Club, se plaignit auprès du secrétaire de l'USDA : « manifestement les intérêts de l'alcool et du pétrole nuisent à notre cause ». J. Jacobs, de Sioux City dans l'Iowa, invita le comité du sénateur Gillette à distribuer aux petits agriculteurs des alambics pour atténuer la crise et générer la production d'aliments naturels. M. I. Browne, d'Emmett, dans le Kansas, déplora qu'un gouvernement cynique puisse déployer tant d'efforts pour décourager la production de caoutchouc à base d'alcool dans le but de garder les prix bas et le contrôle de l'inflation. J. C. Cranner et T. W. Reddington, du comté de Campbell en Virginie, avancèrent que le refus du gouvernement de soutenir ce procédé montrait que « quelqu'un aux responsabilités [était] coupable de trahison en temps de guerre ». Un rédacteur de Pendleton, dans l'Oregon, organisa localement une réunion d'agriculteurs et de propriétaires pour faire pression en faveur d'une usine d'alcool. Les militants travaillistes d'Iowa et du Nebraska mirent en place des comités qui, en se ramifiant au sein de leur État, devaient trouver des sites adéquats pour y installer de nouvelles usines d'alcool.

Figure 17. «Bon sang! Il faut s'y mettre tout de suite. Pensez donc, du caoutchouc tiré du grain!». La polémique entourant le comité Gillette croquée par le caricaturiste «Ding» Darling du *Des Moines Register,* le 27 juillet 1942. Avec l'aimable autorisation de la «Ding» Darling Wildlife Society.

Diverses représentations locales du National Grange émirent des résolutions stipulant que les grandes compagnies pétrolières s'étaient mises d'accord pour retarder le programme de caoutchouc à base d'alcool. Les chambres de commerce d'Emporia, au Kansas, et de Fremont, au Nebraska, reprirent les découvertes du comité Gillette dans leurs résolutions et appelèrent les agriculteurs et les petits producteurs de pétrole à travailler ensemble à une solution évitant le rationnement du carburant, favorisant les cultures locales de grain et bénéficiant aux deux parties. Venant de tout le Nebraska, trois cents personnes se rendirent à Lincoln en juillet pour fonder une nouvelle organisation coordonnant les projets de caoutchouc à base d'alcool dans cet État. Les grands négociants de l'Oklahoma firent pression pour obtenir leur «juste part» de tous les financements adaptés aux projets de caoutchouc synthétique. Au final, la question du caoutchouc à partir d'alcool permit à de nombreux Américains d'exprimer leur frustration sur cette problématique concrète liée à la guerre.

La crise avait atteint une étape décisive et les appels à l'action s'intensifièrent. Chaim Weizmann rencontra Roosevelt le 7 juillet et lui demanda instamment de créer une commission indépendante et impartiale pour régler la question du caoutchouc une bonne fois pour toutes. Une fois de plus, Weizmann liait la cause sioniste à un appel en faveur du processus de transformation du grain en caoutchouc. Entre-temps, la pression sur les intérêts pétroliers continuait de monter. Les communiqués de presse indiquaient que les 31 usines qui devaient utiliser le processus «Jersey» à base de pétrole n'avaient pas dépassé le stade des essais. Au vu de la menace de graves pénuries de caoutchouc, des détails intrigants concernant la complexité des processus de synthèse se firent jour. À l'évidence, la production de caoutchouc de synthèse générait une complexité chimique dépassant la simple question des sources de matières premières à base de grain ou de pétrole. En juillet, les représentants du NRRL de Peoria proclamèrent que le caoutchouc à base d'huile de maïs et de soja possédait un degré de résistance à la traction et d'élasticité encourageant, et les représentants des distilleries Joseph Seagram and Sons déclarèrent que leur procédé avait passé avec succès le seuil de l'usine pilote. En juillet également, la Houdry Process Corporation de Wilmington, dans le Delaware, réserva un lot d'encarts publicitaires pleine page dans les principaux journaux clamant que leur procédé pouvait produire du caoutchouc synthétique plus rapidement et plus économiquement que d'autres procédés à base de pétrole. À l'inverse, Per K. Frolich, de la SONJ, vanta les avancées de sa firme en termes vagues et en platitudes qui déclenchèrent par la suite condamnations et embarras. Au bout du compte, les revendications concurrentes faillirent déclencher une autre vague de tests avant qu'une action décisive ne soit prise.

L'épreuve de force du projet de loi Gillette

Les activités du comité Gillette prirent leur essor en juillet 1942. L'expert en caoutchouc John Weiss certifia que le procédé Publicker était prêt à être lancé à grande échelle pour la guerre. Onze membres du Congrès et d'autres responsables gouvernementaux effectuèrent un déplacement hautement médiatisé à l'usine Publicker de Philadelphie, qui convainquit la plupart d'entre eux que le projet d'usine pilote pouvait être généralisé en quelques mois. Ce qui n'empêcha pas le président Wallace d'intervenir lors d'un discours pour s'opposer à la législation proposée par le comité Gillette, avançant qu'un «nouvel isolationnisme» en matière de caoutchouc pouvait s'avérer dangereux pour les autres intérêts américains, couper les producteurs du marché global et exacerber les tensions internationales. Dans l'intervalle, le chef du WPB, Nelson, annonça qu'il avait pris la responsabilité personnelle de résoudre la question du caoutchouc. Il ignora résolument les recommandations, nomma un nouveau comité d'experts et tint une série de réunions à huis clos avec ses conseillers dans l'espoir d'arriver à une conclusion. Lors de la séance suivante, Nelson inscrivit comme priorité du WPB la pleine capacité des usines planifiées, essayant ainsi de doucher l'enthousiasme du comité Gillette pour les nouvelles installations du Nebraska et les procédés «polonais». Nelson stipula clairement que les contrats prévoyaient quelque 200 000 tonnes de caoutchouc synthétique avec l'alcool comme base du butadiène, même si cela concernait plus les grandes usines chimiques de l'Est que les petites unités privilégiées par les fermiers du Midwest. Plus important encore, Nelson reconnut rétrospectivement qu'avec plus de temps il aurait consacré une bien plus grande partie du programme de caoutchouc de synthèse aux processus à base d'alcool.

Le sénateur Gillette remercia Nelson pour le «repentir du lit de mort», sans que cela n'arrête son combat pour autant. Le 21 juillet 1942, Gillette utilisa une émission diffusée nationalement pour annoncer les résultats du comité. Pas un seul témoin, assurait-il, ne pouvait contester que le caoutchouc à partir d'alcool puisse être produit rapidement, immédiatement et avantageusement. Anticipant la réponse de son adversaire, Gillette nia, «avec toute la ferveur dont [il était] capable», défendre l'homologation de la solution de l'alcool simplement parce qu'elle pouvait bénéficier à ses électeurs de l'Iowa. Trois jours plus tard, Gillette présenta son projet de loi S 2600 à la tribune du Sénat, où il fut voté par acclamation avec seulement neuf sénateurs présents, puis adopté officiellement le jour suivant. La loi Gillette prévoyait une réduction drastique des pouvoirs des administrateurs du caoutchouc existants et les remplaça officiellement par un nouveau «tsar du caoutchouc» ayant mandat de développer le caoutchouc de synthèse, mais uniquement à partir de produits agricoles ou forestiers.

La loi stipulait par ailleurs qu'aucun producteur d'alcool ne pouvait contrôler plus de 10 % du total, impliquant que l'administrateur du caoutchouc passe des contrats avec des organismes à but non lucratif et des coopératives agricoles. Les documents de référence stipulaient clairement que le comité Gillette avait découvert la preuve «irréfutable» que le procédé à base d'alcool produirait plus de caoutchouc, plus rapidement, et consommerait moins de matériaux stratégiques que le pétrole. Par ailleurs, ce procédé avait accumulé les preuves de son succès à l'échelle expérimentale, alors que la plupart des processus à partir du pétrole n'avaient même pas été testés. La «seule explication plausible», d'après Gillette, était l'attitude antipatriotique plaçant les stratégies de marché et les plans d'après-guerre avant les besoins civils et militaires. À cette période, les États-Unis étaient sur le point de créer une industrie durable du caoutchouc fondée sur l'usage de matériaux bruts naturels et renouvelables. Mais la loi Gillette constituait aussi une attaque franche et directe envers l'administration Roosevelt. Sans surprise, le président s'empressa d'opposer son veto à S 2600. Pour justifier son choix,

Roosevelt démontra que la mise en place d'un nouveau tsar du caoutchouc serait inefficace, que les surplus de grain ne pourraient être assurés année après année, que limiter la recherche aux produits agricoles et forestiers créerait un obstacle artificiel alors que la vraie priorité était d'obtenir du caoutchouc à partir de n'importe quelle source et que la loi Gillette revenait à une tentative d'intervention dans les problématiques stratégiques de la période de guerre « par voie législative ». Enfin, le veto montrait l'empressement gouvernemental à mobiliser sur la question du caoutchouc. La plupart des éditorialistes convinrent que la loi Gillette devait faire l'objet d'un veto et que le président devait répliquer avec une autre stratégie.

Le comité Baruch

Le comité Baruch semblait offrir aux opposants au pétrole un dernier espoir. Baruch soutenait l'industrie du guayule depuis 1906 et il savait aussi que les processus à base de pétrole étaient alors loin d'être prêts. De plus, avec Compton, ex-membre du comité directeur du National Farm Chemurgic Council, ils avaient tous deux soutenu l'élargissement de l'usage industriel des matières premières agricoles dans d'autres contextes. Par ailleurs, Baruch et ses collègues comprirent que bien des Américains étaient persuadés que la loi Gillette empestait la politique de lobby agricole et semblaient impatients d'obtenir une réponse subtile et non partisane à la crise. Le comité entendit des témoignages conflictuels sur les différents processus à base d'alcool, comme les débats entre partisans et opposants, le processus à l'isoprène de Weizmann et le processus « polonais » lié à Szuckiewicz et à la Publicker Company. Les adeptes de l'alcool comme matière première du caoutchouc de synthèse, tels que George Johnson et Leo Christensen du Nebraska ainsi que l'influent membre du Congrès H. P. Fulmer, de Caroline du Sud, firent pression sur Baruch en l'informant que l'avidité des compagnies pétrolières entravait les efforts de guerre. Comme l'écrivit Compton dans son journal du 20 août, « de solides raisons doivent être avancées pour rejeter le projet de l'alcool, sinon il devra être recommandé ».

Pourtant, le rapport du comité Baruch, diffusé en grande pompe en septembre 1942, fut à deux doigts d'homologuer tout processus à partir d'alcool. Le rapport admit que ces processus auraient pu être valorisés bien plus tôt, mais il allait aussi manifestement dans le sens des rapports indiquant clairement que le caoutchouc à base d'alcool ne pouvait générer de prix compétitifs. Le rapport militait pour son expansion, soutenue par l'installation prochaine d'unités de production d'alcool de grain dans le Midwest, mais il n'appelait à aucune réduction de l'attribution de ressources pour les processus à base de pétrole. En fait, l'une des contributions utiles du rapport Baruch était de clarifier aux yeux de l'opinion publique que plusieurs processus permettaient de fabriquer du caoutchouc synthétique, certains à partir du pétrole, certains à partir de l'alcool, et certains à partir de l'un ou l'autre. Le rapport établissait clairement que les débats sur les processus à base de pétrole et d'alcool s'étaient excessivement simplifiés et politisés, et qu'ils avaient fini par obscurcir les procédés scientifiques impliqués.

La haute estime et l'image que renvoyait le comité Baruch en tant qu'autorité scientifique et indépendante rendirent ses conclusions indiscutables. Gillette, Weizmann et d'autres déplorèrent que le caoutchouc de synthèse issu de l'alcool ne pût garantir une qualité supérieure, et l'éditorialiste I. F. Stone se plaignit que le rapport fleurât toujours les «intérêts de Standard-Mellon-du Pont». On entendit Jesse Jones, à la tête de la RRC, regretter ouvertement que le rapport fût injuste à son égard car Baruch avait pris parti pour un programme à peine différent de celui sur lequel il travaillait depuis des mois. La plupart des Américains, pourtant, apprécièrent l'articulation claire du rapport Baruch sur l'importance de la conservation du caoutchouc, son appel en faveur d'une expansion rapide des programmes de caoutchouc synthétique à tout prix et son soutien d'un tsar du caoutchouc pour le gérer dans sa globalité. De plus, la plupart étaient fatigués des chamailleries entre les agences gouvernementales et se réjouissaient que l'appel en faveur d'un nouveau tsar du caoutchouc puisse mettre un terme aux conflits. Quant à Baruch, il réagissait vivement aux plaintes selon lesquelles le rapport n'apportait pas un soutien suffisant aux procédés à base d'alcool. Comme il l'affirmait dans un courrier au sénateur Sheridan Downey, «Toutes les balivernes sur les intérêts pouvant m'affecter ne me font ni chaud ni froid. Que ces hommes qui ont entendu mes avertissements en 1937, 1938 et 1939, ainsi que mes requêtes depuis, puisent dans leur conscience la trace d'une négligence flagrante [...]. Leur négligence a coûté la vie de centaines de milliers d'hommes, de femmes et d'enfants dans le monde entier. »

Le caoutchouc de grain en 1943

Par la suite, les âpres batailles publiques entre intérêts pétroliers et agricoles disparurent du paysage. Quelques escarmouches finales, toutefois, subsistaient. Le comité Gillette reprit ses auditions en 1943 et se fit confirmer par le chef Nelson que le caoutchouc synthétique élaboré à partir du grain s'appuyait sur des méthodes plus sûres que celles du pétrole, non testées à ce jour. Les pressions de la part des responsables agricoles continuaient, à l'image des plaintes selon lesquelles le moral des citoyens pâtissait quand les contrats pour les usines d'alcool profitaient uniquement à «certains intérêts particuliers» (les principales distilleries industrielles). D'autres s'offusquèrent en apprenant que les États-Unis avaient exporté plus de 100 000 tonnes de caoutchouc à des partenaires du programme Prêt-Bail et qu'une délégation d'experts envoyés pour analyser la situation du caoutchouc en Union soviétique ne comptait dans ses rangs aucun partisan des matières premières agricoles. Divers obstacles continuaient de retarder la construction d'unités de production d'alcool de grain dans le Midwest. «Nous nous sommes quelque peu fait mener en bateau, Sénateur», déclara le chef de file du secteur agricole, Ezra Taft Benson.

Le sénateur Gillette le reconnut sans plus tarder : «J'agis pour enlever le «quelque peu» des archives». M. M. Rosten, l'ingénieur polonais réfugié qui avait soutenu Szuckiewicz lors des auditions de 1942, manifesta sa colère de voir que l'Allemagne nazie et l'Union soviétique répondaient efficacement à leurs urgences de guerre alors que la «psychose économique» amenait les Américains à plutôt tirer profit de la période de guerre et des marchés d'après-guerre que de se soucier de la crise actuelle. Au bout du compte, Gillette et son comité continuèrent d'inciter à une solution agricole au problème du caoutchouc et entreprirent de maintenir la question hors des projecteurs publics.

Entre-temps, les politiciens du Midwest ne cessaient d'avantager le caoutchouc à base de grain. En janvier 1943, le membre du Congrès du Minnesota, August Andresen, soutien inconditionnel de la cause chimiurgique depuis toujours, présenta un projet de loi similaire à celui de Gillette à bien des égards, si ce n'est qu'il permettait au tsar du caoutchouc de Roosevelt de rester en place. En février, l'assemblée de l'Iowa émit une résolution proposant d'établir de nouvelles usines sur son sol afin que «l'État, le pays et l'humanité» puissent en bénéficier et «mettre rapidement un terme heureux» à la guerre. Ce même mois, la législature du Minnesota adopta une résolution qui citait le succès de «la grande machine de guerre russe, de même que celle de notre ennemi juré Hitler» comme justification de la recherche intensive effectuée dans l'État sur le caoutchouc à partir de sources agricoles. Au Nebraska, devant la promesse non tenue d'établir une distillerie d'alcool industriel à Omaha, des plantations similaires furent encouragées ailleurs dans l'État. Le membre du Congrès Karl Stefan, craignant un retour du monopole néerlandais et britannique, fit pression pour maintenir les usines de caoutchouc synthétique opérationnelles une fois la crise passée. D'une façon générale, toutefois, les tentatives d'établir une industrie du caoutchouc d'alcool dans le Midwest firent long feu car l'idée se répandit que les élus ruraux de l'État privilégiaient le projet pour des raisons politiques locales, et parce que les surplus de grain de 1942 se transformèrent en pénuries en 1943 et 1944.

Tandis que les usines de caoutchouc synthétique s'implantaient et que la crise du caoutchouc s'estompait, les critiques exprimaient leurs frustrations à huis clos plutôt qu'en public. Ainsi, le représentant de l'OPA William Lacy écrivit au conseiller de Roosevelt, Isador Lubin : «C'est vraiment désolant que le procédé polonais demeure inutilisé, bien rangé dans l'usine de la Publicker Commercial Alcohol Company de Philadelphie». Weizmann continua ses doubles croisades et déplora lors d'une rencontre avec Wallace que l'accent mis sur les méthodes pétrolières non testées face aux méthodes à base d'alcool testées ait coûté à l'effort de guerre «au moins six mois et certainement plus». Dans son journal, Wallace fut plus brutal : «Il est évident que les gens du pétrole, dont l'intérêt est de construire une industrie rentable, ont sacrifié le bien-être national à leur propre cupidité ou ignorance». Les représentants du secteur pétrolier, quant à eux, s'ouvrirent aux chimiurgistes et aux responsables agricoles, suggérant d'ailleurs que les compagnies pétrolières cèdent leur place de chef de file du secteur du caoutchouc synthétique si le procédé à base d'alcool se révélait plus économique en temps de paix.

Ironie finale de ces interminables batailles, les procédés à base d'alcool fournirent bien plus de caoutchouc à l'effort de guerre que ceux à base de pétrole. Exactement comme l'avaient prédit ses adeptes, les nouvelles usines de caoutchouc d'alcool furent opérationnelles plus vite et s'avérèrent plus efficaces que celles appliquant les processus originaux à base de pétrole. En janvier 1943, Reichhold Chemicals Inc., une entreprise ayant des liens étroits avec le mouvement chimiurgique, annonça la disponibilité d'un «caoutchouc chimiurgique» surnommé «Agripol» pour des applications commerciales. Sur des encarts publicitaires pleine page illustrant l'association de plants de soja et de produits en caoutchouc, Reichhold prétendait que la dépendance américaine aux sources étrangères de caoutchouc touchait à sa fin. Abordant un autre sujet bien connu, Reichhold suggéra que sa collaboration avec les scientifiques de l'USDA, à Peoria, justifiait la confiance ancestrale dans «les compétences scientifiques et l'ingéniosité de fabrication américaines». À la fin de l'année, les procédés à base d'alcool produisirent 130 000 tonnes de caoutchouc synthétique, soit 77 % de la production totale du pays. En 1944, ces chiffres atteignaient 362 000 tonnes, soit 63 % de la production totale, et, en 1945, 223 000 tonnes, soit 39 %. Comme le conclurent certains historiens,

Figure 18. Publicité montrant du caoutchouc synthétique chimiurgique dérivé des cultures agricoles américaines. *Chemical Industries,* février 1943.

«la disponibilité du butadiène d'alcool constitua le salut» du programme de caoutchouc du gouvernement. En comparaison, les unités opérant à partir du pétrole subirent de nombreux retards tant dans la construction des usines que dans la mise à échelle du processus.

En 1943, le tsar du caoutchouc William Jeffers constata : «Pour l'essentiel, le butadiène tiré du pétrole en est une bien pâle illustration». Le butadiène dérivé du pétrole s'utilisait à un niveau de capacité de rendement «pitoyablement inadéquat». En comparaison, l'usine de butadiène Carbide and Carbon d'Institute, en Virginie occidentale, opérait à 213 % de sa capacité au cours de l'année 1944. Toutes les usines d'alcool produisant du butadiène opéraient à 164 % de leur capacité pendant cette année-là. De plus, la consommation relativement modérée de pétrole dans le programme de caoutchouc synthétique permettait que des stocks importants de pétrole soient attribués à d'autres besoins cruciaux en temps de guerre, comme la production de carburant pour les avions.

Ces circonstances auguraient d'un avenir où le grain renouvelable, plutôt que le pétrole, pourvoirait au programme américain de caoutchouc synthétique. Dans ses commentaires lors de l'inauguration d'une nouvelle usine d'alcool dans l'Ontario, le sénateur Wheeler affirma que les Américains et les Canadiens devraient fonder leur industrie de caoutchouc synthétique sur leurs surplus agricoles et leurs déchets forestiers, quelle que soit la qualité du procédé à base de pétrole. Une telle approche, affirmait Wheeler, protégerait les emplois, éviterait «les effets paralysants d'une autre pénurie de caoutchouc» et maintiendrait le nouveau secteur du caoutchouc synthétique à l'écart de la table des négociations internationales. Par ailleurs, le sénateur Gillette continuait ses recherches sur l'utilisation des produits agricoles au tournant de l'année 1944. Il continuait d'affirmer que le caoutchouc tiré du grain offrait des avantages en termes de durabilité, maintenait le plein emploi aux agriculteurs et baissait *a priori* les coûts nets. Surtout, ce caoutchouc contribuait à la sécurité nationale en libérant les irremplaçables ressources pétrolières nécessaires à la guerre moderne.

Pourtant, les procédés à base de pétrole avaient des avantages indéniables. Les matières premières pétrolières demeuraient relativement abordables, disponibles toute l'année et possédaient moins d'impuretés que les matières premières alcooliques dérivées du grain. Comme beaucoup l'avaient prédit, les énormes surplus de grains de 1942 ne durèrent pas. En fait, ils s'évaporèrent quand les inondations du printemps menacèrent la récolte de 1943. Comme les prix grimpaient, les agriculteurs n'étaient guère enclins à approvisionner les distilleries avec du grain et beaucoup se tournèrent vers le marché noir pour fournir le grain rare aux producteurs de bétail impatients. Plus précisément, le coût de production du caoutchouc à partir du grain, déjà supérieur à celui du pétrole, devint encore plus déséquilibré. Les questions économiques fondamentales privilégiaient le processus pétrolier, et de façon croissante. En fait, même si leurs produits contribuèrent à la victoire, plusieurs usines de caoutchouc d'alcool de grain fermèrent peu après le 15 août 1945, jour de la capitulation japonaise.

Malgré ces revers d'après-guerre, le comité Gillette avait établi avec une relative certitude que le procédé à base d'alcool pouvait produire du caoutchouc de synthèse plus vite et plus facilement que celui à base de pétrole. De plus, les auditions générèrent des discours étonnamment audacieux fondés sur l'écologie et l'agriculture, suggérant que la dépendance américaine au pétrole importé utilisé pour le caoutchouc et d'autres produits chimiques aurait pu prendre un autre tour. L'expert agricole de l'Iowa State College, R. E. Buchanan, avançait ainsi : « avec du pétrole, nous tirons constamment sur notre capital et nos réserves, avec les produits agricoles, nous devons simplement mettre à profit notre immense stock de terres et de climats, tout en maintenant nos réserves ». Orland Sweeney, ingénieur chimiste collègue de Buchanan, certifia que le Midwest était « indéniablement le plus grand atout de l'Amérique », car son sol assurait la continuité de « fonctions biologiques » nécessaires au bien-être des individus. Le sénateur Wheeler exprima sa stupéfaction devant la « stupidité » de ceux qui ne voyaient pas l'intérêt d'aider les agriculteurs, « l'épine dorsale de cette république démocratique ». Clarence Bitting, cadre de l'industrie du sucre de Floride, demanda instamment aux sénateurs de « sauvegarder pour les futures générations ces ressources naturelles irremplaçables que sont le charbon, le pétrole et les minéraux ».

D'autres reconnurent que le développement de liens entre tous les secteurs de l'économie américaine et les ressources étrangères et non renouvelables pourrait bien mener à de futures pénuries. Earl Bressman, le bras droit de Wallace à l'USDA, rappela aux législateurs de ne pas perdre de vue que « [les] ressources de pétrole [des États-Unis] ne sont pas illimitées » et pourraient se tarir d'ici quinze à quarante ans. Ralph K. Davies, le coordinateur adjoint du pétrole, affirmait que les réserves actuelles de pétrole brut ne dureraient pas plus de vingt ans. Il privilégiait fortement l'usage systématique de grain renouvelable. Dans son rapport de 1944, Gillette comparait le grain, qu'il jugeait « irremplaçable et en surplus permanent », aux réserves de pétrole « irremplaçables et constamment épuisées ». Pour plusieurs raisons, d'éminents Américains ignorèrent ces avertissements et le pays devint de plus en plus dépendant vis-à-vis des pays producteurs de pétrole dans le monde. Parmi les autres conséquences de la crise du caoutchouc à base d'alcool, le rôle des États-Unis dans la politique d'après-guerre du Moyen-Orient augmenta, tant dans son soutien précoce à la cause sioniste que dans sa dépendance grandissante aux ressources pétrolières du monde arabe.

La « pagaille du caoutchouc » devint une métaphore du manque de préparation du gouvernement à la guerre. Pour ceux situés à gauche, la situation s'apparentait à une scandaleuse collusion avec les compagnies du caoutchouc, les intérêts pétroliers et les hommes du gouvernement payés à la tâche. Pour ceux situés à droite, elle offrait une belle preuve de naïveté, de mauvaise gestion et de planification insuffisante de la part des responsables gouvernementaux qui semblaient mener jusqu'à Roosevelt lui-même. Tout citoyen ayant accès aux médias pouvait réaliser que le caoutchouc synthétique pouvait être obtenu à partir d'une source nationale et *a priori* illimitée : les cultures américaines.

Grâce aux auditions du comité Gillette et à ses activités annexes, l'opinion publique se familiarisa avec la question, eut connaissance des écueils à venir et entendit les plaintes répétées à l'encontre des politiques gouvernementales du caoutchouc. Le comité et ses alliés parmi les agriculteurs, les chimiurgistes et les politiciens du Midwest prouvèrent avec succès que l'alcool de grain offrait une solution nationale renouvelable pouvant rapidement et efficacement remédier à la crise américaine du caoutchouc. La loi Gillette sur le caoutchouc agricole de juillet 1942 conduisit directement le président Roosevelt à créer le comité Baruch et à présenter une issue finale à la crise. Celui-ci généra un engagement national en faveur du rationnement du caoutchouc et du carburant, et de l'investissement de millions de dollars dans des usines produisant du caoutchouc synthétique à partir de matières premières végétales et pétrolières. Dans son analyse finale, le comité Gillette, encore plus sans doute que n'importe quel autre facteur, poussa l'administration Roosevelt à régler pour de bon la crise du caoutchouc en 1942.

Sur le long terme, pourtant, une interprétation internationaliste du monde d'après-guerre prévalait sur les programmes nationalistes privilégiés par les membres du comité Gillette. L'idée d'avant-guerre qui plaçait l'agriculture au cœur de l'industrie, de la science et de la géopolitique s'estompait. Les internationalistes avançaient que la prééminence américaine dans l'économie mondiale offrait une opportunité d'exploiter toute ressource économiquement viable, et ils écartèrent la recherche de ressources renouvelables à l'échelle du pays ou même de l'hémisphère. Pour eux, le comité Gillette et les chimiurgistes, avec leurs demandes centrées sur l'agriculture intérieure et les produits forestiers, plaçaient une limite inutile à la puissance et la richesse potentielles d'un super-pouvoir mondial. De plus, les adeptes d'une solution internationaliste anticipèrent la restauration de l'accès au caoutchouc du Sud-Est asiatique et à la mélasse antillaise. En fait, la seule solution viable passait par les grands sites industriels et garantissait un flux continu de matières premières indépendamment de la saison et de l'environnement.

Au printemps et à l'été 1942, tout cela demeurait flou. Comme on pouvait le concevoir, la vision des nationalistes pro-agriculture aurait bel et bien pu prendre le pas sur celle des internationalistes si les événements avaient pris un tour différent. La production de caoutchouc à partir de sources renouvelables et durables s'avéra effective pendant la crise de 1943 et 1944. Et le pétrole n'étant pas une source inépuisable, les circonstances peuvent favoriser un processus renouvelable un jour dans le futur. Il semble toutefois peu probable que ces circonstances donnent un jour corps à la perspective de petits projets gérés par des investisseurs locaux, envisagée par les réformateurs agricoles, intégrée à une politique agricole globale qui considère la production de caoutchouc en termes de produits dérivés utilisés comme fourrages et engrais. Il n'empêche que la recherche sur le caoutchouc synthétique se pose comme l'une des histoires à succès les plus remarquables de la seconde guerre mondiale, ayant grandement contribué à la victoire des Alliés en 1945.

Chapitre 7

La résistance aux cultures laticifères nationales et le déclin de l'ERP

Avec la disparition de la « pagaille » du caoutchouc des unes des journaux à la fin de l'année 1942, les tensions politiques s'atténuèrent considérablement. Le ton assuré du rapport Baruch, les difficultés gérables du rationnement de carburant et la promesse de la réussite du caoutchouc de synthèse garantissaient aux Américains que la crise du caoutchouc serait bientôt derrière eux. Les succès coûteux mais réguliers sur les champs de bataille leur redonnaient l'espoir que le rassemblement des forces scientifiques, industrielles et militaires nécessaires à la victoire finale avait commencé à s'organiser. Dans ce contexte, l'idée que la productivité agricole offrait la clef du pouvoir géopolitique et industriel s'estompa et rares furent les agronomes ou les botanistes à devenir des acteurs centraux de la science institutionnelle, dominée par les physiciens, les ingénieurs et les chimistes industriels. Tout particulièrement, l'idée que d'étranges usines à caoutchouc étaient essentielles à la victoire finale ou à la sécurité économique disparut de la scène publique.

L'ERP demeurait pourtant une énorme entreprise et des milliers de scientifiques, ouvriers agricoles et décideurs politiques continuaient d'être engagés dans la recherche d'une culture laticifère nationale. Cette recherche subit de nombreux aléas et les perspectives pour ces plantes fluctuaient en fonction des circonstances agricoles et géopolitiques. Globalement, les partisans des cultures laticifères nationales se trouvèrent face à une opposition quasi-insurmontable sur de multiples fronts. Le gros de la résistance venait des usines elles-mêmes. Le guayule, le kok-saghyz, le cryptostegia et le solidage s'avérèrent tous difficiles à maîtriser, tant au niveau agricole pour la sélection, la croissance et la récolte qu'au niveau technique pour l'extraction et la transformation du caoutchouc. Contrairement aux autres cultures qui depuis des années avaient fini par se conformer aux pratiques saisonnières et mécaniques, les cultures laticifères nationales ne pouvaient être transformées du jour au lendemain pour satisfaire la demande qu'exigeait la période de guerre mondiale. Plus important encore sans doute, ces plantes rencontraient toujours une vive opposition politique.

À l'instar d'autres programmes de guerre ambitieux, les propositions apparemment idéales en théorie volaient en éclats dans la pratique. Sous la pression de nombreux membres du Congrès, de propriétaires terriens et de groupes d'intérêt politique, et en raison d'une propension culturelle envers le synthétique en pleine émergence, le large soutien politique en faveur des cultures laticifères nationales, si évident en 1942, disparut. En 1945, seul un petit cercle d'adeptes s'entêtait à mettre en garde le pays contre la dépendance à des ressources stratégiques lointaines, contestant l'hypothèse que les substituts synthétiques puissent remplacer utilement n'importe quel produit agricole ou remettant en cause le discours positionnant les chimistes industriels, et non les agronomes, comme les sauveurs du pays en crise.

Nouvelles directions à Manzanar

Bien que la situation se soit calmée pour un temps, les tensions politiques étaient particulièrement exacerbées à Manzanar. Ralph P. Merritt, qui devint l'administrateur du camp en novembre 1942, montra sa détermination à soutenir la recherche sur le guayule lancée par Robert Emerson, de Caltech, et son équipe de chercheurs américano-japonais travaillant sur place, renforcé par le fait avéré que ces scientifiques avaient accompli des progrès spécifiques. En trente ans d'expérimentations de techniques de multiplication du guayule, William McCallum et le personnel de l'IRC avaient abandonné les tentatives de cultiver la plante à partir de boutures. Or, l'équipe de scientifiques internés travaillant derrière les barbelés y était parvenue en quelques semaines. En appliquant des hormones issues de racines aux boutures et en chauffant les lits de germination, ils avaient réussi à faire pousser à Manzanar des dizaines de milliers de plants mis au rebut dans le cadre du projet ERP de Salinas.

De la même façon, les scientifiques internés avaient connu un succès important avec les croisements du guayule. Aux dires d'un journaliste, les fleurs jaunes recevaient la même attention qu'une «orchidée rarissime» lors du travail d'hybridation des plants de l'ERP avec le guayule sauvage du Texas. Frank Akira Kageyama, jardinier chevronné bénéficiaire d'une bourse universitaire pour étudier l'horticulture, relata que travailler torse nu lui avait valu le surnom de «Black Boy», lui qui testait et transplantait des centaines, voire des milliers de plantes chaque jour. Au final, les sélectionneurs de Manzanar développèrent des hybrides pouvant survivre au rude hiver du haut désert et mieux s'adapter à l'environnement aride et sauvage de l'Owens Valley. Toutes les variétés créées à partir des graines de l'ERP de Salinas avaient péri. De là s'ouvrit la possibilité d'établir un programme guayule de longue durée dans le Sud-Ouest américain même après la fin de la crise de la période de guerre, contrastant ouvertement avec le travail de l'ERP axé sur les riches terres agricoles irriguées des vallées californiennes de San Joaquin et Salinas.

Le groupe avança également dans l'extraction du guayule, d'abord en utilisant un petit malaxeur qui produisait du latex en quantité réduite. Emmenés par Homer Kimura, les chercheurs de Manzanar développèrent également une méthode innovante, efficace et économe en énergie pour broyer le guayule et produire de l'extrait de caoutchouc pauvre en fibres. Un observateur suggéra qu'en l'élargissant à l'échelon industriel la méthode pouvait «révolutionner et moderniser» le processus d'extraction. En décembre 1942, la Kirkhill Rubber Company de Los Angeles prouva que des échantillons vulcanisés à partir du guayule de Manzanar étaient plus purs et plus élastiques que tout autre caoutchouc de guayule produit par les experts de l'IRC ou de l'ERP.

De tels éléments de preuve mobilisèrent les défenseurs de la recherche à Manzanar, qui pouvaient avancer que les internés méritaient d'être soutenus, comme le disait Millikan, «bien loin des aspects humanitaires et sociologiques». Le gouverneur de l'Arizona, Sidney Osborn, espérait toujours que le guayule pourrait devenir une nouvelle culture adaptable aux terres arides de son État et s'empressa d'approuver l'emploi d'internés américano-japonais pour contribuer au projet. En janvier et février 1943, Osborn, Millikan, Emerson et d'autres firent pression sur plusieurs responsables à Washington afin de garantir une plus grande coopération du gouvernement avec les chercheurs de Manzanar. Les membres du comité du sénateur Truman qui contrôlaient le secteur de la Défense demandèrent instamment au tsar du caoutchouc Jeffers d'accorder plus d'attention aux avancées de Manzanar. Entre-temps, Emerson souligna le potentiel du projet pour améliorer les «futures relations avec leurs concitoyens blancs» des Américano-Japonais. Il expliqua aussi qu'un comité de professeurs avait conclu que la production de caoutchouc synthétique ne pouvait être maintenue sur le long terme, que ce soit à partir de matières premières pétrolières ou céréalières. Emerson rappelait ainsi que les méthodes des scientifiques internés pouvaient économiser au pays des milliers de tonnes d'acier qui iraient autrement composer les infrastructures prévues des nouvelles usines de caoutchouc synthétique.

Ces efforts portèrent leurs fruits. En février 1943, le gouvernement donna son feu vert pour continuer les recherches à Manzanar et à Poston aussi longtemps que Caltech dirigerait les opérations. Merrit rétablit l'accès à l'eau pour les chercheurs et proposa que leur travail contribue à faire du guayule une culture adaptable aux petits agriculteurs, même sans effet immédiat sur l'effort de guerre. Après un examen attentif des qualifications des scientifiques japonais, des avancées des recherches et de leur loyauté à l'égard des États-Unis, Merrit ne vit aucune raison de refuser la reconnaissance et le financement.

La recherche sur le guayule s'étendit à Manzanar au printemps 1943. Millikan obtint une subvention et de l'aide supplémentaire de la part de plusieurs groupes industriels et philanthropiques, et il demanda aux autorités de «libérer l'énergie et le talent» des Américano-Japonais. Milton Eisenhower, frère du général et responsable de la division de médiatisation des armées, l'Office of War Information (Bureau d'information de la guerre), demanda également un soutien sans faille en faveur de la recherche menée à Manzanar. Au cours des mois suivants, Takashi Furuya et Homer Kimura conçurent des broyeurs plus gros et plus efficaces à partir de pièces récupérées sur des machines à laver et des voitures. Le directeur du camp, Merritt, assista aux tests de ces dispositifs dans la buanderie des baraquements et décrivit avec enthousiasme les «gouttes visqueuses de caoutchouc» flottant à la surface. Au fil de la production, la maison d'Emerson se remplissait de guayule «balle par balle» et des douzaines de produits prototypes dérivés du caoutchouc de guayule extrait. Utilisant sa Studebaker 1928 – et les bus Greyhound quand les coupons de carburant venaient à manquer –, Emerson déambula sans cesse entre Pasadena, Salinas et les camps d'internement de Californie et d'Arizona. D'autres éminents scientifiques se joignirent aux chercheurs de Manzanar, comme G. Ledyard Stebbins et Ernest B. Babcock, de l'université de Californie à Berkeley, Reed Rollins, de l'université Stanford, Frederick Addicott, de l'université de Californie à Santa Barbara, Katherine Esau, du College of Agriculture de l'université de Californie, et Arthur Galston, de l'université de l'Illinois. Plusieurs publications scientifiques majeures résultèrent de cette collaboration, plus particulièrement sur la complexité génétique de la plante.

Alors que les rapports sur le succès des recherches continuaient de fleurir, le nouveau directeur de l'IRP, Paul Roberts, déclara que ce serait «inexcusable» si le gouvernement échouait à financer une partie des recherches à Manzanar. Avec des scientifiques qualifiés mais internés et rémunérés 16 dollars par mois pour leur travail, Roberts préjugea que «la probabilité [était] maigre pour que nous ne tirions pas pleinement profit de l'investissement». Même s'il supportait difficilement son style «grandiloquent», Roberts défendit aussi Emerson, qui, en tant que responsable du projet, avait montré sincérité, talent et enthousiasme. En conséquence, le gouvernement octroya quelques milliers de dollars pour soutenir la recherche à Manzanar et recruta à nouveau Emerson comme consultant pour 300 dollars par mois (soit vingt fois le salaire des scientifiques internés). Le contremaître de Roberts, Gordon Salmond, convint que travailler avec Emerson et financer les scientifiques américano-japonais valait bien quelques difficultés politiques liées à ce «sujet délicat». «Si nous pouvons obtenir de ces Japonais une valeur ajoutée», écrivit Salmond, «consacrons-y le moindre effort». La sympathie à l'égard des internés émergea d'une autre façon après que le photographe Ansel Adams eut visité Manzanar à la fin de l'automne 1943. Comme Dorothea Lange, Adams fut attiré par la recherche sur le caoutchouc *via* la symbolique des efforts des internés de construire une communauté ordinaire malgré les circonstances. À la différence de Lange, toutefois, les photos d'Adams furent publiées dans *Born Free and Equal*, un reportage de 1944 qui illustrait la volonté du gouvernement d'atténuer le malaise lié à l'internement. Sous la simple légende «Un chimiste du caoutchouc», Adams captura l'image d'un Frank Hirosawa fier et déterminé ayant jusque là prouvé sa loyauté par son importante contribution scientifique à l'effort de guerre.

Rendre publique la contribution des scientifiques internés à l'effort de guerre n'eut pourtant qu'un effet limité sur l'atténuation de l'hostilité générale. L'expert en guayule David Spence reconnut que les Américano-Japonais avaient développé des méthodes «excessivement intéressantes» mais il ne voulait en aucun cas que «cela serve la cause de ces Japs». Quand Emerson fit la démonstration de la qualité de la méthode d'extraction des scientifiques de Manzanar devant un groupe de politiciens californiens, il lui fut expressément formulé de ne pas mentionner que l'idée provenait des scientifiques internés. Peu après la fin de la guerre, les collègues de Caltech d'Emerson lui demandèrent instamment de partir, notamment parce qu'il avait fait du projet Manzanar une telle priorité. Emerson avait alors accumulé des dettes s'élevant à trois ans de salaire, ce qui ne l'empêchait pas de continuer à fournir de l'argent, des petits boulots et des chambres chez lui à ses collègues de Manzanar. Et malgré l'importance scientifique et historique du site, l'histoire officielle de l'ERP – un travail de plus de 240 pages – consacrait moins de 2 pages au travail des Américano-Japonais. Toutes les autres histoires officielles et les traitements médiatiques du projet du caoutchouc ignoraient totalement le travail de Manzanar. Cette suppression flagrante et officielle du travail des Américano-Japonais et des découvertes de Caltech illustre à merveille les polémiques et les pommes de discorde entourant la recherche américaine sur une culture laticifère nationale.

Opposition à l'ERP en Californie

Si Manzanar constitua en soi un intermède, l'impact fut bien réel pour l'ERP et sa prééminence dans la Central Valley, notamment à Kern County, dans le district agricole fertile entourant Bakersfield. Les responsables de la chambre de commerce, le Kern County Farm Bureau, le journal local et nombre d'éminents agriculteurs et agro-industriels s'opposèrent à l'intrusion autoritaire du gouvernement dans les pratiques agricoles de la région. «D'abord la nourriture, ensuite le caoutchouc» devint un cri de bataille local, tandis que les résidents affirmaient que la production de pommes de terre contribuerait plus à l'effort de guerre que le travail sur les cultures laticifères expérimentales. Quoi qu'il en soit, fin décembre 1942, un semblant de «trêve» avait été négocié dans les «guerres du guayule» et une cinquantaine d'agriculteurs de Kern County et d'agro-industries avaient officiellement rejoint l'ERP.

La paix ne dura pas. Beaucoup regrettèrent la signature de contrats louant leurs terres à l'ERP plutôt que de les garder pour des raisons plus lucratives, car la demande en temps de guerre pour la nourriture traditionnelle et les cultures à fibres firent monter les prix et la valeur des terres. Certains résidents déclarèrent que des négociateurs gouvernementaux les avaient forcés à signer en les menaçant de condamner leurs terres et de les accuser de ne pas s'investir dans l'effort de guerre. En fait, les baux fonciers étaient par nature inéquitables pour les agriculteurs locaux et les entrepreneurs, au moins au sens où ils liaient le bailleur au gouvernement pour dix ans mais autorisaient le gouvernement à mettre un terme au contrat sur une base annuelle. Le projet du guayule mettait également la pression sur les réseaux d'irrigation de la région, les stocks de machines agricoles, et surtout les réserves de main-d'œuvre. La demande en temps de guerre rendait le travail agricole rare et cher, et les agro-industries californiennes durent admettre que l'ERP exacerbait le problème. Les producteurs locaux critiquaient également les camps de travailleurs, trop luxueux à leur goût (ils se plaignaient notamment de la taille des éviers) mais les salaires étaient à l'évidence la question la plus importante. Désespérés au point d'embaucher à un salaire d'ouvrier qualifié, les responsables de l'ERP étaient prêts à déplacer les ouvriers du guayule dans un environnement de travail non qualifié sans réduire leurs salaires. Comme on pouvait s'y attendre, les résidents déplorèrent que les experts agricoles du gouvernement soient si peu au fait des conditions agricoles locales. Ils furent nombreux à accuser les représentants de l'ERP à utiliser la main-d'œuvre à perte, à appliquer des pratiques nuisant à la fertilité des sols locaux, et à les rendre responsables des nouvelles contaminations par les oiseaux, les insectes et les nématodes. Malgré les appels nationaux au sacrifice de la guerre, certains menacèrent d'attaquer en justice le gouvernement fédéral. Sans doute au cœur du débat, de nombreux agriculteurs californiens s'étaient habitués à recevoir des garanties de prix pour la culture du coton et des cultures vivrières, et le projet du caoutchouc risquait d'entamer cette source de revenu.

Les agriculteurs et les entrepreneurs se plaignaient aussi de la mainmise des représentants de l'ERP sur les meilleures terres du cru pour le buisson du désert, surfaces qui auraient pu être utilisées pour les pommes de terre, bette-raves, choux, haricots et autres légumes ainsi que des produits dérivés pouvant être employés pour nourrir 20 000 têtes de bétail. Par ailleurs, certains éminents agriculteurs du comté de Kern avaient investi 300 000 dollars dans une usine de déshydratation conçue pour traiter les choux, les carottes et les pommes de terre, cultures qu'ils refusaient d'abandonner. Le *Wall Street Journal* reprit l'histoire et avertit que le projet pourrait être « la clef d'entrée de l'agriculture collectivisée aux États-Unis » sur le modèle soviétique[1]. L'Associated Farmers of California – un groupe de puissants propriétaires terriens rendus célèbres pour leurs violentes milices décrites par John Steinbeck dans *Les raisins de la colère* – condamna le projet sous prétexte d'un « énorme gâchis de main-d'œuvre et une « expérience socialiste inutile […], inefficace […] [et] mala-droite ». Dans la même veine, Frank Jeppi, propriétaire local spécialisé dans l'égrenage de coton, d'origine sicilienne, vit le projet comme « non américain par principe » et « aux relents fascistes ». En mars 1943, le Kern County Farm Bureau passa une résolution déclarant le projet du guayule « voué à l'échec ». En fait, de nombreux propriétaires terriens de la Central Valley exprimaient ouvertement leur mécontentement.

Une rébellion similaire émergea dans la Santa Maria Valley, près de Santa Barbara. Là, la plupart des terres avaient été plantées de laitues, carottes, choux-fleurs et autres cultures vendues à prix fort. Craignant qu'un passage au guayule n'entame les profits et affecte les investissements dans les stations fruitières nouvellement construites, une organisation locale appelée California Lettuce Growers, qui avait pris le contrôle de nombreux baux fonciers aupara-vant aux mains de fermiers américano-japonais, refusa ouvertement de rendre ces propriétés à l'ERP. Le 19 février 1943, des agriculteurs de la région se rassemblèrent pour protester contre le projet. Peu après, ils firent paraître un énorme encart publicitaire dans le journal local qui déclarait que produire

Figure 19. Récolte de guayule dans la Coachella Valley. Photographie de Walter Fiss. Avec l'aimable autorisation de Margaret Crowl MacArthur.

de quoi manger était plus patriotique que de faire pousser du caoutchouc. Cette action énerva particulièrement les agriculteurs qui s'étaient justement engagés par patriotisme derrière le projet du guayule en offrant leurs terres. D'autres Californiens se joignirent à la mêlée. Un résident demanda une investigation fédérale sur la façon dont « Oncle Sam se [laissait] si facilement égarer » par la « lubie » du guayule, un autre avertit que les agriculteurs eux-mêmes souffriraient de malnutrition si autant de nourriture cessait d'être produite.

Rares furent ceux à oser défendre le projet. Dans un courrier, un lecteur déplorait que la diffamation orchestrée par les fermiers à l'égard du président Roosevelt et du projet du guayule faisait « le jeu de l'Axe » et « frisait la trahison ». Un autre courrier considérait la nouvelle passion des agriculteurs de la Central Valley pour les cultures vivrières comme rien de plus qu'une « mascarade » car les 22 000 hectares prévus pour le guayule en Californie ne représentaient qu'une fraction des 12 millions d'hectares déjà cultivés. En fait, l'essentiel des terres sujettes à polémique avaient été plantées de coton et de luzerne, et non de cultures vivrières. Certains convenaient que la controverse sur les salaires élevés des ouvriers agricoles du guayule (40 cents de l'heure pour une semaine de 60 heures) n'était qu'un stratagème pour rediriger les ouvriers vers la production de fruits et légumes avec des salaires moins élevés. Si les pneus demeuraient une denrée rare en 1944, un correspondant constata que les Californiens n'avaient personne d'autre à blâmer que l'Associated Farmers et leur « verbiage [sur] le socialisme ».

Alors même que leur programme volait en éclats, certains responsables de l'ERP augurèrent que le guayule pourrait faire son retour à Kern County une fois la guerre terminée, si le caoutchouc de synthèse ne s'avérait pas viable et qu'une «vague d'isolationnisme» revenait. Pourtant les arguments des grands propriétaires prévalaient toujours, au moins sur le court terme. Sans aviser l'ERP, le tsar du caoutchouc William Jeffers informa le secrétaire à l'Agriculture Claude Wickard que ce serait une «grave injustice» de placer la récolte de guayule de 1946 et 1947 avant les besoins alimentaires de 1943 et 1944. Le 30 mars, le même jour où il posa en photo avec le premier pneu en caoutchouc de synthèse intégralement américain, Jeffers proclama que le pays ne pouvait plus attendre les résultats des cultures laticifères alternatives. Jeffers et Wickard annoncèrent publiquement que le projet avait été mis en «stand-by» pour minimiser les interférences avec la production alimentaire de Californie. Toutes les plantations inachevées furent suspendues et l'ERP, qui avait fait de Salinas, de Bakersfield et d'autres sites des villes champignons du caoutchouc en 1942, devait maintenant rendre rapidement les terres louées pour la production de guayule à leurs propriétaires. À peine un an après son lancement, l'ERP expérimentait un «couac inattendu». De plus, la photographie de Jeffers avec le pneu synthétique marqua les mémoires sur le front intérieur de la seconde guerre mondiale en suggérant que le caoutchouc de synthèse, et non le guayule, avait facilité la victoire militaire américaine.

Le déclin du kok-saghyz

Malgré l'impulsion donnée au kok-saghyz en 1942, ce dernier perdit aussi de son aura dans les années qui suivirent. Préparant la saison 1943, les experts du kok-saghyz déterminèrent qu'une usine de grande envergure requérait un investissement d'environ 4 millions de dollars, des centaines d'agriculteurs et des milliers d'hectares de terres cultivables. Décision importante s'il en est, Jeffers décréta en janvier 1943 qu'il était prématuré d'engager un processus de grande envergure. En lieu et place, il permit au travail expérimental avec le kok-saghyz de continuer dans plusieurs États, et le gouvernement finança le traitement du kok-saghyz en usine pilote à l'Eastern Regional Research Laboratory (ERRL, Laboratoire de recherche régional de l'Est) près de Philadelphie. Les résultats en dents de scie plombèrent l'intérêt manifesté pour le kok-saghyz aussi vite qu'il était monté. À Cornell, le premier des trois essais de plantation du kok-saghyz en 1942 fut un vrai fiasco, le deuxième à peine prometteur et le dernier d'un rendement très décevant. Les scientifiques trouvèrent également la qualité des graines imprévisible, avec des taux de germination et des rendements en caoutchouc complètement hétéroclites. Dans certains cas, les scientifiques, ignorant les spécificités germinatives de la plante, labourèrent avant même que les jeunes plants aient pu sortir de terre. Les programmes intensifs de recherche développés dans d'autres États de l'Ouest américain s'avérèrent difficiles à coordonner et à planifier comme prévu. Le kok-saghyz était particulièrement sensible aux mauvaises herbes et aux maladies, et des hordes de fourmis, pucerons, scarabées, larves, vers, limaces et autres rongeurs s'en régalaient. La plante nécessitait également d'être continuellement travaillée à la main et la pénurie de main-d'œuvre due à la guerre rendait difficile l'opération dans tout le pays ou presque. À Plainfield, dans le Wisconsin, les producteurs employèrent des Jamaïcains, dont la plupart refusèrent de travailler les jours d'automne froids et pluvieux. Les experts du kok-saghyz eurent aussi quelques tracas avec les importants retards de salaires de la part de l'administration. Un généticien avoua : « Nous sommes assez mal en point. L'oncle Sam a oublié que nous travaillions pour lui ».

Figure 20. Désherbage de kok-saghyz, ou pissenlit de Russie, à Cass Lake, Minnesota, mai 1943. Photographie de Paul H. Zehngraff. National Archives.

Plus grave, le kok-saghyz ne produisait que peu de caoutchouc. Contrairement aux prédictions mirobolantes d'une centaine de kilos à l'hectare, le résultat effectif se situait entre 15 et 30. En fin de compte, la culture ne semblait pas adaptée à l'environnement agricole américain. Malgré tout le tapage fait autour du kok-saghyz en 1942, la plupart des experts américains ne tardèrent pas à conclure que les scientifiques soviétiques avaient simplement surestimé le potentiel de la plante à des fins de propagande. En septembre 1943, le secrétaire à l'Agriculture, Wickard, demanda au nouveau tsar du caoutchouc, Bradley Dewey, d'au moins doubler le financement du projet du kok-saghyz pour l'année fiscale 1944, soit environ 700 000 dollars. Une autre année de recherche serait cruciale, aux dires de Wickard, et il assura au nouveau tsar que le projet n'aurait pas d'impact sur la production alimentaire américaine. C. E. Steinbauer, chargé de l'essentiel de la recherche sur le kok-saghyz, envoya une requête à Washington visant à délimiter le cadre de la recherche

approfondie sur la génétique, la biochimie et l'agronomie des cultures laticifères que son équipe planifiait pour 1944. Requête rejetée, comme d'autres. Au
cours de leurs débats sur l'avenir de l'ERP, les responsables politiques et de
l'USDA décidèrent d'abandonner le projet du kok-saghyz dans son intégralité.
État après État, les agronomes reçurent des instructions par courrier de cesser
toute opération au 30 juin 1944, même si cela signifiait de détruire des plants
parfaitement sains en labourant le sol. Seuls quelques scientifiques américains
continuèrent d'accorder un grand intérêt au kok-saghyz après 1944.

L'effondrement problématique du cryptostegia

L'effondrement du cryptostegia fut particulièrement problématique, au sens
où il vint perturber le combat en faveur d'une nouvelle culture laticifère. Il
illustra aussi parfaitement la formidable popularité de l'agronomie américaine
et ses implications dans les affaires internationales. L'obligation de remplacer
les revenus perdus de l'exportation transformèrent les ambitions modestes de
la Shada de relever l'économie rurale haïtienne en un effort massif pour juguler
la crise du caoutchouc touchant les Alliés. Son budget d'environ 6,5 millions
de dollars correspondait en gros au revenu annuel de tout le gouvernement
haïtien. La Shada finit par contrôler 25 500 hectares de terres pour la plupart
déjà travaillées et y affecta des ouvriers qui plantèrent manuellement jusqu'à
trois millions de jeunes plants par jour. En tout, quelque 150 000 travailleurs
– soit environ 5 % de toute la population du pays – participèrent au projet.

Au cœur de l'urgence de guerre, la Shada s'étoffa au point de devenir un
énorme projet bien avant que plusieurs questions cruciales n'aient été résolues.
Le cryptostegia devrait-il être planté à partir de graines ou de plants ? Sur des
parcelles irriguées ou non irriguées ? Planté serré ou espacé ? Les maladies et
les parasites pouvaient-ils être contrôlés ? Plus problématique, les ingénieurs
pourraient-ils trouver un moyen de récolter efficacement les gouttes de latex ?
Répondre à ces questions s'avéra complexe dans un pays tropical quasiment
sans électricité, téléphone, routes asphaltées ni autres infrastructures de base.
Malgré toutes ces incertitudes, la Shada poursuivait ses travaux, avant que
les parcelles expérimentales et l'unité pilote ne soient prêtes et que le président Élie Lescot n'ait pu convaincre les Haïtiens de l'intérêt pour le pays des
recherches sur l'exotique vigne à caoutchouc.

Les chercheurs ne tardèrent pas à découvrir que, contrairement aux
plantes à caoutchouc trop complexes à cultiver, le cryptostegia était, lui, trop
vivace. Sans une taille répétée, la plante poussait dans tous les sens, se transformant en une jungle de lianes impénétrable défiant toute forme d'agriculture
moderne. Avec pour Haïti une densité de 5 000 plants à l'hectare, comparé
avec les 500 arbres à l'hectare sur une plantation d'hévéas, la récolte manuelle
régulière de millions de plantes à caoutchouc semblait impossible. Un rapport
estimait que, pour obtenir une livre de latex, il fallait trois jours de travail
« humain », soit 6 000 « hommes-jours » pour une tonne. Comme les conditions

de guerre compromettaient l'usage de la plupart des procédés chimiques, l'ensemble du projet risquait de tomber à l'eau, si les ingénieurs n'arrivaient pas à développer une méthode d'extraction mécanique du caoutchouc.

Or, extraire le caoutchouc de ces plantes se révéla impossible en l'état. Sur les parcelles du *New York Daily News*, près de Brownsville au Texas, un ingénieur inventa un dispositif «ressemblant à une arbalète miniature» qui faisait goutter le latex de la plante dans des coupelles, mais les rapports mentionnaient que «plus de sang que de caoutchouc était collecté». Pour Haïti, les responsables de la Shada mirent au point un dispositif assez rudimentaire pour recueillir le caoutchouc, impliquant de couper une gerbe de lianes à la main pour permettre au latex de goutter dans un bambou incliné vers une petite bouteille. Et même si la Shada sortit de ses ateliers des centaines de ces dispositifs de perçage «à la chaîne», le processus demeurait loin de la production industrielle. Entre-temps, les habitants, décrits comme des «vauriens» dans les communiqués de presse, développèrent une méthode pour coaguler le latex recueilli dans une noix de coco. L'étape suivante rappelait les modes de production préindustriels, les ouvriers transformant les feuilles de caoutchouc de cryptostegia au moyen d'une presse manuelle. Chaque opération produisait une feuille de caoutchouc séchée au soleil de la taille d'une feuille de papier.

Figure 21. Le «dispositif de Van den Brughe» utilisé pour recueillir le latex du cryptostegia, dans le cadre du projet de la Shada, Haïti. Photographie de Thomas A. Fennell. Avec l'aimable autorisation de Thomas Dudley Fennell.

Plusieurs raisons politiques expliquent l'échec du cryptostegia. Bien que les dirigeants américains le démentent, de nombreux Haïtiens déclarèrent que la Shada abattait et brûlait régulièrement des arbres à pain et des manguiers sains, détruisait des centaines d'habitations paysannes et ignorait la promesse de préserver de petites parcelles autour des maisons pour que les

paysans puissent cultiver leur propre jardin. Les gains de la Shada déclenchèrent aussi une inflation des prix généralisée en Haïti. Ses défenseurs justi-
fièrent la situation comme permettant aux Haïtiens de s'acheter chaussures,
vêtements et nourriture, ce qui n'empêcha pas le projet d'ébranler l'économie
haïtienne. La rotation de la main-d'œuvre devint chronique et les grèves
monnaie courante; chaque jour, les superviseurs renvoyaient et recrutaient
des centaines d'ouvriers. Des paysans parcouraient en nombre de grandes
distances pour être embauchés sur les terres à cryptostegia, ce qui perturba le
marché du travail et mit les champs à l'abandon ailleurs. Les problèmes redou-
blèrent fin 1943, quand quelques centaines de milliers de plants se trouvèrent
prêts à être plantés. De nombreuses plantations de cryptostegia recrutèrent une
garde nationale[2] composée d'une cinquantaine d'hommes pour maintenir la
paix. Les rumeurs selon lesquelles la police haïtienne «escortait, recrutait et
retenait» les ouvriers firent craindre que le projet puisse être vu comme utilisant une main-d'œuvre forcée. Comme le régime se liait de plus en plus avec
le projet controversé, les manifestations anti-américaines et les pressions sur le
président Lescot s'intensifièrent.

L'élargissement du projet dans la vallée de l'Artibonite au centre de l'île
raviva les rancœurs. Les paysans jetaient des œufs et des légumes aux responsables américains et les conseillers militaires avertirent que les autochtones se
préparaient à rompre une digue pour inonder la vallée. Des flambées de palu-
disme obligèrent les responsables de la Shada à déclencher des distributions
de médicaments en urgence; un témoin rapporta que les ouvriers «tombaient
comme des mouches». Puis survint une éruption de larves de hanneton impossible à éradiquer et des milliers d'insectes dévorèrent les plantes laticifères. À
l'automne 1943, la Shada dut abandonner du jour au lendemain 3 000 hectares
plantés dans la vallée de l'Artibonite, mettant abruptement au chômage plus
de 8 000 ouvriers.

Cette situation obligea Washington à remettre en cause le projet Shada.
Certains dirigeants commencèrent à réfléchir à différents moyens d'en sortir,
même si cela signifiait, selon les mots d'un responsable du département d'État,
que certains Haïtiens allaient juger les États-Unis «non seulement fous mais
aussi malveillants». En réaction, le président Lescot et le directeur de la Shada,
Thomas A. Fennell, se rendirent à Washington pour obtenir un délai afin de
régler les différents problèmes et le «déluge de propagande anti-américaine».
Novembre amena son lot supplémentaire de publicité négative, quand le sénateur
Hugh Butler, du Nebraska, émit un long rapport qui mentionnait des milliards de
dollars «gâchés» sur différents aspects de la politique de bon voisinage, incluant
des «usines à gaz» comme le projet cryptostegia. Plusieurs scientifiques
américains, anticipant la débâcle, choisirent d'abandonner le projet.

Les choses ne tardèrent pas à se clarifier. Aux États-Unis, le *New York Daily
News* abandonna la recherche sur la vigne à caoutchouc au Texas, regrettant le
«beau mais intraitable et décevant cryptostegia». Un scientifique de l'USDA
en Californie en convint : il espérait trouver un «homme à l'échelle humaine»
qui arrêterait de verser de l'argent «dans le trou à rats» de la recherche sur

le cryptostegia. En Haïti, Fennell continua de faire valoir que cette entreprise pouvait offrir au pays des opportunités économiques, mais les responsables politiques haïtiens déploraient que la Shada ait abandonné sa mission originale de développement économique. Lescot demanda aux responsables américains de continuer le programme afin qu'il ne soit pas discrédité dans son pays. Une délégation de diplomates américains revint d'Haïti avec la recommandation unanime, pourtant, que le projet devait cesser immédiatement. En quelques semaines, le RDC se désolidarisa de la Shada et du projet. Bien que la guerre fît rage dans le monde entier et que le caoutchouc demeurât rare en stock, les responsables demandèrent à Fennell de surveiller la destruction par le feu de milliers d'hectares de vignes à caoutchouc saines.

Les échecs du programme provoquèrent de la rancœur à tous les niveaux. Pour Fennell et les autres partisans du cryptostegia, l'épisode marqua une occasion perdue d'améliorer l'économie haïtienne sur le long terme et de réduire du même coup la dépendance américaine au caoutchouc lointain. En fait, Fennell suspectait les compagnies chimiques et pétrolières liées à l'industrie du caoutchouc de synthèse d'avoir causé l'effondrement soudain du programme. Pour les adeptes du caoutchouc de synthèse, le plus grand scandale était que le projet haïtien avait coûté au moins 6 millions de dollars pour un rendement de seulement 5 tonnes de caoutchouc, caoutchouc qui coûtait environ 320 dollars le kilo. Même si l'opinion publique clamait le contraire, le gouvernement n'aida que peu les propriétaires terriens et les paysans à éliminer le cryptostegia et à reprendre la culture habituelle sur leurs terres. Peu de responsables américains mirent la priorité sur la relocalisation des limites de propriété disparues dans le paysage mis à nu, le retour des terres à leurs propriétaires d'avant ou encore leur réhabilitation pour produire de la nourriture. Le projet coûta aussi au président Lescot une grande part de son crédit politique. Certains érudits avancent que l'épisode plomba sa carrière et que l'influence américaine en Haïti ne s'est jamais remise de cette débâcle. Quelle qu'en soit l'analyse, la recherche sur le cryptostegia haïtien se conclut par une lamentable perte de temps, d'efforts et d'argent, un exemple ô combien flagrant d'un programme gouvernemental bien intentionné qui s'acheva en fiasco.

Perte d'intérêt pour le solidage

La proposition de 1942 de l'ERP de planter 400 000 hectares de solidage, d'employer 25 000 personnes pour la production et d'installer la plante en tant que complément à l'agriculture du Sud passa bien loin de ses objectifs premiers. Le sous-secrétaire à l'Agriculture, Paul Appleby, présenta à Jeffers une version de la proposition en janvier 1943, mais le tsar du caoutchouc décréta que le solidage nécessitait une autre année d'expérimentation comme culture de plein champ et source potentielle de caoutchouc avant qu'il puisse envisager un programme aussi ambitieux. Il en résulta que les responsables de l'ERP en 1943 ne plantèrent que 200 hectares dans le comté de Burke, en Géorgie, et

16 hectares dans le comté de Chatham, près de Savannah. Les parcelles expérimentales supplémentaires cette année-là étaient situées dans l'Alabama, le Mississipi et la Louisiane. Seulement 468 travailleurs, soit un cinquantième des chiffres proposés, étaient impliqués dans le projet. Le budget pour le solidage pour l'année fiscale 1944 était de 426 000 dollars, à la différence des 54 millions de la proposition élargie.

Figure 22. Ramassage manuel des feuilles de solidage, dans le comté de Burke, Géorgie, 1943. National Archives.

Le projet du solidage rencontra aussi des difficultés au niveau des techniques d'extraction. Dès début juin 1942, l'ERP confia la question au Southern Regional Research Laboratory (SRRL) de la Nouvelle-Orléans. Une équipe de vingt chercheurs reprit les recherches d'Edison pour concevoir un programme de production de caoutchouc dans une usine pilote. Les chercheurs du SRRL étudièrent méthodiquement la morphologie et la physiologie des cellules laticifères du solidage, développèrent des solvants permettant de séparer les globules de caoutchouc et de résine et mirent au point des techniques adaptées de récupération et d'assemblage. Comme l'avait subodoré Edison, la production et la qualité globale du caoutchouc de solidage étaient inférieures à celle de l'hévéa en raison de son poids moléculaire moindre et d'une concentration moins élevée de molécules d'isoprène. Le SRRL expédia des échantillons de caoutchouc de solidage à différentes manufactures de caoutchouc pour des tests de fabrication. Le caoutchouc de solidage s'avéra de meilleure qualité que le caoutchouc recyclé et idéal pour des articles comme les talons de chaussures et les bouillottes. Les compagnies produisirent par ailleurs une quarantaine de pneus de bicyclette en caoutchouc de solidage. Même si le projet n'offrait aucun véritable débouché commercial justifiant une production industrielle, les résultats illustraient encore une fois la justesse de la conviction d'Edison dans le potentiel du solidage comme source alternative de caoutchouc.

Pourtant, le projet du solidage de la seconde guerre mondiale se termina aussi abruptement qu'il avait débuté. Les responsables du projet durent veiller à ne pas froisser les marchés locaux du travail, alors même que les règlementations de la publicité pendant la guerre empêchaient d'en dire beaucoup dans les journaux sur le projet. Les agronomes déplorèrent que les seuls logements disponibles à Waynesboro fussent semblables à des «bidonvilles». La récolte de 1943 fut à nouveau décevante, l'ensemble de la production totalisant à peine plus de 300 kilos de caoutchouc. Au regard de la consommation annuelle du pays d'environ 600 000 tonnes, la production de solidage ne fut en rien suffisante. De plus, les travaux de l'usine pilote du SRRL accumulèrent les difficultés car les techniques de sélection, de précipités et de purification du caoutchouc de solidage n'étaient tout simplement pas au point. Sans grande surprise, les expérimentations hâtives en plein champ apportèrent leur lot de «difficultés inévitables» et de «problèmes insurmontables». Les experts en cultures constatèrent que certains types de sol étaient inadaptés au solidage, que la fertilisation coûtait plus cher et s'avérait plus complexe que prévu, que les techniques d'effeuillage étaient difficiles à concevoir et que le séchage en fours à bois reconvertis était onéreux, interminable et infructueux. En avril 1944, le projet de loi de crédits agricoles proposé pour la nouvelle année fiscale ne prévoyait pas le moindre fonds pour la recherche sur le solidage.

Comme avec le kok-saghyz, les travaux de l'ERP sur le solidage s'achevèrent officiellement le 1ᵉʳ juillet 1944; seuls quelques projets au maigre financement continuèrent. Alors que le projet prenait fin, les responsables de l'USDA durent admettre que leurs efforts avaient été vains : «Les connaissances sur le solidage ne permettent pas à ce jour le lancement d'un programme à grande échelle. Établir des perspectives à partir de là ne serait qu'une construction mentale». Si le solidage fut le mieux financé des projets de l'USDA sur les cultures laticifères dans les années 1930, il tourna court avant que la guerre ne soit terminée. Début 1944, même si le caoutchouc stocké demeurait rare pour les projets militaires comme civils, le gouvernement entreprit de se procurer tracteurs et attelages pour arracher les plants de solidage et relancer la culture de coton dans les champs de Géorgie.

Nouvelle renaissance du guayule

Malgré les nombreux coups portés à la lutte en faveur d'une culture laticifère nationale, le programme du guayule fit son grand retour à l'été 1943. Avec des stocks de caoutchouc toujours au plus bas, le caoutchouc naturel plus que jamais nécessaire à la guerre, l'armée face à un ennemi déterminé sur deux fronts et un complexe militaro-industriel à l'horizon, les appels à l'action gouvernementale en faveur des cultures laticifères n'eurent rien d'une surprise. Dans ce contexte, le WPB dépêcha son expert en caoutchouc, John Caswell, pour une étude d'un mois sur la solution du guayule. Dans son rapport de juillet 1943, Caswell admit que l'ERP avait fait des erreurs en Californie, notamment dans ses relations avec les agriculteurs qui contrôlaient les terres riches et irriguées au cœur de la Central Valley. Caswell consulta plusieurs experts du guayule tels que Francis Lloyd, David Spence, Robert Emerson et Robert Millikan, et fut convaincu que le buisson était plus que jamais en mesure de contribuer à sa façon à l'effort de guerre et au-delà. Il proposa alors une reprise du projet. Afin qu'il ne fasse pas concurrence avec les cultures agricoles, il demanda une nouvelle étude spécifique sur les terres pauvres et non irriguées de Californie, d'Arizona, du Nouveau-Mexique et du Texas. Les Texans étaient particulièrement déterminés à relancer l'industrie du guayule et persuadés que le faible coût du travail et des terres dans cet État rendrait durablement le guayule compétitif face au caoutchouc importé. William O'Neill, de la General Tire, affirma quant à lui que le programme du guayule devait passer des terres agricoles irriguées de Californie aux terres arides du Texas et du Mexique.

Figure 23. Arrachage et chargement de guayule sauvage au Ranch 02 près d'Alpine, Texas, octobre 1943. Photographie de W. Baxter. National Archives.

Le plan de l'ERP d'étendre le guayule « en grand » relança l'intérêt de longue date qu'y portait le gouverneur de l'Arizona pour développer les régions arides. Jeffers reprit donc le programme en août 1943, avec comme nouvel objectif la production annuelle de 20 000 tonnes de caoutchouc de guayule sur des terres non irriguées. Cette politique de retour donna du fil à retordre à l'ERP, qui dut encore une fois mener une « action à grande vitesse ». Après avoir passé le printemps et l'été à essayer de mettre un terme aux baux des agriculteurs, les responsables de l'ERP changeaient maintenant de stratégie, étant en quête d'une coopération avec suffisamment d'agriculteurs pour cultiver le buisson sur 40 000 hectares dans les quatre États du Sud-Ouest américain.

Entre-temps, les pénuries nationales de caoutchouc naturel conduisirent l'ERP à récolter les derniers plants de guayule sauvage dans le Sud-Ouest du Texas. La surexploitation du buisson avait provoqué la fermeture de l'usine de guayule de Marathon, au Texas, par deux fois, en 1909 et en 1926, même si une renaissance de la population sauvage était survenue dans les années 1940. Le projet prit encore un tour étrange lorsque l'ERP passa contrat avec la General Air Conditioning Company de San Francisco (qui dut suspendre son activité pendant la guerre) pour contrôler la récolte du guayule texan. Ce qui s'avéra un choix imprudent car les ajusteurs, les plombiers et autres vendeurs de systèmes d'air conditionné étaient mal préparés à récolter les plantes laticifères au fin fond du Texas occidental. Embarras supplémentaire dans le projet, la presse révéla que la compagnie avait embauché des immigrants mexicains illégaux passés par le Rio Grande. La compagnie essuya plusieurs procès pour dommages intentés par les propriétaires de ranchs texans qui considéraient le guayule comme une culture fourragère pour les moutons et s'opposaient à sa récolte. Selon un représentant du gouvernement lié au projet texan, seule l'intervention directe de l'USDA « a empêché [les membres du projet] de devenir fous », tandis que la presse rapportait que le gouvernement abandonnait un projet non rentable et onéreux « sans produire plus qu'une tétine pour un biberon ». L'impression que l'ERP était dans la tourmente commençait à prendre corps.

Les travaux sur le guayule dépassèrent bientôt les frontières américaines. Comme l'indiquait le message internationaliste du veto du président Roosevelt sur la législation originale du guayule, le Mexique devint un collaborateur important du projet. Le gouvernement mexicain leva les restrictions qui entravaient les opérations de l'IRC depuis des décennies, tandis que le gouvernement américain acceptait d'acheter tout le guayule mexicain produit à un prix garanti de 31 cents la livre pendant la durée de la guerre. La politique profitait aux deux parties : le gouvernement mexicain reçut presqu'un million de dollars en revenus fiscaux et l'IRC obtint un joli profit. Ensuite, l'IRC construisit une nouvelle usine au Mexique et reçut des fonds gouvernementaux et du carburant qui contribuèrent énergiquement à la récolte et au traitement des plants restants de guayule sauvage. La production mexicaine de l'IRC dépassait les 6 500 tonnes tant en 1943 qu'en 1944. Motivé par des profits substantiels, l'IRC pressentit qu'elle pourrait restaurer les opérations en Arizona suspendues en 1923. Logiquement, pourtant, la polémique sur le mercantilisme guerrier de l'IRC refit surface car la plupart des graines et des plants mis en terre au Mexique avaient été obtenus grâce à l'achat des actifs de l'IRC par le gouvernement américain en 1942. Malgré les rudes conditions climatiques du désert, le manque d'animaux de bât, les routes impraticables et les conflits sociaux, les opérateurs de l'IRC – assistés par les braconniers sur le marché noir – avaient *a priori* éradiqué tout le guayule sauvage existant de par le monde en 1945.

Le guayule, partie intégrante de l'agriculture du Sud-Ouest

Alors que le programme fédéral du guayule devenait de plus en plus anarchique et polémique, de nouvelles autorités et institutions tentèrent de le sauvegarder au titre de culture laticifère nationale. À l'inverse de l'ERP, qui par définition était axé sur l'urgence de guerre, les nouvelles propositions s'appuyaient sur l'idée que le guayule pouvait devenir un complément permanent de l'économie agricole du Sud-Ouest américain. Tandis que les espoirs pour l'avenir de l'ERP étaient au plus bas au printemps 1943, les ambassadeurs de longue date du guayule firent pression sur le gouverneur de Californie, Earl Warren, pour empêcher à la fois les «Wallacistes» et les groupes d'intérêt pétroliers de réduire à néant les avancées sur la culture laticifère nationale la plus prometteuse. Ils laissèrent notamment entendre que le leadership sur la question du guayule pourrait aider Warren à se positionner face aux internationalistes comme Wallace dans la campagne présidentielle de 1944. En retour, Warren créa un Comité d'État du guayule, composé de cinq membres très partagés sur la question de l'avenir du guayule. Il reçut aussi les avertissements sur les graves conséquences qu'occasionnerait l'abandon du projet : les politiciens texans pourraient prendre de court les Californiens et contrôler le projet ; une compagnie néerlandaise pourrait finir d'acheter le stock de graines de l'ERP et les planter au Mexique. Et les réserves de pétrole non renouvelables pourraient se tarir en à peine quelques décennies. Même si le gâchis ou l'inefficacité pouvaient être attribués à l'ERP, de tels coûts étaient minimes comparés aux autres programmes de guerre comme celui sur le caoutchouc de synthèse.

Fin 1943, le Comité d'État californien du guayule diffusa une liste concrète de recommandations : le gouvernement doit continuer à conduire des recherches et des travaux expérimentaux sur le guayule et les plantes de même type ; le gouvernement doit aider à transférer le programme du guayule vers l'entreprise privée, de préférence *via* les coopératives agricoles et les unités de traitement de guayule privées ; les fermiers doivent être autorisés à renégocier leurs contrats à la fin de la récolte ; le gouvernement doit mettre en place un programme de 500 000 dollars pour fournir un minimum de 15 parcelles de 20 hectares pour chaque site de broyage et offrir aux agriculteurs américains qui s'investissent dans la plante des prix garantis à un niveau jamais inférieur à ce que les États-Unis payaient aux producteurs mexicains.

Le comité ne ménagea pas ses efforts pour faire aboutir ce programme. L'opposition vint – ironiquement – du Comité du guayule de Kern County, emmené par de grands propriétaires qui rejetaient tout programme assimilé au gouvernement. Pour ce groupe, l'urgence du caoutchouc était derrière, et le fait qu'Edison, Firestone et l'IRC avaient tous abandonné le guayule sur le territoire signifiait que le gouvernement californien devrait en faire de même. Le groupe exprimait haut et fort son engagement patriotique pour la plantation de cultures vivrières indispensables, impliquant tacitement que d'autres cultures seraient plus rentables.

Entre-temps, le membre du Congrès John Anderson, de Californie, demanda une enquête complète sur le programme du guayule afin de restaurer sa visibilité sur le plan national. Le House Committee of Agriculture plaça le membre du Congrès texan Bob Poage à la tête d'un sous-comité pour étudier la situation du guayule. Démocrate de Waco, Poage s'engagea aussitôt dans la lutte en faveur des cultures laticifères américaines. Dans les années qui suivirent, il devint un expert national du guayule et combattit ses opposants dans les sphères politique et agricole. En avril 1944, s'adjoignant quatre collègues du Congrès, il organisa des débats au cœur du pays californien du guayule. À Salinas, la plupart des acteurs qui s'exprimèrent publiquement donnèrent une image positive de l'ERP et des progrès accomplis. Les édiles de Salinas offrirent un banquet somptueux et le journal local taxa de « ridicule » la simple perspective de suspendre le projet du caoutchouc.

Le ton changea quand le groupe atteignit Bakersfield. Ils tombèrent sur un aréopage de propriétaires virulents, impatients de renouveler leurs revendications de 1942 et 1943. Ceux-ci rejetaient l'ERP, qui pour eux symbolisait un parfait gâchis gouvernemental, avec salaires élevés pour ouvriers inefficaces, conseils inopportuns et exigences déraisonnables en termes de cultures. Ses détracteurs continuaient de considérer le guayule comme le fléau de l'agriculture du comté de Kern. Ils alléguaient qu'une tonne de son caoutchouc revenait bien plus cher que n'importe quel autre et que pommes de terre et autres cultures vivrières auraient dû être produites par millions sur ces mêmes terres. Ce qui n'empêcha pas Poage de pointer la méconnaissance que les habitants du comté avaient du caoutchouc en général, et il fut confirmé par ailleurs que l'ERP avait plutôt bien réussi au regard des pressions liées à l'époque de guerre. Au bout du compte, Poage et ses collègues avaient acquis la conviction que le guayule offrait sur le long terme une solution potentielle aux besoins américains en caoutchouc, de préférence par le biais de l'entreprise privée. Les débats organisés par Poage eurent un effet immédiat. Clarence Cannon, membre du Congrès du Missouri, relança sa campagne en dénonçant les coûts astronomiques des recherches sur une culture laticifère nationale. En tant que chef du House Appropriations Committee (Comité d'attribution des crédits de la Chambre), il fit aboutir une proposition réduisant les fonds de l'ERP et demanda sa liquidation totale pour l'année fiscale 1945.

Le Sénat intervint cependant, organisant des séances où les pro-guayule plaidèrent leur cause. Poage et son équipe défendirent unanimement le buisson, essentiellement comme une plante pouvant contribuer à l'agriculture du Sud-Ouest américain sur le long terme. Les délibérations autour du guayule s'enflammèrent à nouveau quand Poage évoqua le rapport confidentiel de Dwight Eisenhower de 1930, qui positionnait astucieusement le guayule comme police d'assurance pour les intérêts stratégiques américains. En juin 1944, alors que les armées américaines mettaient le cap sur les plages de Normandie, les débats sur le guayule gagnèrent la tribune du Sénat. Cannon y rappela que le projet avait été « mal avisé » dès le départ, que « chaque dollar » versé dans les cultures laticifères nationales avait été gaspillé et que le programme avait été approuvé en raison des craintes d'une guerre qui durerait de dix à trente ans. C'est pourtant l'étude du comité Poage, reprenant les arguments du rapport Eisenhower de 1930, qui domina les débats du jour. De façon inattendue, la Chambre rejeta les recommandations du comité Cannon et valida les termes du Sénat, qui demandait des fonds supplémentaires et la poursuite de l'ERP.

Fait notable, la lutte en faveur des cultures laticifères nationales revint encore sur le devant de la scène début 1945. Si certains soulignaient que la victoire militaire en Europe paraissait inéluctable et que la production de caoutchouc synthétique approchait des niveaux adaptés à une économie de guerre tournant à plein régime, d'autres demeuraient sceptiques quant à la victoire en Asie et considéraient le caoutchouc naturel plus que jamais indispensable à certaines denrées de guerre comme les pneus d'avion. Le nouveau tsar du caoutchouc, John Collyer, demanda une enquête rapide pour déterminer la contribution du guayule. Un comité de quatre cadres de l'industrie du caoutchouc préconisa la récolte immédiate de tout le guayule qui restait dans les champs californiens de l'ERP. Aux dires de l'expert du guayule John Casswell, «chaque livre – non tonne, mais livre – de caoutchouc naturel» devait être récoltée. Même s'il manquait encore au moins deux ans aux plantations pour atteindre la maturité idéale, l'ERP décida de raser les champs de guayule. La direction décréta la construction immédiate de quatre nouveaux sites de broyage dans la Central Valley, escomptant fournir 13 000 tonnes, suffisamment pour contribuer *a minima* à l'économie de guerre.

Dans l'intervalle, Poage poursuivit ses efforts pour maintenir le projet du guayule à flot. Il alla chercher Phil Ohanneson, éminent propriétaire à la tête du Comité du guayule de Kern County, le groupe qui avait tenté de bloquer le Comité d'État du guayule de Warren et avait appelé à la destruction rapide des 6 000 hectares de guayule de la région. Poage expliqua que les réserves de caoutchouc naturel demeuraient sinistrement faibles et intima aux propriétaires du comté de Kern de «dépasser le seuil du profit dans l'intérêt de notre effort de guerre commun». D'une réplique acerbe à Ohanneson, Poage demanda si les agriculteurs du comté de Kern souhaitaient vraiment du caoutchouc synthétique de piètre qualité pour leurs pneus ou s'ils voulaient juste ce type de produit pour tout le monde. David Spence, chimiste du caoutchouc et inconditionnel de longue date du guayule, défia aussi le groupe de Bakersfield, en demandant instamment à Ohanneson de ne pas officialiser le gaspillage de dizaines de millions de dollars de guayule.

Début 1945, le Sénat finit par prendre en compte le HR 2347, projet de loi dérivé de l'étude exhaustive de Poage sur la situation du caoutchouc l'année précédente. Depuis des années, ce dernier ne cessait de clamer que les Américains avaient un besoin vital de caoutchouc naturel, que les investissements du gouvernement dans la recherche sur le guayule étaient sur le point de payer et que le programme allait être transféré du public au privé. Pour faire court, le projet de loi de Poage exigeait la poursuite de l'investissement gouvernemental de la recherche technologique sur les cultures laticifères, le maintien de toutes les cultures de guayule en cours jusqu'à maturité, même si les mêmes terrains pouvaient être utilisés pour des cultures vivrières, la fin du rôle du gouvernement dans la récolte et le traitement du caoutchouc agricole et enfin des incitations pour les petits agriculteurs à investir sur le long terme dans le guayule en fixant un prix garanti de 28 cents la livre pour une superficie maximale de 160 000 hectares, nombre symbolique avancé par Eisenhower en 1930. Autre défi aux normes de l'agro-industrie californienne, le décret de Poage offrait la garantie de prix subventionnés uniquement aux petits agriculteurs. Ledit décret fut adopté par le Comité agricole de la Chambre en mars 1945 mais n'alla pas plus loin. Les débats sur la proposition se prolongèrent jusqu'en été. Si l'appel de Poage pour un engagement à long terme du pays en faveur des cultures laticifères nationales fut à deux doigts de se concrétiser, il n'aboutit jamais. Au final, la concomitance de polémiques politiques, d'obstacles technologiques et de contraintes agricoles s'avéra trop complexe à supporter, même pour des plants de guayule en parfaite santé. À l'approche de la fin de la guerre, le cercle des adeptes du guayule se réduisit encore un peu plus.

1945 : enfin la fin de la crise du caoutchouc ?

Sans surprise, la victoire militaire américaine dans la seconde guerre mondiale contribua à mettre fin au combat en faveur des cultures laticifères nationales. À l'évidence, les Japonais n'avaient pas appliqué une politique de « terre brûlée » pour détruire les plantations de caoutchouc d'hévéa en Asie du Sud-Est, comme on l'avait craint. L'urgence de la question du caoutchouc naturel faiblissait. Le Congrès liquida officiellement l'ERP le 25 août 1945 et ordonna que soit mis un terme à l'investissement de 37 millions de dollars dans le guayule californien dès que possible. Par ailleurs, alors que leurs fondations étaient à peine coulées, un télégramme en provenance de Washington demanda l'arrêt de la construction des quatre sites de broyage supplémentaires prévus pour accélérer la récolte de 1945. Le moulin de Salinas, ouvert en 1930 et continuellement opérationnel entre fin 1944 et fin 1945, fut bradé en janvier 1946. Les responsables vendirent également les pépinières de l'ERP, l'équipement agricole, les logements des ouvriers et les autres actifs.

Vint ensuite la destruction de 9 000 hectares de guayule américain sain, assez pour produire des milliers de tonnes de caoutchouc. Les agriculteurs, impatients de planter des cultures conventionnelles, exigèrent la suspension rapide de leurs baux gouvernementaux pour le guayule. Comme ces baux imposaient que les terres reprennent leur condition originelle, les responsables locaux s'empressèrent de monter des équipes pour enfouir les plants. Dans la Salinas Valley, en février 1946, les prisonniers de guerre allemands continuaient de brûler les plants de guayule neuf mois après la reddition nazie. Usines de caoutchouc à l'abandon, machines à récolter rouillant dans les champs et cultures de laitues et haricots de Lima jugées plus importantes qu'une culture laticifère nationale, l'état-major de Salinas avait du mal à accepter d'être devenu la « risée du pays ». Comble de l'ironie, à n'en pas douter, une centaine de tonnes de graines de guayule, soit dix fois le volume si précieux des débuts de l'ERP, fut vendue à une compagnie de fournitures agricoles, qui la revendit pour l'intégrer à des aliments pour bétail enrichis en protéines. De la bouche même d'un vétéran de l'ERP, aucun autre programme n'avait été « attaqué plus brutalement que le guayule ». Pour Henry A. Wallace, Fred McCargar, Hugh Anderson et d'autres adeptes du caoutchouc naturel, le triomphe du caoutchouc de synthèse et la liquidation de l'ERP pouvaient s'expliquer par une conspiration des instances du pétrole et du caoutchouc synthétique. Aucune preuve de cette conspiration n'a jamais été établie et d'autres facteurs méritent d'être pris en compte. En fait, le drame du combat américain en faveur d'une culture laticifère nationale révèle combien les décisions liées aux sciences et aux technologies ne s'appuyaient pas seulement sur les jugements rationnels et les faits scientifiques, mais étaient modelées par des facteurs politiques, sociaux, culturels, voire psychologiques.

La fin de l'ERP coïncide avec certaines grandes tendances de l'histoire américaine, notamment une nouvelle conception des relations entre gouvernement, agriculture et technologie. Le changement était là. Des arguments plus anciens, comme ceux avancés avec virulence par le membre du Congrès Anderson, clamant que c'était « pure folie » que de laisser les États-Unis « devenir la bonne poire internationale du célèbre monopole anglo-néerlandais », n'avaient plus le même poids à une époque où l'internationalisme remplaçait désormais l'isolationnisme. Les réformateurs sociaux comme Hugh Anderson refusèrent de reconnaître que la plupart des Américains ne s'intéressaient guère aux débouchés des cultures laticifères dans un cadre social. Les scientifiques qui avaient consacré les années de guerre à maîtriser la génétique, la physiologie, la morphologie et les autres caractéristiques du guayule passèrent vite à d'autres projets. Et dans la Salinas Valley, les producteurs locaux finirent par convaincre McCargar que sa promotion incessante du guayule l'avait amené à négliger les cultures ayant un réel avenir dans le « saladier américain ».

Fort logiquement, après 1944, les revendications en faveur de nouvelles sources de caoutchouc n'éveillèrent guère de curiosité. Le climat politique tranchait avec les années 1920 quand Edison, Ford, Hoover et les autres responsables nationaux avaient défendu la cause des cultures laticifères nationales. Pour tout dire, les partisans des cultures laticifères du milieu des années 1940 avaient peu de poids politique ou économique, et comptaient même quelques illuminés. Depuis, d'autres partisans comme Baruch et le général Eisenhower étaient passés à de nouvelles préoccupations. Dans la même perspective, le suivi par les chimiurgistes des sources agricoles pour les produits industriels devint de plus en plus hors sujet et de moins en moins financé. Ceux qui promouvaient le caoutchouc de synthèse obtenu à partir de sources renouvelables de maïs et de blé cultivés aux États-Unis ne pouvaient concurrencer ceux qui privilégiaient le caoutchouc de synthèse utilisant la mélasse cubaine ou le pétrole du Moyen-Orient comme matière première. Les menaces d'instabilité politique dans ces parties du globe disparurent des débats, vite remplacées par l'hypothèse quelque peu arrogante que les dirigeants américains pouvaient gérer ces temps morts au besoin. De la même façon, ceux qui s'offusquaient que le soutien financier du gouvernement soit plus important pour le guayule mexicain que pour le guayule cultivé sur le territoire des États-Unis oubliaient que l'engagement du pays dans la politique de bon voisinage était supérieur à l'intérêt pour les cultures laticifères nationales.

Au-delà de ces explications à l'effondrement de l'enthousiasme pour les cultures laticifères, quelques autres changements fondamentaux méritent une attention particulière. Comme le décrivait un éditorial du *Wall Street Journal,* les propositions de soutien gouvernemental au guayule s'opposaient aux objectifs d'après-guerre du pays tels que définis dans le « discours des quatre libertés », la charte de l'Atlantique, les accords de Bretton Woods et la conférence de Dumbarton Oaks. Ce sentiment s'était généralisé en 1943, quand, au plus fort de l'enthousiasme pour le cryptostegia, le président Roosevelt rendit hommage au président haïtien Lescot en promettant que les États-Unis n'appliqueraient pas de tarifs protégeant son industrie du caoutchouc de synthèse naissante. Au contraire, le marché du caoutchouc naturel serait libre. Plusieurs membres du Congrès hésitèrent à soutenir la proposition de Poage d'un engagement durable en faveur du caoutchouc agricole pour ne pas nuire aux relations commerciales d'après-guerre. La plupart des conseillers gouvernementaux adoptèrent le discours de « libre-échange » comme le panégyrique du monde d'après-guerre. Ils s'opposaient ainsi vigoureusement aux subventions gouvernementales destinées au secteur du caoutchouc, qu'elles soient sous forme d'aide envers l'industrie naissante du caoutchouc de synthèse, de relance éventuelle du caoutchouc en Amérique latine ou de cultures laticifères nationales.

La guerre froide en pleine émergence y trouva également son lit. Globalement, les Américains d'après-guerre acquirent la conviction que la paix et la prospérité dépendaient en partie du bien-être des citoyens dans les autres pays, et nombreux furent ceux qui associèrent la prospérité mondiale à la sécurité internationale. Les diplomates américains entreprirent de construire des partenariats stratégiques avec un grand nombre de pays non occidentaux, dont la plupart producteurs potentiels de caoutchouc. Le fait que les États-Unis aient besoin de plus de caoutchouc et de pétrole importés que jamais auparavant permettrait à ces fournisseurs de matières premières de bénéficier de fonds nécessaires à l'achat de céréales américaines et de produits manufacturés. Entre-temps, la coopération qui s'était développée entre scientifiques du caoutchouc américains et soviétiques déclina avant même que la guerre avec l'Allemagne ne se termine, à l'instar des derniers champs de pissenlit de Russie. En 1944, les scientifiques américains firent valoir que leurs homologues soviétiques ne donnaient pas les informations techniques promises sur les techniques de culture du kok-saghyz, alors que les Soviétiques se plaignaient du fait que les Américains ne livraient pas le matériel de récolte du guayule promis.

Chronique du caoutchouc synthétique

Ainsi que l'expose le chapitre 2, l'éminent écrivain scientifique Edward Slosson avait déclaré dans les années 1920 que la première guerre mondiale livrait des enseignements sur la dépendance américaine aux matières premières chimiques importées. Sur un ton quelque peu désespéré, Slosson avait pressé les Américains d'investir dans leurs industries chimiques, de mettre en place des mesures nationalistes pour réduire leur vulnérabilité à la guerre et de chercher des matières premières chimiques dans les produits agricoles issus du sol américain. Le rédacteur scientifique Williams Haynes reprit le message de Slosson dans trois livres publiés en 1942 et 1943, mais en y insufflant un surplus d'espoir et de confiance. Au cœur d'une guerre mondiale dévastatrice, Haynes plaida la cause héroïque des chimistes américains, car ils avaient développé nombre de matériaux artificiels qui allaient devenir la base d'une « économie d'abondance » après-guerre. Selon Haynes, les produits synthétiques étaient d'une qualité constante supérieure, plus économiques à terme et plus facilement modulables que les produits naturels. Il décrivit également les implications géopolitiques de ces découvertes. Les tensions internationales s'estomperaient, prédisait-il, car l'accès aux matières synthétiques faisait moins l'objet de guerres, de conflits diplomatiques, de fluctuations monétaires que les matériaux agricoles issus du sol. Les produits chimiques synthétiques avaient « réduit en lambeaux tous les vieux dogmes des relations internationales ». Haynes en conclut que ce serait une « grave erreur » d'autoriser la recherche de matières premières pour revenir à une ère d'un « isolationnisme déraisonné ». Le chimiste du caoutchouc du MIT, Ernst Hauser, prêcha le même message, expliquant que, malgré tout le tapage sur le guayule et les cultures assimilées, la piètre situation de 1942 livrait la conclusion que « notre seul espoir » était le caoutchouc synthétique, qui devait être une priorité nationale, et les citoyens informés se devaient d'apprendre les bases de la chimie du caoutchouc. Et même si le caoutchouc naturel venait à dominer le marché, il n'y avait aucun doute que certaines des découvertes des chimistes du caoutchouc étaient là pour durer.

Dans ce contexte, les représentants de l'industrie du caoutchouc pouvaient fondamentalement remettre en cause les espérances des partisans du guayule. Les produits chimiques, déclaraient-ils, à l'inverse des produits agricoles, constituaient la base de la prospérité d'après-guerre. À l'été 1945, la Goodyear Tire and Rubber Company diffusa une brochure mentionnant qu'il était « grand temps » de dire la vérité sur le guayule. Paul W. Litchfield, son président, présenta une longue liste de raisons d'écarter le guayule, jugeant inconcevable que la Défense nationale américaine soit à nouveau aussi laxiste qu'en 1941. Franchement optimiste sur les sources latino-américaines et antillaises, il expliqua que la qualité du guayule demeurait inférieure et que la guerre avait prouvé que le caoutchouc synthétique, non naturel, était la police d'assurance idéale. Enfin, il était persuadé que l'option du synthétique forcerait les producteurs britanniques et néerlandais à rester compétitifs. Entre-temps, les responsables industriels et gouvernementaux entreprirent d'écrire une nouvelle page combinant le triomphe du caoutchouc synthétique et l'émergence des États-Unis comme nation résolument moderne. La médiatisation positive du programme du caoutchouc synthétique se situait bien au-delà de la réalité, mais est depuis lors restée ancrée dans la compréhension populaire du front intérieur de la seconde guerre mondiale. Le chapitre du caoutchouc synthétique était déjà bien entamé en 1943. Le directeur William Jeffers gagna vite une réputation de héros dont l'investissement dans le caoutchouc synthétique avait fait oublier la pagaille du caoutchouc de 1942. Certains lancèrent même l'idée qu'il se présente à la présidence en 1944. Lors de sa démission en septembre 1943, Jeffers cria prématurément victoire sur la question du caoutchouc. Les 700 millions de dollars avaient été bien dépensés, confia-t-il, et la préférence du caoutchouc synthétique sur les cultures laticifères nationales justifiée.

La victoire des Alliés permit aux compagnies caoutchoutières et pétrolières de revendiquer qu'elles avaient répondu à la crise du caoutchouc par leurs efforts patriotiques et ingénieux pour produire du caoutchouc synthétique. En juillet 1945, par exemple, la Rubber Manufacturers' Association diffusa un communiqué de presse décrivant le caoutchouc de synthèse comme « l'une des réalisations marquantes de la guerre ». Un autre exemple frappant apparut dans une brochure de la Firestone Company diffusée en 1946 : sur la dernière page apparaissait le simple mot « Rubber » au-dessus d'une impressionnante usine chimique moderne. La brochure mentionnait à peine que le caoutchouc pouvait provenir de plantes et la description du caoutchouc synthétique négligeait totalement le fait que l'alcool de grain puisse être utilisé comme matière première. La B. F. Goodrich Company produisit une série de livrets pour ses clients, qui louaient la perspicacité de la compagnie sur la question du caoutchouc synthétique. L'un d'eux appelait au retour des conditions absolues de libre-échange pour le caoutchouc naturel et synthétique dès la fin 1946. Plusieurs producteurs de caoutchouc et de pétrole publièrent des anecdotes professionnelles survenues pendant et après la guerre, qui toutes mettaient l'accent sur l'engagement patriotique des compagnies pour résoudre la crise du caoutchouc grâce au synthétique et à d'autres sacrifices. Au cœur de la guerre froide naissante, Frank Howard, vice-président de la SONJ, mit en lumière l'histoire du caoutchouc synthétique en tant qu'emblème du génie scientifique américain et sa capacité à s'adapter à un monde en pleine concurrence.

John Collyer souligna le rôle de l'entrepreneur et du capital privé – et non l'investissement du gouvernement de 700 millions de dollars – tout en insistant sur le fait qu'« aucune réalisation [...] [n'avait] eu plus de valeur dans la préservation des pays libres » que le triomphe du caoutchouc synthétique « fabriqué aux États-Unis ». Dans la conscience publique et politique, la crise de 1942 était passée et la plupart des Américains acceptaient l'histoire ordinaire valorisant les compagnies pétrolières et chimiques pour le développement héroïque et opportun du caoutchouc synthétique à partir du pétrole. Si quelques personnes savaient que l'essentiel du caoutchouc synthétique produit pendant la seconde guerre mondiale était issu du grain, combien savent aujourd'hui que bien plus de caoutchouc naturel a été consommé avant que le caoutchouc de synthèse n'existe ?

Ces évolutions montrent à quel point le déclin de l'ERP et l'essor du caoutchouc synthétique marquent un important changement historique dans la conception des relations entre l'agriculture, la science, la technologie et

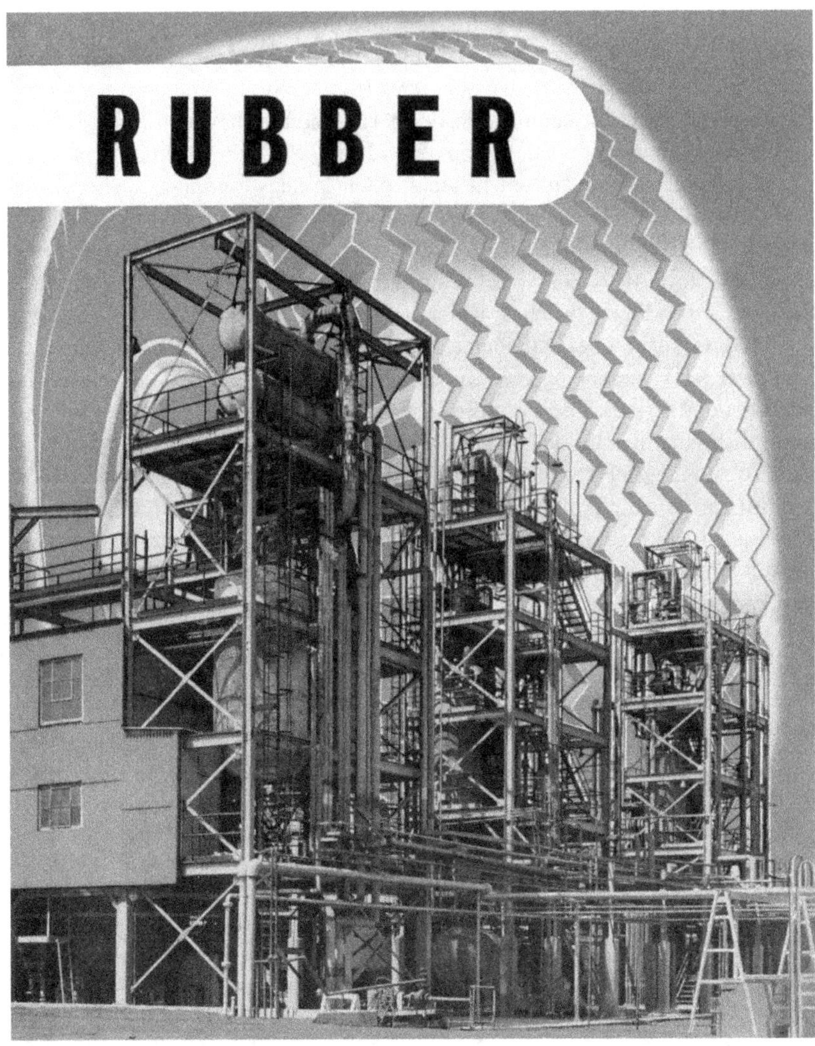

Figure 24. Brochure de la Firestone Tire Company, en 1946, présentant le caoutchouc comme un produit d'ingénierie chimique.

la géopolitique aux États-Unis. Dans le cadre d'une «idéologie de progrès» qui émergea au milieu du XXe siècle, les consommateurs et les industrialistes américains apprirent à favoriser les matériaux inorganiques plutôt qu'organiques, même si des alternatives étaient techniquement réalisables. Alors que les premières fibres synthétiques comme la rayonne et les premiers pesticides comme le pyrèthre provenaient de sources agricoles et renouvelables, toutes furent vite remplacées par des produits synthétiques dérivés du pétrole aux alentours de la seconde guerre mondiale. Les projets que les chimiurgistes avaient vantés dans les années 1930 – éthanol tiré du maïs, plastique de la caséine du lait, peintures de l'huile d'abrasin – perdirent de leur lustre du fait que les techniciens développaient des alternatives plus économiques et plus simples d'un point de vue logistique, dérivées du pétrole et d'autres hydrocarbures. Comme dans de nombreux autres cas, le caoutchouc issu du pétrole répondait aux attentes en termes d'uniformité de qualité, de chaînes d'approvisionnement continu et de maîtrise du processus de production par les ingénieurs. Les efforts des partisans des cultures laticifères, dont l'essentiel était centré sur des cultures que la plupart considéraient comme des mauvaises herbes envahissantes ou guère plus, eurent des résultats médiocres en comparaison. L'idée que l'agriculture pouvait fournir des solutions aux besoins du pays en caoutchouc fut battue en brèche et la fin du XXe siècle marqua l'époque de gloire des matériaux synthétiques pour l'économie américaine.

Chapitre 8

Des cultures laticifères nationales aux biotechnologies

En 1934, Alvin Hansen, éminent économiste de la période du New Deal, questionna David Fairchild, célèbre explorateur botanique de l'USDA, sur la perspective de produire du caoutchouc sur le territoire américain. La réponse de Fairchild ne fut, à l'évidence, pas la réponse claire attendue par Hansen : «Qu'entendez-vous par caoutchouc? Qu'envisagez-vous exactement? Et à partir de quand? Demain? La semaine prochaine ? Dans quinze ans ? Il enchaîna : «Si vous êtes capable de me dire ce que sera le prix du caoutchouc d'ici quinze ans, si celui-ci – et aucun autre produit – sera utilisé pour produire les pneumatiques des voitures, si le développement du transport aérien aura été tel que l'équivalent d'un million et demi de kilomètres de routes soit laissé à l'abandon, si une révolution dans les Indes orientales néerlandaises ou en Malaisie aura ruiné la culture du caoutchouc, alors peut-être pourrais-je prédire avec davantage de certitude que nous serons d'une façon ou d'une autre en mesure de cultiver aux États-Unis l'une des nombreuses plantes laticifères qui, à notre connaissance, peuvent être cultivées sur notre sol».

La réponse de Fairchild illustre quelques-unes des difficultés ayant émaillé la longue bataille de la culture de plantes à caoutchouc aux États-Unis. Cette stratégie économique, eût-elle été effectivement décidée dès la fin de la seconde guerre mondiale par les industriels du caoutchouc et les responsables politiques, se serait avérée *a priori* tout à fait réalisable. Les centaines d'experts scientifiques et techniques ayant travaillé à l'ERP (et sous les miradors de Manzanar) avaient accompli de considérables progrès en termes de rendement et de qualité des produits à base de caoutchouc produit sur le sol américain. Les recherches menées sur des souches immunisées d'hévéa, destinées à relancer l'industrie caoutchoutière dans l'hémisphère ouest, auguraient de découvertes exceptionnelles. En quelques années à peine, les États-Unis étaient passés du rang de première nation importatrice de caoutchouc au rang de première nation exportatrice. Ils contrôlaient 90 % des réserves mondiales, ce qui leur permettait de produire du caoutchouc synthétique et de maîtriser la technologie de ce secteur pour les décennies à venir. Pourtant, les responsables politiques et industriels américains abandonnèrent l'objectif d'arriver à l'autosuffisance en matière de production de caoutchouc, persuadés que les circonstances sociales et culturelles comme les problèmes techniques, scientifiques et agricoles le justifiaient.

C'est dans ces circonstances que sombra la bataille en faveur des cultures laticifères nationales dans le monde d'après-guerre. Compte tenu du complexe écheveau économique et géopolitique, l'ambition des partisans des cultures laticifères d'amorcer une nouvelle dynamique industrielle fondée sur les produits biodérivés s'avéra illusoire. Les nouvelles attitudes culturelles jouèrent également un rôle, car nombre d'Américains éprouvaient une confiance sans bornes dans la puissance économique, politique, scientifique et technologique de leur pays à la suite de leur victoire sur l'Allemagne et le Japon. À l'instar de la pénicilline, du plastique, du D.D.T. et bien sûr de la bombe atomique, le caoutchouc de synthèse contribua à l'illusion que les scientifiques et les ingénieurs américains dominaient désormais la nature. Les programmes intensifs liés à la seconde guerre mondiale donnèrent le sentiment qu'à partir du moment où l'argent et les infrastructures étaient affectés à un problème les experts américains étaient en mesure de le résoudre.

Ces projets suggérèrent également que, si la science avait contribué à la victoire militaire, alors la prochaine guerre se gagnerait dans les laboratoires, en particulier ceux spécialisés dans la physique et la chimie. Ainsi que le présentait le plan d'action sur la recherche d'après-guerre de Vannevar Bush, « Science : la frontière perpétuelle », l'heure d'un rôle fédéral extrêmement élargi était venue pour la recherche dans les sciences fondamentales. Ce rapport, publié au milieu de l'année 1945, alors que l'ERP était en instance de liquidation officielle, fit clairement apparaître que les stratèges politiques nourrissaient désormais une conception des frontières à mille lieues de l'expansion du XIXe siècle centrée sur l'agriculture. Pour tout dire, la National Science Foundation (NSF, Fondation scientifique nationale américaine), datant de 1950, distribua 95 % de son budget aux physiciens, chimistes et ingénieurs, et seulement 5 % aux sciences sociales et de la vie. L'agriculture et l'agronomie furent apparemment bien peu considérées, si l'on compare l'importance des budgets accordées à la chimie, à la physique et aux autres domaines qui dominèrent l'économie scientifique et industrielle de la fin du XXe siècle. Pour le confort du consommateur américain, la recherche en agriculture de l'après-guerre opta pour des programmes d'enrichissement d'aliments de base et d'autres produits plutôt inédits. Trop centrée sur la quête de marchés visant à écouler les surplus permanents des produits de base et à diffuser des méthodes américaines d'agriculture intensive vers les pays industrialisés alliés, cette recherche n'eut, au final, qu'un impact géopolitique limité. Si ce préambule confirme le constat de l'historien Richard Drayton sur la place centrale des produits agricoles dans l'essor des puissances impériales et industrielles occidentales, tout comme le rôle accordé par Philip Pauly aux plantes dans l'histoire américaine, la période d'après-guerre indique le contraire. À la fin de la seconde guerre mondiale, les conflits mondiaux liés au pouvoir géopolitique et aux ressources stratégiques concernaient très peu les produits de l'agriculture.

De fait, l'idée même selon laquelle les États-Unis devaient poursuivre une stratégie nationale de développement économique devint obsolète. Des groupes prônant le nationalisme économique comme le Chemurgic Council réalisèrent que leur message n'avait pas l'écho escompté et des institutions telles que la Banque mondiale, le Fonds monétaire international, ou l'Organisation internationale du commerce soutinrent l'engagement des États-Unis en matière de développement économique global. Comme le déclara le président Truman au Congrès en 1947 en évoquant la politique appliquée au caoutchouc, la priorité nationale était de rétablir les réseaux commerciaux plutôt que de théoriser sur les particularités de certaines matières premières. Malgré son rappel explicite sur la crise du caoutchouc de 1942, et bien qu'il admit que les réserves «demeuraient inadaptées aux besoins planétaires», Truman décida qu'on en resterait là. Pour faire court, le président Truman semblait fort peu préoccupé que le caoutchouc naturel devienne une question géopolitique importante dans le monde d'après-guerre. Intervint alors l'IRC. Après quarante ans de présence dans le secteur, celle-ci entreprit de liquider l'ensemble de ses opérations. Les pertes financières s'aggravèrent à la fin des années 1940 et les espoirs de développer des flux alternatifs de revenus furent vains. La guerre de Corée insuffla un tout dernier élan aux récoltes de guayule spontané près de Torreón, projet qui décima les derniers plants de guayule sauvage. Les négociations avec le gouvernement américain sur des plantations de guayule visant à constituer une réserve stratégique vivante en cas d'urgence furent menées en vain. Pour finir, en octobre 1953, l'IRC vendit ses actifs à une société en devenir intéressée par l'acquisition de listes de valeurs à la bourse de New York. Cette société, Texas Instruments, se révéla être une affaire bien plus intéressante que l'IRC pour l'économie américaine de la fin du XXe siècle.

Nouvelles renaissances du guayule

Au cours des soixante années écoulées depuis la fin de la seconde guerre mondiale, l'intérêt de cultiver des plantes pour produire du caoutchouc sur le territoire américain ressurgit occasionnellement. Les prédictions d'après-guerre selon lesquelles le caoutchouc de synthèse remplacerait le caoutchouc de l'hévéa se sont révélées tout à fait inexactes. L'émergence dans les années 1970 des pneumatiques à structure radiale, avec leurs exigences de haute résilience, de résistance et d'adhésivité des flancs que seul le caoutchouc naturel peut offrir, représenta une véritable manne pour ses producteurs. La demande en caoutchouc naturel issu de l'hévéa se trouva multipliée par deux, et elle n'a cessé de progresser depuis. Pourtant, le caoutchouc naturel provient toujours de la même partie du globe. À ce jour, trois pays, l'Indonésie, la Thaïlande et la Malaisie, produisent 67 % des réserves mondiales de caoutchouc naturel. Heureusement pour les pays industrialisés, ces États connaissent une paix et une stabilité relatives depuis les années 1950, et la crise du caoutchouc de la seconde guerre mondiale ne s'est pas reproduite. Néanmoins, la menace de besoins urgents en caoutchouc est toujours présente et les adeptes du guayule continuent de se trouver des alliés dans leur quête perpétuelle de pérenniser une source d'approvisionnement de caoutchouc américaine. Les aléas historiques de la recherche menée sur le guayule recoupent peu ou prou les périodes de tension diplomatique, telles que le pic de la guerre froide, la crise pétrolière des années 1970 et l'urgence qui a suivi les attentats terroristes du 11 septembre 2001.

La question du guayule se posa logiquement à nouveau au début des années 1950. Le sénateur Lyndon Johnson l'exprima ainsi : « Si les pays asiatiques s'effondrent et que le communisme tarit nos réserves de caoutchouc naturel, la puissance industrielle du pays sera taillée en lambeaux. » En 1951, le groupe de la commission du Sénat chargé de la préparation aux services armés dirigé par Johnson affirma que « franchir l'étape qui nous permettra, si nécessaire, de passer à la production de caoutchouc naturel à grande échelle sur le territoire [était] crucial » et appela à investir sans compter dans les semences de guayule et les plantations en pépinières pour relancer sans perdre de temps la production intérieure de caoutchouc.

D'autres défenseurs du guayule se mirent en quête de fonds dans le but de planter quelques centaines de milliers d'hectares, vaste projet destiné à subvenir à quasiment la moitié des besoins en caoutchouc naturel du pays de façon permanente. Certains se lancèrent dans l'ensemencement aérien de guayule sur les bases militaires, sollicitèrent la permission de planter du guayule au cœur du Parc national de Big Bend, au Texas, et proposèrent de consacrer leurs efforts à cantonner le guayule à l'ouest du parc afin d'en constituer une « réserve vivante » entretenue *a minima* et disponible en cas d'urgence. Tous ces projets échouèrent. En tout et pour tout, les 500 000 dollars investis eurent un rendement d'à peine 5 tonnes de nouvelles graines et certains détracteurs n'y virent qu'une autre usine à gaz du caoutchouc naturel. L'histoire se répéta au début des années 1950 lorsque plusieurs centaines d'hectares de plants de guayule furent détruits avant même d'en avoir tiré le moindre gramme de caoutchouc. En 1953, le gouvernement mit fin sans ménagement aux programmes de développement des souches immunes de caoutchouc naturel d'hévéa dans l'hémisphère ouest. À la fin des années 1950, le Congrès coupa les fonds pour la Natural Rubber Research Station (Station de recherche sur le caoutchouc naturel) de Salinas, en Californie, et transféra le reliquat du stock génétique de guayule datant du temps de l'ERP au National Seed Storage Laboratory (Laboratoire national de stockage de graines) de Fort Collins dans le Colorado. Le Congrès mit également en avant les progrès réalisés sur le caoutchouc de synthèse pour justifier la liquidation du stock national de caoutchouc naturel s'élevant à presque un demi-million de tonnes. Les efforts fournis dans le but de produire du caoutchouc naturel sur le territoire national tombèrent à nouveau à l'eau.

Une nouvelle renaissance du guayule survint dans les années 1970. La crise pétrolière de 1973 en fut le principal détonateur. Le cas de James Bonner, un chercheur de Caltech impliqué dans le guayule depuis le début des années 1940, en est l'illustration. En avril 1973, avant la crise pétrolière, Bonner avertit en ces termes l'inconditionnel du guayule Ed Flynn : «Je suis maintenant parfaitement convaincu que [le guayule] n'a pas d'avenir.» Pourtant, à peine quelques années plus tard, Bonner demanda à Flynn de «participer à tout projet de développement du guayule». D'autres vieux briscards ayant participé aux programmes en période de guerre réapparurent. Le pro-guayule Hugh Anderson fit pression sur les membres de l'administration Carter avant même son entrée en fonction en 1977, tandis que Thomas Fernell, qui pilotait le projet sur le cryptostegia de la Shada pendant la seconde guerre mondiale, demanda à James Schlesinger de la Federal Energy Commission (Commission fédérale de l'énergie) de réintégrer la vigne à caoutchouc dans tout programme visant à réduire la dépendance nationale au pétrole importé. Un nouveau cercle de partisans du guayule adhéra également à la cause. Certains n'hésitèrent pas à comparer l'explosion des prix du pétrole avec le plan Stevenson des années 1920, tandis que d'autres craignaient que l'Association of Natural Rubber Producing Countries (ANRPC, Association des pays producteurs de caoutchouc naturel) ne se mette à imiter le cartel de l'Organisation des pays exportateurs de pétrole (OPEP) et n'abandonne les consommateurs américains de caoutchouc au même sort. En 1975, l'Office of Arid Land Studies (Bureau d'études des terres arides) de l'université d'Arizona organisa une grande conférence et la National Academy of Sciences (Académie nationale des sciences) parraina un programme complet de recherche. Les deux événements confirmèrent que la technologie moderne ouvrait au guayule «un nouvel avenir commercial en tant que culture». Les défenseurs du guayule rappelèrent à point nommé que l'ERP pendant la seconde guerre mondiale s'était révélé un «programme éminemment prometteur», sabré sans précaution ni discernement en pleine période d'euphorie à l'égard des produits de synthèse. Ces nouvelles recherches contribuèrent sensiblement à la reconnaissance du travail fourni par les chercheurs américano-japonais internés à Manzanar. Les avancées scientifiques de la recherche génétique auguraient de progrès imminents en termes de pureté, de rendement et de performances du guayule, en tant que solution de remplacement du caoutchouc issu de l'hévéa. De par ses propriétés apomictiques, le guayule s'avéra être «un rêve de biogénéticien», car les améliorations génétiques de la plante peuvent être sécurisées à l'intérieur des graines clonées sans risque de pollinisation croisée.

La conjoncture facilita l'instauration d'un environnement politique privilégiant le choix du guayule. Des recherches menées par la Banque mondiale et d'autres institutions mirent en évidence que la capacité de production des plantations du Sud-Est asiatique était à la limite de la rupture face à la demande de caoutchouc naturel. De funestes prédictions laissèrent entendre que 1990 verrait la demande excéder l'offre, établissant ainsi un parallèle avec l'époque où certains prévoyaient un pic de la production mondiale de pétrole, qui entraverait à son tour l'industrie du caoutchouc synthétique. En deux temps trois mouvements, un nouvel accès de fièvre du guayule s'empara des responsables politiques et des principaux organes de presse écrite et audio-visuelle. Au Congrès, le sénateur du Nouveau-Mexique, Pete Domenici, et le membre du Congrès californien George Brown Junior menèrent campagne pour récolter des fonds fédéraux. Pour preuve, les audiences du Congrès débutèrent le jour même où le Sénat approuvait le traité retirant aux Américains le contrôle du canal de Panama, constituant en soi un indicateur supplémentaire de la vulnérabilité américaine dans un monde devenu instable. Les spécialistes de la Défense nationale certifièrent que l'Union soviétique avait augmenté sa consommation de caoutchouc naturel, tandis que les experts de la préparation à la guerre admirent que le pays avait revu ses objectifs considérablement à la baisse en entreposant du caoutchouc et d'autres matériaux stratégiques. La cause humanitaire s'empara aussi du débat, en révélant que les Amérindiens dans leurs misérables réserves, comme les Africains dans leur région du Sahel frappée par la sécheresse, pourraient *a priori* être les bénéficiaires d'une nouvelle culture adaptée aux terres arides. D'autres avertirent que l'aquifère d'Ogallala pourrait se tarir, causer un nouveau «Dust Bowl[1]» et obliger des centaines d'agriculteurs à trouver des alternatives au blé et aux autres cultures traditionnelles. Que le guayule puisse produire 60% des besoins en caoutchouc naturel des États-Unis dès 1990, si les pays producteurs de caoutchouc venaient à subir d'importants troubles politiques, rentrait dans le domaine du possible. En affirmant que jamais auparavant le pays n'avait dû faire face à «un tel besoin de ressources renouvelables cruciales pour [sa] survie même», Noel Vietmeyer, de l'Académie nationale des sciences, s'exprima sans équivoque.

En conséquence, le Congrès adopta le Native Latex Commercialization Act (Loi de commercialisation du latex indigène) en 1978, décret qui offrait jusqu'à 30 millions de dollars aux départements du Commerce et de l'Agriculture pour coordonner la recherche sur les cultures laticifères nationales.

Les plans préconisaient la recherche génétique, les essais sur le terrain, la création d'une base de données, voire des expérimentations d'équipement agricole et de techniques d'extraction, y compris celles utilisant l'énergie solaire. La NSF apporta un supplément de financement, alloué aux projets de collecte de semences, aux évaluations technologiques et aux analyses du marché et des coûts de production. Les responsables politiques tels que le gouverneur de Californie, Jerry Brown, et l'ostentatoire membre de la Commission de l'agriculture Jim Hightower trouvèrent des fonds pour soutenir la recherche sur le guayule dans leur État. À l'image de Goodyear, Firestone, Weyerhauser ou encore Pennzoil, les industriels du secteur privé prirent eux aussi le train du guayule en marche, en investissant tous dans des plantations expérimentales dans plusieurs États du Sud-Ouest américain.

Pourtant, cet élan d'enthousiasme s'avéra une nouvelle déception pour les partisans du guayule. Près de 27 millions de dollars des fonds rendus disponibles par le Native Latex Commercialization Act ne furent jamais alloués, faute d'accord sur les priorités de recherche entre les différentes administrations. Peu ou prou, les instances agricoles décidèrent d'attendre que les conditions de marché de la nouvelle culture soient encourageantes avant de demander aux agriculteurs d'élargir les surfaces cultivables de guayule. Les représentants du département du Commerce partirent du principe que les

Figure 25. De gauche à droite, Jeffrey A. Martin, PDG de Yulex Corporation, Michael Fraley, vice-président de l'agriculture, et Dr Katrina Cornish, vice-présidente de la recherche et du développement, étudient les capacités de tolérance du guayule au sodium dans les serres de la Yulex Corporation de Maricopa, Arizona. Avec l'aimable autorisation de la Yulex Corporation.

expérimentations comprenant les technologies de transformation et les études de marché demeureraient infructueuses tant que des quantités suffisantes de souches à haut rendement ne seraient pas disponibles. Les propositions de passer outre au nom de la Défense nationale n'aboutirent pas. Au début des années 1980, l'administration Reagan considéra la subvention gouvernementale accordée au guayule dépourvue de garanties. Et celui-ci se retrouva logiquement dans la liste des postes budgétaires supprimés. En 1984, aux sessions du Congrès censées remettre le projet sur les rails, les représentants des départements de l'Agriculture et du Commerce s'opposèrent au financement de ces projets. Le membre du Congrès Brown, Hugh Anderson, comme d'autres en faveur du guayule, furent à leur grand dam les témoins de ce nouvel échec. Bien que l'effervescence autour du guayule à la croisée des années 1970 et 1980 entraînât la parution d'une multitude d'articles scientifiques, ses spécialistes se trouvèrent à nouveau marginalisés par la communauté scientifique.

Il est frappant de constater qu'une nouvelle renaissance du guayule est en cours. Aux dires d'un des chercheurs sur le guayule, cette plante a connu « plus de résurrections que Madonna ». Une fois encore, un concours de circonstances économiques, géopolitiques, sociales et culturelles a permis à cette plante d'apparaître comme une solution de remplacement au caoutchouc. Le sida a été à l'origine de ce retour au premier plan, pour preuve le nombre croissant d'Américains à utiliser des gants en caoutchouc à son apparition. Beaucoup se sont plaint d'allergies au latex, causées par certaines protéines présentes dans le caoutchouc de l'hévéa. Des scientifiques de l'USDA ont découvert en 1994 que le guayule ne contient aucune de ces protéines. À l'instar des années 1920, lorsque l'IRC valorisait les cultures laticifères alors que bien peu s'y intéressaient, une entreprise mène seule la course. La Yulex Corporation, fondée en 1997, a acquis les droits d'usage de l'USDA, a embauché ses experts et martèle inlassablement depuis lors le message du caoutchouc produit sur le territoire national. La société possède des centaines d'hectares de plantations de guayule en Californie, en Arizona et en Australie, et a même ouvert une nouvelle unité de production en décembre 2006 à Maricopa, dans l'Arizona. Grâce à un distributeur, Yulex a conclu des contrats lui permettant de vendre du latex de guayule liquide aux fabricants de gants chirurgicaux, de cathéters et d'autres équipements médicaux, et espère aussi développer le guayule comme source de carburant cellulosique pour l'industrie du bioéthanol.

Plongée dans le XXIe siècle

En 2004, le magazine spécialisé *Rubber and Plastics News* a publié sa liste des « Dix anecdotes les plus extravagantes et les plus ressassées de l'histoire du caoutchouc ». L'éditeur Edward Noga ne put en répertorier que six, et le guayule y figurait en première place[2]. À l'instar de David Fairchild soixante-dix ans auparavant, Noga conclut que le « joli petit buisson du désert » était encore bien loin d'avoir un impact significatif, quel qu'il soit. Pourtant, si l'avenir des cultures de plantes à caoutchouc sur le territoire américain demeure incertain, il subsiste peu de doute que certaines des problématiques ayant aiguisé l'intérêt de ces cultures demeurent pertinentes aujourd'hui.

Comme il y a un siècle, les relations entre la guerre, les matières premières et l'environnement sont redevenues une évidence. La place centrale du pétrole dans les conflits géopolitiques passés, présents ou à venir en est un exemple manifeste, mais il apparaît aussi que les « guerres de ressources » – qu'elles soient internationales ou intérieures – sont vouées à devenir un lieu commun eu égard à la pression démographique et environnementale du XXIe siècle. De plus, les experts redoublent désormais d'intérêt pour la biosécurité. Dans cette nouvelle conception de la préparation à la guerre, les dépenses liées à la biodéfense représentent le poste budgétaire qui subit la plus forte augmentation à l'échelon fédéral. La menace du bioterrorisme agricole est particulièrement prégnante. Un terroriste, sans être fin technicien, pourrait facilement provoquer d'énormes dégâts aux répercussions économiques et sociales durables.

Les réserves mondiales de caoutchouc pourraient aussi devenir tributaires des liens qu'entretiennent guerre et environnement. Dans les années 1980, les rebelles tamouls au Sri-Lanka ont visiblement tenté de saboter les plantations de caoutchouc à l'aide d'agents biologiques indéterminés. Plus récemment, les violences ethniques et la violence à l'égard des complexes industriels de caoutchouc apparaissent comme partie prenante d'un mouvement séparatiste d'obédience musulmane en Thaïlande. Selon un expert, un bioterroriste pourrait dissimuler suffisamment de spores fongiques à l'intérieur d'une chaussure pour décimer les plantations asiatiques de caoutchouc – et peut-être même éliminer toute l'industrie du caoutchouc naturel par la même occasion – puisque le matériel génétique de quasiment toutes les plantations de caoutchouc naturel est cloné à partir des graines que les botanistes britanniques ont rapporté de Singapour il y a plus d'un siècle. Autre fait frappant, une entreprise a profité de l'aubaine pour relancer le kok-saghyz, ou pissenlit de Russie. Créée en 2006, la société Delta Plant Technologies, basée à Akron, avance que le kok-saghyz pourrait devenir une ressource renouvelable et écoresponsable « incontournable pour notre défense stratégique et notre économie nationale ».

Cette situation est à même de repositionner les experts botaniques et agricoles à l'avant-scène des problématiques géopolitiques. Pour ses détracteurs comme pour ses défenseurs, le XXIe siècle est étiqueté « siècle biotech ». Dans le même ordre d'idées – et contrairement au message du NSF des années 1950 –, le Conseil national de la recherche a récemment déclaré que « les sciences de la biologie sont susceptibles de produire le même impact sur la création de nouvelles industries » au XXIe siècle que les sciences physiques et chimiques l'ont fait au XXe siècle. Alors que les nations industrielles cherchent les moyens de remplacer les carburants fossiles épuisés, réduisent les émissions de dioxyde de carbone et gèrent la surproduction continue de cultures alimentaires, le végétal est en passe de redevenir incontournable dans la relation entre les sciences et le pouvoir. Avec l'appui de corporations financièrement solides et souvent transnationales (ou même de responsables de pays concernés par la sécurité alimentaire), les biologistes semblent de plus en plus doués pour jongler avec la nature. Les politiciens, les scientifiques, les industriels et les investisseurs font désormais partie de l'aventure de la biomasse et des ressources renouvelables. L'élargissement de la recherche de matières premières agricoles, de nouvelles cultures et de recyclage des résidus de cultures et des déchets est en cours. Ces évolutions révèlent sans doute une inversion significative des attitudes culturelles face à la nature. Après un demi-siècle de civilisation où le plastique, les matériaux de synthèse et tous les produits dérivés des carburants fossiles furent les rois, les individus prennent de plus en plus conscience que les produits agricoles peuvent fournir des solutions durables aux besoins en ressources du monde entier. Nombreux sont ceux qui aujourd'hui remettent en cause l'idée que le matériau de synthèse libère le consommateur des aléas naturels. À l'évidence, la chimie organique appliquée n'a pas tenu sa promesse d'accès universel aux ressources naturelles. Les citoyens sont de plus en plus conscients des interconnexions entre la nature et la société humaine sous quasiment toutes ses formes, et l'image autrefois idéalisée des matériaux synthétiques et pétrochimiques est en train de s'estomper.

Malgré ses innombrables aléas, le combat en faveur des cultures laticifères à l'échelle nationale laisse enfin entrevoir un patrimoine et une signification durables. Il apparaît évident que l'industrialisation mondiale, la mobilité et les évolutions du niveau de vie dans le monde amplifieront les pressions sur les producteurs de caoutchouc, qu'il soit naturel ou de synthèse. Les représentants de l'industrie du caoutchouc tirent à nouveau la sonnette d'alarme sur l'augmentation des coûts et l'imminence des pénuries. Si une nouvelle crise du caoutchouc se profilait, le long combat pour les cultures laticifères nationales prendrait tout son sens, l'essentiel de la recherche fondamentale sur la génétique des plantes à caoutchouc ayant déjà été mené.

Au début du XXe siècle, quand les Américains ont exploré d'autres voies de production de caoutchouc, ils ont d'abord considéré les ressources agricoles et botaniques propres au pays. À la fin de la seconde guerre mondiale, les citoyens américains se sont détournés des produits de la terre et se sont mis à chercher des solutions dans la chimie et le «high-tech» pour régler les problèmes sociaux et économiques. Les décideurs politiques américains de la période d'après-guerre crurent que le pouvoir géopolitique de la nation et les ressources scientifiques suffiraient à occulter la demande continuelle de larges quantités de caoutchouc, de pétrole et d'autres matériaux stratégiques importés. Au XXIe siècle, pourtant, les problématiques situées au carrefour de la géopolitique, de la science, de la technologie et de l'environnement laissent à penser que les efforts de Thomas Edison, Henry Ford, Dwight Eisenhower, Bernard Baruch, Guy Gillette, Barukh Jonas, Chaim Weizmann, Shimpe Nishimura, Hugh Anderson et les milliers d'autres qui ont œuvré à la culture du caoutchouc sur le sol américain pourraient revêtir une nouvelle importance. Le combat en faveur des cultures productrices de caoutchouc sur le territoire américain n'est pas près de prendre fin.

Principale bibliographie

Brereton B., éd, 2004. *General History of the Caribbean*. Londres, Unesco.

Clay J., 2004. *World Agriculture and the Environment : A Commodity-by-Commodity Guide to Impacts and Practices*. Washington DC, Island.

Corn J.J., 1986. *Imagining Tomorrow : History, Technology, and the American Future*. Cambridge, MA, MIT Press.

Galison P., Hevly B., 1992. *Big Science : The Growth of Large-Scale Research*. Stanford, CA, Stanford University Press.

Hale W.J., 1936. *Prosperity beckons : Dawn of the Alcohol Era*. Boston, Stratford.

Hart W., 1945. *The Development of Wild and Cultivated Rubber in Western Hemisphere*. Washington, DC, Reconstruction and Finance Corporation.

Haynes W., 1942. *This Chemical Age : The Miracle of Man-Made Materials*. New York, Knopf.

Huber D.M., 2006. Anti-crop bioterrorism. *In: The Science of Homeland Security*, S.A. Amas (éd.). West Lafayette, IN, Purdue University Press.

Klare M.T., 2001. *Resource Wars : The New Landscape of Global Conflict*. New York, Henry Holt.

Meisner Rosen C., 2003. *Inventing for the environment*. Cambridge, MA, MIT Press.

Morris P.J.T., 1989. *The American Synthetic Rubber Research Program*. Philadelphia, University of Philadelphia Press.

Pauly P.J., 2007. *Fruits and Plains : The Horticultural Transformation of America*. Cambridge, MA, Harvard University Press.

Perkins J. H., 1997. *Geopolitics and the Green Revolution : Wheat, Genes, and the Cold War*. New York, Oxford University Press.

Polhamus L.G., 1967. *Plants collected and tested by Thomas Edison as possible sources of domestic rubber*. Washington DC, USDA.

Redfield W.C., 1926. *Dependent America*. Boston, Houghton Mifflin.

Rifkin J., 1998. *The Biotech Century : Harnessing the Gene and Remaking the World*. New York, Penguin.

Roberts P., 2004. *The End of Oil : On the edge of a Perilous New World*. Boston, Houghton Mifflin.

Schiebinger L., 2004. *Plants and Empire: Colonial Bioprospecting in the Atlantic World*. Cambridge, MA, Harvard University Press.

Slosson E., 1919. *Creative chemistry : Descriptive of Recent Achievements in the Chemical Industries*. New York, Garden City Publishing.

Notes

Introduction

1. Nom de code du projet de recherche mené par les États-Unis avec la participation du Royaume-Uni et du Canada qui produisit la première bombe atomique durant la seconde guerre mondiale.

2. De l'anglais *chemurgy* (mot composé), désigne les industries utilisant les matières d'origine biologique, végétale ou animale. Les « chimiurgistes » sont les pionniers de la chimie verte ou agrochimie.

Chapitre 1

1. L'exposition universelle de 1876, officiellement Centennial International Exhibition, littéralement « Exposition internationale du centenaire », fut la première exposition universelle organisée aux États-Unis. Elle fut organisée à Philadelphie à l'occasion du centenaire de la déclaration d'indépendance des États-Unis d'Amérique signée dans cette même ville le 4 juillet 1776.

2. *Guayule* de Francis Lloyd. Trente ans après, ce livre était considéré comme l'ouvrage incontournable pour les scientifiques travaillant sur l'Emergency Rubber Project (ERP, Programme d'urgence du caoutchouc) pendant la seconde guerre mondiale.

Chapitre 2

1. Revue professionnelle consacrée au caoutchouc

2. Le comté de Dade *(Dade County)* est situé tout au sud-est de la péninsule de la Floride et jouit d'un climat tropical.

3. Le premier grand magasin américain de vente par correspondance et, jusqu'en 1926, chaîne de magasins de vente par correspondance uniquement (équivalent de la Redoute).

4. *New York Times,* 23 décembre 1925.

Chapitre 3

1. Éminente institution fédérale américaine de recherche scientifique à vocation éducative créée en 1846 et réputée être le plus grand complexe muséographique du monde.

2. Nom de l'empire industriel fondé par Edison en 1874 dans le New Jersey, doté de laboratoires de recherche modernes lui permettant de mener et superviser différents projets en même temps. Edison y gagna d'ailleurs le surnom de « magicien de Menlo Park ».

3. « Hullmann Ga. 252 » représente la 252ᵉ plante à avoir été découverte par le collectionneur Walter Hullmann au cours de ses expéditions dans l'État de Géorgie (Ga).

4. Carnet de notes n° 1 d'Edison du 1ᵉʳ avril 1928 au 26 décembre 1929, case 186 et édition du *New York Times* du 14 février 1928, p. 11.

5. Un gallon américain équivaut à 3,8 litres, ce qui donne pour l'époque un peu moins de 5 cents le litre.

6. Entretien au *Saturday Evening Post*, 5 janvier 1929.

7. Littéralement « Ferme et coin du feu », magazine né en 1877 destiné aux populations rurales, plus particulièrement aux femmes, rebaptisé *Country Home* en 1930 pour finalement disparaître en 1939.

8. Célèbre horticulteur américain (1849-1926), créateur de plus de 800 croisements d'espèces homologuées officiellement, dont la pomme de terre Russet Burbank, aussi appelée pomme de terre de l'Idaho.

Chapitre 4

1. *Through Western Madagascar in Quest of the Golden Bean*, de Walter D. Marcuse (Hurst & Blackett, Londres, 1914).

2. Ampar est la contraction d'*American parthenium,* appellation dérivée du nom botanique du guayule, *Parthenium argentatum.*

3. Le New Deal (Nouvelle donne, en français) est le nom donné par le président américain Franklin Roosevelt, élu en novembre 1932, pour désigner la politique interventionniste mise en place pour lutter contre les effets de la Grande Dépression aux États-Unis.

4. CCC, Corps civil de protection de l'environnement, programme gouvernemental américain créé pendant le New Deal pour donner du travail aux jeunes chômeurs répondant à certains critères : être célibataire, en bonne santé, citoyen américain, et avoir un membre de sa famille qui reçoit des aides sociales.

5. Devise allemande créée dans les années 1930, réservée à des comptes spéciaux en marks pour les pays étrangers, notamment sud-américains.

6. Communiqué de presse de *Science Service*, 8 novembre 1934, case 80, E135f, RG54, NA.

Chapitre 5

1. Aux États-Unis, 4-H (le nom symbolise 4 sphères de développement personnel : *head, heart, hands* et *health*) est un organisme de jeunesse géré par le National Institute of Food and Agriculture (Institut national de l'alimentation et de l'agriculture) dépendant de l'USDA (Secrétariat d'État à l'agriculture). L'organisme compte aux États-Unis plus de 6,5 millions de membres, ayant entre 5 et 19 ans, répartis dans environ 90 000 clubs.

2. Le terme *salad-bowl* (le « saladier ») est un terme employé pour désigner le caractère mutuellement complémentaire des différentes communautés ethniques qui composent le peuple américain. Désormais préféré à *melting pot* (« creuset »).

3. En anglais Good Neighbor policy, volet spécifique de la politique étrangère américaine mise en place par Franklin Roosevelt, destinée à réduire les interventions américaines dans les affaires intérieures des pays d'Amérique latine pendant les années 1930.

Chapitre 6

1. Nom générique de la plus importante famille de caoutchoucs synthétiques, buna vient de butadiène et de *Natrium* (sodium, en allemand). Ce caoutchouc synthétique résulte de la polymérisation du butadiène et est aussi appelé « caoutchouc nitrile ».

Chapitre 7

1. Édition du *Wall Street Journal* du 1er février 1943.

2. En français dans le texte.

Chapitre 8

1. Littéralement « Boule de poussière ». Intense période de perturbations climatiques des années 1930, qui ravagea la région des Grandes Plaines, aux États-Unis et au Canada, durant quasiment une décennie et nommée ainsi à cause des tempêtes récurrentes de poussière qui détruisirent les récoltes et entraînèrent de longues périodes de sécheresse. Ce phénomène est formidablement décrit par John Steinbeck dans son œuvre emblématique *Les raisins de la colère.*

2. Edward Noga, « Stories We Beat to Death », *Rubber and Plastics News*, 3 mai 2004.

Index

Préparation éditoriale : éditions Quæ
Maquette et mise en pages : Hélène Bonnet
Couverture : Jean-Marc Barros, éditions Quæ
Imprimé pour vous par Books on Demand (Allemagne)

9 782759 219087